"十三五"职业教育系列教材

电工测量技术

(第二版)

主　编　张若愚
副主编　周佐茂　周厚全　王晓敏
编　写　刘建新　崔艳华　李昌松
主　审　李道霖

中国电力出版社
CHINA ELECTRIC POWER PRESS

内 容 提 要

全书共十二章，主要内容包括电工测量的基础知识、磁电系仪表、电磁系仪表、电动系仪表、感应系仪表、万用表、电阻的测量、直流电位差计、测量用互感器、常用数字仪表、智能测试技术和安全用电知识。另外书末附录有常用电工测量实验。本书各章都配置有思考与练习题。书中的图形和文字符号均采用现行国家标准。本书编写思路清晰，结构合理，层次分明；内容讲述透彻，深入浅出，通俗易懂；具有很强的系统性、针对性和实用性。

本书可作为高职高专院校电力技术类专业教学用书，也可作为从事相关工作的工程技术人员参考用书。

图书在版编目（CIP）数据

电工测量技术/张若愚主编. —2 版. —北京：中国电力出版社，2019.1(2022.6 重印)
“十三五”职业教育规划教材
ISBN 978-7-5198-1964-4

Ⅰ.①电… Ⅱ.①张… Ⅲ.①电气测量—职业教育—教材 Ⅳ.①TM93

中国版本图书馆 CIP 数据核字(2018)第 076730 号

出版发行：中国电力出版社
地　　址：北京市东城区北京站西街 19 号（邮政编码 100005）
网　　址：http://www.cepp.sgcc.com.cn
责任编辑：雷　锦　牛梦洁
责任校对：王小鹏
装帧设计：王英磊　张　娟
责任印制：钱兴根

印　　刷：北京雁林吉兆印刷有限公司
版　　次：2007 年 8 月第一版　2019 年 1 月第二版
印　　次：2022 年 6 月北京第十一次印刷
开　　本：787 毫米×1092 毫米　16 开本
印　　张：12.5
字　　数：306 千字
定　　价：**38.00** 元

前　言

本书是编写者根据多年的教学经验，结合当前电类专业中电工测量课程的实际教学需要编写的。

本书首先介绍了电工测量的基础知识及测量误差，分析了常用的模拟指示仪表，如磁电系仪表、电磁系仪表、电动系仪表、感应系仪表和万用表的结构、原理和使用方法；然后介绍了电阻的测量、直流电位差计和测量用互感器的基本知识，并对安全用电做了简单介绍；最后，为顺应现代测量技术的发展趋势，介绍了常用数字仪表的使用、原理及智能测试技术的相关知识。为方便教师教学和学生学习，各章都配置了一定数量的思考与练习题。另外，基于本课程实践性比较强的特点，编者着意在本书附录中安排了 11 个常用电工测量实验，供相关专业视需要在教学中选用。

为了深化教学改革，推进素质教育，考虑到高职高专的教学特点，本书在内容上突出了理论的系统性、技术的实用性和知识的广博性；在顺序上遵循教学的一般规律，大部分章节按仪表的基本结构、测量原理、典型仪器仪表、仪表主要技术特性和仪表使用及维护方法等次序编排，力图做到理论联系实际，循序渐进，以方便学生学习和掌握。

本书参考学时为 60 学时，建议实验学时不少于 20 学时，在实验中培养学生严谨求实的科学态度，提高学生分析及处理实际问题的能力。

本书第一～第三、第八、十二章由三峡电力职业学院张若愚编写，第七、十、十一章由周厚全、李昌松编写，第四、五章由王晓敏编写，第九章由湖北教育学院刘建新编写，第六章由崔艳华编写，附录的电工测量实验由周佐茂编写。全书由张若愚统稿，由三峡电力职业学院李道霖主审。

由于编写者水平有限，加之编写时间紧张，书中难免有疏漏和不足之处，恳切希望广大读者批评指正。

编　者

2018 年 8 月

目 录

第一章　电工测量的基础知识

第一节　电工测量概述

一、电工测量的意义

电工测量是人们学习、掌握和发展电学知识的主要手段之一，电工测量技术促进了电工理论与技术的蓬勃发展。

在电能的生产、传输、分配、销售和使用等各个环节中，都必须通过电工测量仪表对电能的数量、质量和负荷的运行状况等进行监测，才能使供电系统可靠、安全和经济运行。因此，学习并熟练掌握电工测量技术，对于从事电气工作的工程技术人员十分必要。

电工测量技术是以电磁学的基本规律为基础的测量技术，具有测量准确、灵敏度高、操作简便及测量速度快、范围广、易于实现遥测和便于连续测量等优点。通过一定的变换装置，还可以利用电工测量技术进行非电量的测量。因此，电工测量技术广泛应用于工矿企业、交通运输、国防科技和日常生活的各个领域。

随着生产力水平的提高和科学技术的迅猛发展，电工测量技术已经达到了较高的水平，仪表的准确度和灵敏度在不断提高，测量的范围也在不断拓宽。在电工测量技术与电子技术相结合，特别是融入了计算机技术以后，新一代的测量仪表不断地涌现。电工测量仪表正向着小型化、集成化、数字化、智能化、高准确度、高灵敏度、高可靠性和快速测量等方向发展。

二、电工测量的定义

测量就是将未知的被测量与已知的标准量进行直接或间接的比较，从而确定被测量数值的过程。

电工测量就是将被测的电量或磁量与作为测量单位的同类电量或磁量进行比较，以确定被测的电量或磁量的值的过程。

测量必须考虑测量方式（或方法）、测量对象（即被测量）和测量设备三个方面的问题，电工测量也不例外。

三、电工测量的分类

1. 按测量方式分

（1）直接测量。由所用测量仪器仪表直接测得被测量的数值，称为直接测量。如用电流表测量电流、用电压表测量电压等。

（2）间接测量。先测出与被测量有关的几个中间量，然后通过计算求得被测量的数值，称为间接测量。如用伏安法测量电阻时，就是先测出被测电阻的电压和电流，然后再根据欧姆定律计算出电阻的值。

（3）组合测量。在间接测量中，如果有一个以上的被测量，且被测量之间又具有一定的函数关系，那么就可以通过一系列的直接测量或间接测量，先测出中间量的数值，然后列出方程组，通过求解方程组而获得最终的测量结果。这种测量方式称为组合测量，多用于科学实验和精密测量中。

2. 按测量方法分

(1) 直读法。使用电工测量仪表，在测量时通过仪表指针的偏转或数字的显示，直接读取被测量数值的测量方法，称为直读法。如用电流表测量电流，被测电流的大小和单位可以直接在电流表上读出。这种测量方法的优点是简便和快捷；缺点是由于仪表本身的误差等因素导致测量准确度较低。

(2) 比较法。将被测量与同类的标准量进行比较，从而得知被测量数值的测量方法，称为比较法。根据被测量与标准量的比较方式不同，比较法又可以分为零值法、差值法和替代法。

1) 零值法。将被测量与标准量进行比较，使两者之间的差值为零，从而确定被测量的测量方法，称为零值法，又叫平衡法。例如，用电位差计测量电动势和用电桥测量电阻等都属于零值法。

2) 差值法。在测量过程中，通过测出被测量与标准量的差值，从而确定被测量数值的测量方法，称为差值法。例如，用不平衡电桥测量电阻就是差值法测量。

3) 替代法。在测量过程中，将被测量和已知的标准量分别接入同一测量装置，若能保持仪表的读数不变，这时，被测量即等于已知的标准量，这种测量方法称为替代法。

比较法的优点是准确度和灵敏度都比较高；缺点是操作比较复杂和费时。此法常用于精密测量中。

电工测量的方法多种多样，对同一被测量的测量可以采用不同的方法。例如，测量电阻值可采用伏安法、电桥法，也可以用万用表来直接测量。每一种测量方法都有其优点和缺点，需要根据具体条件，采用合适的仪器仪表和方法来进行测量。

四、电工测量的度量器

电工测量是被测量与标准量的比较过程，实际使用的标准量是测量单位的复制体，称为度量器。

度量器应该有足够高的准确度和稳定性，以保证测量的准确性。

度量器按照准确度和用途的不同，分为基准度量器、标准度量器和工作量具三种。基准度量器是现代技术水平所能达到的准确度最高的度量器，由国际或各国的最高计量部门保存。为保证测量仪器的准确一致，还要建立不同等级的标准度量器，用于检定低一级准确度的测量仪器。低一级的测量仪器就是工作量具。电工测量中常用的标准度量器有标准电池、标准电阻、标准电感和标准电容等，它们分别是电动势、电阻、电感和电容等单位的复制体，单位分别是 V(伏)、Ω(欧)、H(亨)、F(法)。工作量具是测量者直接使用的度量器，广泛应用于科研、教学、生产和工程测量等。

在测量过程中，一定要有度量器直接或间接参与。如用万用表测量电阻时，虽然没有作为度量器的标准电阻直接参与，但万用表的欧姆刻度却是用标准电阻校验而得到的，所以，可以认为作为度量器的标准电阻间接参与了测量。

五、电工测量的过程

电工测量的过程一般包括三个阶段。

1. 准备阶段

首先明确被测量的性质和测量所要达到的目的，然后选择合适的测量方法、测量方式和相应的测量仪器或仪表。

2. 测量阶段

建立测量仪器或仪表所必须的测量条件（如连接好有关的测量线路等），细心操作，认真地记录每一个测量数据。

3. 数据处理阶段

根据记录的测量数据，进行数据分析和处理，以求得测量结果，并对测量中出现的误差进行分析。

第二节　测 量 误 差

一、测量误差

不论采用什么样的测量方式和方法，也不论采用什么样的仪器仪表，由于各种因素的影响，如仪表本身不够准确、测量的方式和方法不够完善、实验者的经验不足以及各人的感官差异等，都会造成测量结果与被测量的实际值（真值）之间存在差异，这种差异就称为测量误差。测量误差在测量的过程中始终存在。

二、测量误差的分类

测量误差按其性质可以分为三类。

1. 系统误差

凡是符号和数值固定或者按照一定规律变化的误差，都称为系统误差。如用不标准的天平砝码称物，就会产生恒定的误差；用不准确的米尺量布，布越长，误差积累得越多。这些都是系统误差。

按产生的原因，系统误差可以分为以下几种。

（1）工具误差。工具误差是指由于所使用的测量装置或仪器仪表等不准确而引起的误差。它属于仪器仪表本身的固有误差，也称为基本误差。由于技术水平和制造条件的限制，任何仪器仪表都存在着误差，使用这种仪器仪表进行测量，就会直接产生测量误差。例如，使用量程为100V的0.5级电压表测量电压，即使测量值的读数在满刻度附近，电压表本身允许的固定误差也在±0.5%以内，测量结果的误差就可能达到±0.5%。

（2）影响误差。没有按照技术要求的规定使用测量工具，或周围环境不符合要求而引起的误差，称为影响误差。影响误差属于仪器仪表的使用误差，也称为附加误差。例如，温度、湿度和气压等的影响，仪表没有水平放置，仪器设备放置不当而互相干扰，仪表放在强电场或强磁场附近等都会产生影响误差。

（3）方法误差。由于测量方式方法不完善，或者测量所用的理论根据不充分而引起的误差，称为方法误差。例如，用伏安法测量电阻时，如果没有考虑所用电压表和电流表的内阻，那么，所测的电阻值中便含有方法误差。

（4）人员误差。由于测量者的感官差异、习惯偏向和技术水平的不同而引起的误差，称为人员误差。例如，有的人在读取仪表指示值时，总是读得偏高或偏低；有的人在启停某一信号或开关时，在时间上总是超前或滞后等。这些都属于人员误差。

系统误差应该控制在允许的范围内，如果超出了允许范围，就应该设法修正补偿。

2. 偶然误差

偶然误差又叫随机误差，在同一条件下，多次测量同一量时，误差的大小和符号发生不可预知的变化，是由于一些偶发原因引起的误差。例如，电源电压或频率的偶尔波动，电磁场与温度的偶然变化，空气扰动和地面微震以及测量人员的心理或生理的某些变化等造成的误差。

大量实验证明，偶然误差具有以下四个特点：

(1) 有界性。在一定的测量条件下，在有限次测量中，偶然误差的绝对值不会超过一定的界限。

(2) 对称性。当测量次数足够多时，正误差和负误差出现的机会大致相同。

(3) 单峰性。绝对值小的误差出现的机会多于绝对值大的误差。

(4) 抵偿性。若取多次误差的算术平均值，则正负误差基本上相互抵消。

3. 疏失误差

由于测量人员的疏忽而造成的误差，称为疏失误差或粗大误差。这种误差是由于测量人员粗心大意，操作不正确，读错、记错或算错了数据，使用了有问题的测量工具等原因造成的。疏失误差的数值可能远远大于系统误差和偶然误差，严格地说，它不属于误差的范畴，而是一种错误，是应该设法避免的。

应当注意，系统误差和偶然误差是两类性质完全不同的误差。系统误差反映在一定条件下误差出现的必然性，而偶然误差反映在一定条件下误差出现的可能性。

在误差理论中，经常用正确度来表示系统误差的大小，系统误差越小，正确度就越高；用精密度来表示偶然误差的大小，偶然误差越小，精密度就越高。但测量结果的精密度高，不一定正确度就高；反之，正确度高，不一定精密度也高。倘若系统误差和偶然误差均很小，则精密度和正确度都高，总称为准确度高或精确度高。图1-1说明了这两种误差对测量结果的影响。

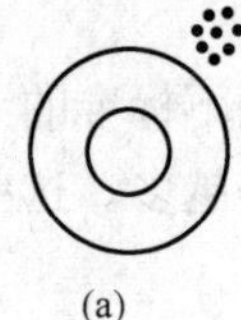

(a)

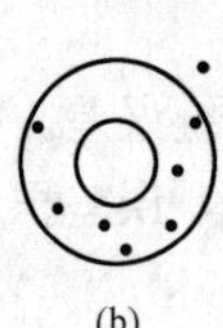

(b)

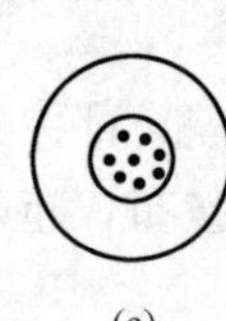

(c)

图 1-1　精密度与正确度比较示意图
(a) 精密度高；(b) 精密度低；
(c) 精密度和正确度都高

可见，准确度或精确度是反映系统误差和偶然误差的综合结果。

三、减少测量误差的方法

1. 减少系统误差

系统误差对测量值的准确度影响最大，减少系统误差的方法有以下几种：

(1) 校正测量工具。为减少工具误差，不要一味追求高准确度等级，而更应该注意仪器和仪表量程的选择。

(2) 消除误差根源。例如，尽量使用符合技术要求规定的测量工具，测量前调整好有关的仪器仪表，并安放在合适的位置等。

(3) 采取特殊方法。根据出现系统误差的不同情况，可以分别采用以下的特殊测量方法：

1) 替代法。将被测量用已知量代替，替代时要保证仪表的工作状态不变。这样，仪表本身的不完善和外界因素的影响，对测量的结果不发生作用，从而大大减少了系统误差。

2) 正负消去法。就是对同一量反复测量两次，使其中一次的误差为正，另一次的误差为负，取它们的平均值后，就可以消除系统误差。如图1-2所示，为了消除外磁场对电流表读数的影响，可以把电流表放置的位置调换180°后，再测量一次，两种放置方法测得结果的误差符号正好相反，最后的测量结果取两次的平均值。

（4）减少人员误差。要选择好利于观察和操作仪器仪表的位置，由不同的人对同一个量进行测量，尽可能地减少人员误差。目前，数字化仪表的应用已经很普及，由听觉或视觉的差异所引起的一些人员误差也随之消失。

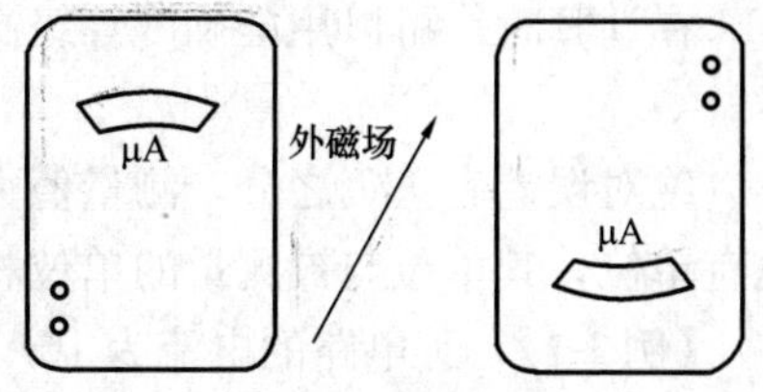

图 1-2　仪表转动 180°

2. 减少偶然误差

偶然误差有时大、有时小、有时正、有时负，无法控制，也无法消除。但在同样条件下，对同一量进行多次测量时，可以发现偶然误差是符合统计规律的。所以，只要测量的次数足够多，偶然误差对测量结果的影响就不大了。

3. 避免疏失误差

由于疏失误差大多是测量者粗心大意造成的，所以提高测量人员的技术水平，培养严谨的科学态度和稳重的工作作风，在测量中专注认真和一丝不苟，是避免疏失误差的关键。疏失误差是一种严重偏离正确结果的误差，包含有疏失误差的测量值称为坏值，不可以使用，应予以舍弃。

第三节　仪表的误差及准确度

一、仪表误差的分类

所有的仪表在测量时都有误差，仪表的指示值与实际值之间的差异，称为仪表误差。仪表误差的大小，反映了仪表的准确程度。

根据产生误差的原因，可以将仪表误差分为两类。

1. 基本误差

基本误差是在规定的正常工作条件下，由于仪表本身结构不够准确而固有的误差，又叫工具误差。例如，仪表的标尺刻度划分不准确，活动部分与轴承之间的摩擦，内部磁场的改变和安装不正确等，均会造成此类误差。

所谓仪表的正常工作条件是指以下几项：

（1）仪表指针调整到零点；

（2）仪表按规定工作位置放置；

（3）环境温度为 20℃，或是仪表上标注的温度；

（4）除地磁外，没有外电磁场；

（5）交流电为正弦波，且是所规定的频率值。

2. 附加误差

附加误差是指由于在非正常工作条件下使用仪表而产生的误差，又叫影响误差。例如，环境温度、外电磁场、交流电的频率和波形发生变化，仪表安装不正确等，均会产生此类误差。

二、仪表误差的表示方法

1. 绝对误差 Δ

仪表指示值 A_x 与被测之量的实际值 A_0 之间的代数差值，称为绝对误差 Δ，即

$$\Delta = A_x - A_0 \tag{1-1}$$

在计算时，可以用准确度等级高的标准表指示值 A 作为被测量的实际值，即

$$\Delta = A_x - A \tag{1-2}$$

绝对误差有正负之分，测量值大于实际值时为正，测量值小于实际值时为负。绝对误差也有单位，其单位与被测量的单位相同。

【例 1-1】 某电路的电流为10A，用甲电流表测量时的读数为9.8A，用乙电流表测量时的读数为10.5A，试求两次测量的绝对误差。

解： 甲表测量产生的绝对误差为

$$\Delta_1 = I_x - I_0 = 9.8 - 10 = -0.2(\text{A})$$

乙表测量产生的绝对误差为

$$\Delta_2 = I_x - I_0 = 10.5 - 10 = 0.5(\text{A})$$

由此可见甲表比乙表更准确。

在测量同一个量时，我们可以用绝对误差 Δ 的绝对值 $|\Delta|$，来说明不同仪表的准确程度，$|\Delta|$ 越小的仪表，测量结果就越准确。

由式（1-1）可得

$$A_0 = A_x + (-\Delta) = A_x + C \tag{1-3}$$

式中：C 称为校正值。

校正值和绝对误差大小相等而符号相反。引入校正值后，就可以对仪表读数进行校正，以减少其误差。

绝对误差比较直观，但只有当几个被测量的数值相等或接近相等时，它才能正确评定测量的准确度。

2. 相对误差 γ

在测量不同大小的被测量时，不能简单地用绝对误差来判断测量器具的准确程度。例如，甲表在测量100V的电压时，绝对误差为 $\Delta_1 = 1\text{V}$；乙表在测量10V的电压时，绝对误差为 $\Delta_2 = 0.5\text{V}$。从绝对误差来看，甲表大于乙表，但从仪表误差对测量结果的相对影响来看，却正好相反。因为甲表的误差只占被测量的1%；而乙表的误差却占被测量的5%，可见实际上乙表的测量结果误差更大。所以，在工程上常常采用相对误差来比较测量结果的准确程度。

绝对误差 Δ 与被测之量的实际值 A 之比值，称为相对误差 γ，通常以百分数来表示，即

$$\gamma = \frac{\Delta}{A} \times 100\% \tag{1-4}$$

在工程实际中，有时难以求得被测量的实际值，而被测量的测量值和实际值相差不大，所以也常常采用测量值 A_x 代替实际值 A 进行计算，即

$$\gamma = \frac{\Delta}{A_x} \times 100\% \tag{1-5}$$

【例 1-2】 用甲电压表测量100V电压时，绝对误差为1V；用乙电压表测量10V电压时，绝对误差为0.5V。试比较两只电压表测量结果的准确程度。

解： 由式（1-5）可知，甲表测量的相对误差为

$$\gamma_1 = \frac{\Delta}{A} \times 100\% = \frac{1}{100} \times 100\% = 1\%$$

乙表测量的相对误差为

$$\gamma_2 = \frac{\Delta}{A} \times 100\% = \frac{0.5}{10} \times 100\% = 5\%$$

虽然甲表测量的绝对误差比乙表大，但其相对误差却比乙表小，说明实际上甲表测量结果的准确程度更高。

相对误差表明了误差对测量结果的相对影响，它可以对不同测量结果的误差进行比较，所以相对误差是误差计算中最常用的一种表示方法。

3. 引用误差 γ_n

相对误差可以表示测量结果的准确程度，却不能用来说明仪表本身的准确性能。同一只仪表，在测量不同的被测量时，各刻度处的绝对误差 Δ 变化不大，而相对误差 γ 却会随着测量值的减小而逐渐增大。

例如，一只量程为 250V 的电压表，在测量 200V 的电压时，绝对误差为 2V，则该处的相对误差为 1%；同一只电压表，在测量 10V 的电压时，绝对误差为 1.9V，则该处的相对误差为 19%。

可见，相对误差在仪表的全量程上变化很大，任取哪一个 γ 值来表示仪表的准确程度都不合适。如果把相对误差计算公式中的分母换成仪表的仪表量程（量限）（即仪表的最大刻度值），则计算结果就接近于一个常数，解决了表示同一只仪表相对误差数值变化太大的问题。

绝对误差 Δ 与仪表量程（量限）A_m 的比值，称为引用误差 γ_n，又叫相对额定误差。引用误差 γ_n 也以百分数来表示，即

$$\gamma_n = \frac{\Delta}{A_m} \times 100\% \tag{1-6}$$

注意，引用误差虽然也是一种相对误差，但只有当仪表的读数接近其量程时，引用误差才能反映测量结果的相对误差。

上述引用误差的计算适用于单向标度尺仪表，这种仪表在实际中用得最多；具有其他标度尺的仪表，如双向标度尺仪表和无零位标度尺仪表等，其引用误差的计算可以参考有关标准的规定进行。根据我国国家标准规定，引用误差用来表示电测量仪表的基本误差。

4. 最大引用误差 γ_m

仪表各刻度处的误差不一定相等，其值有大有小，符号有正有负，其中最大的绝对误差 Δ_m 与仪表的量程 A_m 的比值，称为最大引用误差 γ_m，又叫最大相对额定误差。最大引用误差 γ_m 以百分数来表示，即

$$\gamma_m = \frac{\Delta_m}{A_m} \times 100\% \tag{1-7}$$

最大引用误差表示仪表标度尺的工作部分全部刻度上可能出现的最大基本误差的百分数。在规定的正常工作条件下，一只合格仪表的最大引用误差应小于允许的数值。

三、仪表的准确度

电测量指示仪表的准确度是表明仪表质量的主要标志，用来反映仪表的基本误差。工程上规定以最大引用误差来表示仪表的准确度。准确度用百分数来表示，即

$$\pm K\% = \frac{\Delta_m}{A_m} \times 100\% = \gamma_m \tag{1-8}$$

式中：K 为仪表的准确度。

我国生产的电工仪表准确度根据国家标准 GB 776—1976《电测量指示仪表通用技术条

件》的规定，共划分为七个等级，即0.1、0.2、0.5、1.0、1.5、2.5、5.0级。通常，0.1、0.2级仪表用于标准表，0.5、1.0级仪表用于实验室，1.5、2.5、5.0级仪表用于配电盘。我国《电力工业技术管理法规》中规定：用于发电机及其重要设备的交流仪表，其准确度等级应该不低于1.5级；用于其他设备和线路上的交流仪表，应不低于2.5级；直流仪表应不低于1.5级。

显然，准确度表明了仪表基本误差最大允许范围。国家标准GB 776—1976规定各个准确度等级的仪表，在规定的正常工作条件下测量时，其基本误差不应超过表1-1中的数值。

表1-1 仪表的准确度等级与基本误差

仪表的准确度等级	0.1	0.2	0.5	1.0	1.5	2.5	5.0
基本误差（%）	±0.1	±0.2	±0.5	±1.0	±1.5	±2.5	±5.0

【例1-3】 校验一只量程为300V的电压表，发现100V处的误差最大，其值$\Delta_m=-2V$，试求该表的准确度等级。

解：由公式可得

$$K=\frac{|\Delta_m|}{A_m}\times 100\%=\frac{2}{300}\times 100\%=0.67\%$$

该表的准确度等级K为1.0级。

【例1-4】 用量程为5A，准确度等级K为0.5级的电流表来测量5A和2.5A的两个电流，试求测量结果可能出现的最大相对误差。

解：两次测量可能出现的最大绝对误差均为

$$\Delta_m=\pm K\%\times A_m=\pm 0.5\%\times 5=\pm 0.025(A)$$

测量5A时，可能出现的最大相对误差为

$$\gamma=\frac{\Delta_m}{A}\times 100\%=\frac{\pm 0.025}{5}\times 100\%=\pm 0.5\%$$

测量2.5A时，可能出现的最大相对误差为

$$\gamma=\frac{\Delta_m}{A}\times 100\%=\frac{\pm 0.025}{2.5}\times 100\%=\pm 1.0\%$$

使用仪表进行测量时，所产生的相对误差可能会超过仪表准确度等级的允许误差，被测量越小，相对误差就越大，所以不能把仪表的准确度等级看成是测量结果的准确度。只有当被测量与仪表的满刻度值相等时，测量结果的相对误差才不大于仪表准确度等级所允许的误差。

【例1-5】 测量220V的电压，现有两只电压表：

（1）量程500V、1.0级；

（2）量程250V、1.5级。

试问用哪只表测量较为准确？

解：两只表可能出现的最大绝对误差和相对误差分别为

（1）
$$\Delta_m=\pm K\%\times A_m=\pm 1.0\%\times 500=\pm 5.0(V)$$

$$\gamma=\frac{\pm\Delta_m}{A}\times 100\%=\frac{\pm 5.0}{220}\times 100\%=\pm 2.3\%$$

（2）
$$\Delta_m=\pm K\%\times A_m=\pm 1.5\%\times 250=\pm 3.75\approx\pm 3.8(V)$$

$$\gamma=\frac{\pm\Delta_m}{A}\times100\%=\frac{\pm3.8}{220}\times100\%=\pm1.7\%$$

故用量程 250V、1.5 级的电压表较为准确。

可见，选用测量仪表并不是越高级越好，而要考虑合适的量程。为了保证测量结果的准确度，选择的仪表量程应尽可能接近被测量，通常被测量应该大于仪表量程的 1/2。在运行现场，应尽量保证发电机、变压器及其他电力设备在正常运行时，仪表指示在量程的 2/3 以上，并应考虑过负荷时能有适当的指示。

第四节　测量结果的处理

一、数据处理

数据处理是电工测量中必不可少的工作。

1. 有效数字

测量值一般都包含有误差，所以测量值是近似值。近似值的数字应该取多少位，这是应该弄清楚的。

测量数据的最后一位数字，必须是测量中估计读出的近似数字，或者是按照规定修约后的近似数字，近似数字为零时，也必须写出来。从测量数据的左边第一个非零数字到最后一位近似数字止，其间所有的数码均为有效数字。有效数字的位数称为有效位数，有效位数越多，误差越小。例如 $\pi=3.1415926\cdots$ 在计算中可取

$\pi=3.142$（四位有效数字）

$\pi=3.1416$（五位有效数字）

…

可见，有效位数表征着近似值的准确程度。

处理测量数据时应注意：

（1）测量读数时，每一个数据只能有一位数字（最后一位）是估计读出的近似数字，而其他数字都必须是准确读出的。

（2）在数学中 1.1 和 1.10 是相等而没有区别的，但作为测量数据，二者是有区别的。前者表示误差出现在小数点后第一位，而后者表示误差出现在小数点后第二位，因此后者比前者要准确。

（3）“0”这个数字，当它在数字中间或在数尾时，是有效数字。例如，101、200 和 2.30 均为三位有效数字。但当“0”在第一个非零数字之前时，就不是有效数字。例如，28、0.28 和 0.028 均为两位有效数字；但 0.028m 可以写成 28×10^{-3}m=28mm，还可以写成 28×10^{-6}km 等，采用不同的乘幂仅改变单位，而不改变准确度，所以这三个数据的有效位数都为 2。

（4）遇有大数值或小数值时，数据通常用数字乘以 10 的幂的形式来表示，10 的幂前面的数字为有效数字。

2. 有效数字的舍入规则

通常对于测量或者计算所得的数据，要按规则进行舍入处理，以使它具有所需要的有效位数，这个过程称为修约。

修约的规则为，若选定有效位数为 n，则第 $n+1$ 位后的多余数字按下列规则舍入：

(1) 当第 $n+1$ 位数字大于 5 时则入。例如 e=2.71828 取三位为 e=2.72。

(2) 当第 $n+1$ 位数字小于 5 时则舍。例如 e=2.71828 取四位为 e=2.718。

(3) 当第 $n+1$ 位数字恰好等于 5 时应使用“偶数原则”，即若第 n 位为奇数，则进 1；若第 n 位为偶数，则舍去第 $n+1$ 位。总之，要使末位凑成偶数。例如：

π=3.14159 取四位为 π=3.1412

123.45 取四位为 123.4

…

这与“四舍五入”的一般规则不同，逢 5 就入会在大量的数字计算中造成累计误差，而根据末位的奇偶数来决定入或舍，可以使入和舍的机会基本相等，提高了数据的准确程度。

(4) 若需舍去的尾数超过两位及以上，不得进行连续修约，而是应该根据准备舍去的数字中，左边第一个数字的大小，按上述规则，一次修约出结果。例如，12.346 需要修约成三位数时，应该是 12.3，而不是先修约成 12.35，再修约成 12.4。

3. 有效数字的运算规则

(1) 加减运算。两个近似值相加或相减时，要求：

1) 小数位数相同时，其和或差的有效数字的小数位数与原来的相同。

2) 小数位数不同时，应对小数位数多的先进行修约，使它仅比小数位数最少的多一位小数。加减运算后，应保留的小数位数与原来近似值中最少的小数位数相同。

(2) 乘除运算。两个近似值相乘或相除时，要求：

1) 先对有效位数多的近似值进行修约，使它比有效位数最少的近似值只多一位有效数字。

2) 计算结果应保留的有效位数要与原近似值中有效位数最少的那个数相同。

(3) 平均值。多次重复测量的数据，其平均值应该与单次测量数据的有效数字的位数一样。

二、工程上对测量误差的估算

在工程上主要考虑的测量误差是系统误差，而系统误差的规律可以为人们掌握，所以，下面主要介绍在工程上对系统误差的估算。

1. 直接测量时的误差

用电测量指示仪表进行直接测量时，可以根据仪表的准确度等级，估计可能产生的最大误差。

(1) 最大绝对误差。若仪表的准确度等级 K 和量程 A_m 为已知，则测量时可能出现的最大绝对误差为

$$\Delta_m = \pm K\% \times A_m \tag{1-9}$$

(2) 最大相对误差。式 (1-9) 确定了最大绝对误差的范围，但最大绝对误差出现在哪一刻度处则是不知道的。如果测量值为 A_x，可以认为 Δ_m 就出现在 A_x 处，则可能出现的最大相对误差为

$$\gamma_m = \frac{A_m}{A_x} \times 100\% = \pm \frac{K\% \times A_m}{A_x} \times 100\% \tag{1-10}$$

如果仪表测量时的环境条件不符合规定的正常工作条件，则应根据 GB 776—1976 的规

定计算附加误差。仪表的测量误差为上述最大相对误差与附加误差之和。

【例 1-6】 用一只量程为 30A，准确度等级为 1.5 级的电流表，其额定工作温度为 20℃，在环境温度为 30℃时测量电流，指示值为 10A。试估计测量结果的最大误差。

解：可能出现的最大相对误差为

$$\gamma_{m}=\pm\frac{K\%\times A_{m}}{A_{x}}\times 100\%=\pm\frac{1.5\%\times 30}{10}\times 100\%=\pm 4.5\%$$

根据 GB 776—1976 的规定，环境温度超出仪表额定温度后，每改变 10℃，附加误差增加±1.5%。故测量结果总的最大相对误差为两者之和，即

$$\gamma_{\Sigma}=\pm(4.5+1.5)\%=\pm 6\%$$

2. 间接测量时的误差

间接测量时，直接测量有关的中间量都含有误差，这些误差会影响间接测量最后结果的误差。以下分几种情况进行计算分析。

（1）被测量 y 为中间量 x_1 和 x_2 的和，即

$$y=x_1+x_2$$

则

$$\Delta y=\Delta x_1+\Delta x_2 \tag{1-11}$$

式中：Δx_1 为测量值 x_1 的绝对误差；Δx_2 为测量值 x_2 的绝对误差。

当 Δx_1 和 Δx_2 的符号已知时，Δy 为它们的代数和；若 Δx_1 和 Δx_2 的符号未知时，Δy 应该取它们的绝对值之和，即从最不利的情况来考虑，可能产生的最大误差为

$$|\Delta y|=|\Delta x_1|+|\Delta x_2| \tag{1-12}$$

【例 1-7】 在正常工作条件下测量电流，假设 $I=I_1+I_2$。已测得 $I_1=1\text{A}, \Delta I_1=0.01\text{A}; I_2=3\text{A}, \Delta I_2=-0.03\text{A}$。试求 I 的误差。

解：因为 ΔI_1 和 ΔI_2 的符号为已知，故

$$\Delta I=\Delta I_1+\Delta I_2=0.01+(-0.03)=-0.02(\text{A})$$

$$I=I_1+I_2=1+3=4(\text{A})$$

$$\gamma=\frac{\Delta I}{I}\times 100\%=\frac{-0.02}{4}\times 100\%=-0.5\%$$

（2）被测量 y 为中间量 x_1 和 x_2 的差，即

$$y=x_1-x_2$$

则

$$\Delta y=\Delta x_1-\Delta x_2 \tag{1-13}$$

从最不利的情况来考虑，可能产生的最大误差为

$$|\Delta y|=|\Delta x_1|+|\Delta x_2| \tag{1-14}$$

【例 1-8】 在正常工作条件下测量电流，假设 $I=I_1-I_2$。已知测得 $I_1=3\text{A}, \gamma_1=\pm 1\%$；$I_2=1\text{A}, \gamma_2=\pm 1\%$。试求 I 的相对误差。

解：由式（1-4）可得

$$\Delta I_1=I_1\gamma_1=3\times(\pm 1\%)=\pm 0.03(\text{A})$$

$$\Delta I_2 = I_2\gamma_2 = 1\times(\pm 1\%) = \pm 0.01(\text{A})$$

从最不利的情况来考虑，可能产生的最大绝对误差为

$$|\Delta I| = |\Delta I_1| + |\Delta I_2| = |\pm 0.03| + |\pm 0.01| = \pm 0.04(\text{A})$$

而

$$I = I_1 - I_2 = 3 - 1 = 2(\text{A})$$

则

$$\gamma = \frac{\Delta I}{I}\times 100\% = \frac{\pm 0.04}{2}\times 100\% = \pm 2\%$$

可见，间接测量结果可能出现的最大相对误差大于两个中间量直接测量的相对误差，且两个中间量越接近，也就是被测量越小时，被测量的相对误差就越大。所以这种测量方法应该尽量不采用，如果必须采用时，则应提高各中间量的测量准确度。

(3) 被测量 y 为中间量 x_1 和 x_2 的积，即

$$y = x_1x_2$$

则

$$\begin{aligned}\Delta y = y - y_0 = x_1x_2 - x_{10}x_{20} &= x_1x_2 - (x_1 - \Delta x_1)(x_2 - \Delta x_2)\\ &= x_1\Delta x_2 + x_2\Delta x_1 + \Delta x_1\Delta x_2\end{aligned} \tag{1-15}$$

式中：Δx_1 为测量值 x_1 的绝对误差；Δx_2 为测量值 x_2 的绝对误差。

式 (1-15) 中，$\Delta x_1\Delta x_2$ 的值很小，故可以略去，有 $\Delta y \approx x_1\Delta x_2 + x_2\Delta x_1$。

间接测量结果的相对误差为

$$\gamma = \frac{\Delta y}{y}\times 100\% = \frac{x_1\Delta x_2 + x_2\Delta x_1}{x_1x_2}\times 100\% = (\frac{\Delta x_1}{x_1} + \frac{\Delta x_2}{x_2})\times 100\% = \gamma_1 + \gamma_2$$

即

$$\gamma = \gamma_1 + \gamma_2 \tag{1-16}$$

因而，测量的结果为两个中间量相乘时，两个中间量的相对误差符号最好是相反的。当 γ_1 和 γ_2 的符号未知时，从最不利的情况来考虑，可能产生的最大相对误差为

$$|\gamma| = |\gamma_1| + |\gamma_2| \tag{1-17}$$

(4) 被测量 y 为中间量 x_1 和 x_2 的商，即

$$y = \frac{x_1}{x_2}$$

与积的推导相同，可得

$$\gamma = \gamma_1 - \gamma_2 \tag{1-18}$$

因而，测量的结果为两个中间量相除时，两个中间量的相对误差符号最好是相同的。当 γ_1 和 γ_2 的符号未知时，从最不利的情况来考虑，可能产生的最大相对误差为

$$|\gamma| = |\gamma_1| + |\gamma_2| \tag{1-19}$$

【例 1-9】 在正常工作条件下，用伏安法测量电阻时，所用电压表和电流表均为 0.2 级。试估计测量电阻的误差范围。

解： 由公式可得

$$R=\frac{U}{I}$$

$$|\gamma_R|=|\gamma_U|+|\gamma_I|=0.2\%+0.2\%=0.4\%$$

$$\gamma_R=\pm 0.4\%$$

第五节　电工仪表的基础知识

一、电工仪表的分类

在电工测量技术中，一般将直接指示的仪器仪表称为仪表；将较量仪器简称为仪器；将用于电工测量的所有仪器和仪表统称为电工仪表。电工仪表种类繁多，一般根据原理、结构和用途等几个方面的特性，分为以下几类。

1. 指示仪表

指示仪表又称为电测量指示仪表，GB 776—1976 中称之为直接作用模拟指示电测量仪表，是电工仪表的主要组成部分。在电工测量领域中，指示仪表的品种和规格很多，应用极为广泛。这种仪表的特点是先将被测电量转换为仪表可动部分的偏转角位移，然后可动部分驱动指针或光标指示器，使用者可在标度尺上直接读出被测量的值。因此，指示仪表又可以称为机电式直读仪表，简称为直读仪表。

指示仪表具有结构简单、工作稳定和可靠性较高等优点，不足之处是测量准确度不太高。指示仪表又有以下几种分类方法。

（1）按工作原理分：磁电系仪表及磁电系比率表，动磁系仪表及动磁系比率表，电磁系仪表及电磁系比率表，极化电磁系仪表，电动系仪表及电动系比率表，铁磁电动系仪表及铁磁电动系比率表，感应系仪表及感应系比率表，磁感应系仪表，静电系仪表，振簧系仪表，热线系仪表，双金属系仪表，热电系仪表（接触式或不接触式热电变换器），整流系仪表（半导体或机械整流器），电子系仪表。

（2）按工作电流分：直流表，交流表，交直流两用表。

（3）按被测量的名称（单位）分：电流表（安培表 A、毫安表 mA、微安表 μA），电压表（伏特表 V、毫伏表 mV），功率表（瓦特表 W），欧姆表（Ω），绝缘电阻表（MΩ），电能表（瓦时表 kW·h），相位表（φ），频率表（Hz）。

（4）按使用方式分：安装式（又称配电盘式或开关板式）仪表，可携式（又称携带式）仪表。

安装式仪表通常固定安装在开关板或某一电气装置的面板上，其准确度较低，但过载能力较强，造价较低。可携式仪表便于携带，一般常在实验室或户外使用，其准确度较高，但过载能力较差，造价较高。

（5）按可动部分支承方式分：轴尖（轴颈）轴承式仪表，张丝式仪表，吊丝式仪表。

（6）按读数装置的结构形式分：指针式仪表，光指示器式仪表，振簧式仪表。

(7) 按标度尺特性分：均匀标度尺仪表，不均匀标度尺仪表。

(8) 按外壳的防护性能分：普通式，防尘式，防溅式，防水式，水密式，气密式，隔爆式。

(9) 按耐受机械力作用的性能分：普通的，能耐受机械力作用的。

能耐受机械力作用的仪表，包括防颠震的、耐颠震的、耐振动的和抗冲击的四组。防颠震的仪表在不接入被测量的条件下，经受颠震之后，仍能满足对该仪表的所有要求。耐颠震或耐振动的仪表，能在颠震或振动的条件下正常工作，并满足对该仪表的所有要求。抗冲击的仪表在接入被测量的条件下，经过机构力冲击之后，仍能正常工作并满足对该仪表的所有要求。

同一个仪表可以具有数种耐受机械力作用的性能。仪表和附件允许具有不同的耐机械力作用性能。

(10) 按准确度等级分：0.1、0.2、0.5、1.0、1.5、2.5、5.0级。在复用仪表中测量不同的被测量或不同的电流种类，可以有不同的准确度等级。对测量同--种被测量的多量程仪表，其不同的量程也可以有不同的准确度等级。

(11) 按防御外界磁场或电场的性能分：Ⅰ、Ⅱ、Ⅲ、Ⅳ级。在外界磁场或电场的影响下，允许其指示值改变量，Ⅰ级仪表为±0.5%，Ⅱ级仪表为±1.0%，Ⅲ级仪表为±2.5%，Ⅳ级仪表为±5.0%。

(12) 按使用条件分：A、A1、B、B1、C五组，见表1-2。仪表的额定工作温度设为20℃。

表1-2 仪表的使用条件分类

环境条件 \ 分类组别		A组	A1组	B组	B1组	C组
工作条件	温度	0～+40℃		−20～50℃		−40～60℃
	相对湿度(当时温度)	95%(25℃)	85%(25℃)	95%(25℃)	85%(25℃)	95%(25℃)
	霉菌、昆虫	有	没有	有	没有	有
	盐雾	没有	没有	①	没有	①
	凝露	有	没有	有	没有	有
	尘砂	有(轻微)	有(轻微)	有(轻微)	有(轻微)	有
最恶劣条件	温度	−40～60℃		−40～60℃		−50～60℃
	相对湿度(当时温度)	95%(35℃)	95%(30℃)	95%(30℃)	95%(30℃)	95%(60℃)
	霉菌、昆虫	有	没有	有	没有	有
	盐雾	有(在海运包装条件下)		有(在海运包装条件下)		有
	凝露	有	没有	有	没有	有
	尘砂	有		有		有

① 订货方提出要求时应能耐受盐雾影响。

(13) 按外形尺寸大小分：微型、小型、中型、大型四种。仪表的外形尺寸大小分类见表1-3。

表 1-3　仪表的外形尺寸大小分类　(mm)

仪表分类名称	仪表正面部分的最大尺寸	
	可携式仪表	安装式仪表
微型仪表	≤75	≤40
小型仪表	>75～150	>40～80
中型仪表	>150～300	>80～160
大型仪表	>300	>160

(14) 按工作位置分：水平使用仪表和垂直使用仪表。

以上介绍的指示仪表的分类方法，实际上是通过不同的角度，来反映仪表的技术性能。通常在直读仪表的标度盘上都标有一些符号，用来说明上述各种技术性能。

2. 比较仪器

比较仪器用在精密测量时比较法测量中，包括各种交直流电桥和电位差计等测量仪器。比较仪器的测量准确度较高，但操作比较复杂和费时，且需要度量器，如标准电阻、标准电感和标准电容等直接参与测量。

3. 记录仪表

记录仪表是随时间记录电参量（或经变换器把非电量变换为电参量）的仪表，一般分为测量和记录两部分。数字电子技术和计算机技术的引入，使记录仪表逐渐成熟。在发电厂和变电站的控制屏上安装或携带的自动记录仪表，有直流电流表、直流电压表、交流电流表、交流电压表、有功功率表、无功功率表和频率表等。

示波器是一种电信号的“全息”测量仪器，表征电信号特征的所有参数，几乎都可以用它进行测量。电压（电流）和时间（相位或频率）等最基本的电参数，可以用示波器直接测量。一般将示波器划归为记录仪表一类。

4. 数字仪表

数字仪表是一种比较先进的仪表，将被测的模拟电参量经过模/数（A/D）转换器转换成数字信号，并用数码显示器将被测量的数值显示出来。数字仪表具有精确度高、抗干扰能力强和便于读数等许多优点。常见的数字仪表有数字电压表、数字频率表、数字相位表和数字万用表等。

近几年，数字仪表的结构形式不断改进，技术指标大幅度提高，可靠性越来越增强，应用范围也越来越广泛，促进了电工测量仪器仪表的现代化、数字化和智能化，这也是今后电工测量技术的发展方向。

5. 扩大量程装置和变换器

扩大量程装置是指分流器、附加电阻、电流互感器和电压互感器等。变换器是指将非电量，如温度和压力等变换为电量的转换装置。对这些装置均有测量准确度的要求。

6. 电源装置

电源装置包括稳压器、稳流器、各类稳压电源、标准电压和电流发生器等。电源装置虽然是测量的附件，但对测量结果的影响较大，因此，精密测量一般对电源装置的要求比较高，如对电压波动、波形畸变和调节细度等，都有比较严格的要求。

目前，测量用标准电源主要向智能化、程控化、小型化、多功能和便携式等方向发展。

近年来，由于新技术（如数字技术和计算机技术）的应用，电源装置的稳定性和精密度均有较大幅度的提高。

二、电工仪表的标志和型号

1. 电工仪表的标志

在每一个电工仪表的表面标度盘上都有许多标志符号，这些标志符号说明了仪表的有关技术特性。一般的电工仪表，除了在标度盘上标明测量参数、工作电流性质和符号外，还标注了该仪表的主要技术特性，如工作原理、准确度等级、使用位置、绝缘强度、温度条件和外电磁场条件等有关标志。只有识别了电工仪表的标志，才能正确地选择和使用仪表。常见电工仪表的标志符号见表 1-4。

表 1-4　常见电工仪表的标志符号

分类	符　号	名　称	分类	符　号	名　称
电流种类	=	直　流	端钮	+	正端钮
	~	交　流		−	负端钮
	≃	交直流		*	公共端钮
	≋	三相交流	工作位置	⊥	标尺位置垂直
测量对象	A	电　流		⊓	标尺位置水平
	V	电　压		∠60°	标尺位置与水平面成 60°
	W	有功功率	外界条件		Ⅰ级防外磁场（例如磁电系）
	var	无功功率			Ⅰ级防外电场（例如静电系）
	Hz	频　率		[Ⅱ] [Ⅱ]	Ⅱ级防外磁场及电场
工作原理		磁电系仪表		[Ⅲ] [Ⅲ]	Ⅲ级防外磁场及电场
		电磁系仪表		[Ⅳ] [Ⅳ]	Ⅳ级防外磁场及电场
		电动系仪表		A	A 组仪表
		磁电系比率表		B	B 组仪表
		铁磁电动系仪表		C	C 组仪表
		整流系仪表	绝缘强度	0	不进行绝缘强度试验
准确度等级	1.5	以表尺量程的百分数表示		2	电压为 2kV 绝缘强度试验
	(1.5)	以指示值的百分数表示			

常见电工测量量的名称和符号见表1-5。

表1-5　常见电工测量量的名称和符号

序　号	被测量的名称	被测量的符号	单位名称	单位符号
1	电阻	R	欧	Ω
2	电抗	X	欧	Ω
3	阻抗	Z	欧	Ω
4	电流	I	安	A
5	电压	U	伏	V
6	有功功率	P	瓦	W
7	无功功率	Q	乏	var
8	视在功率	S	伏安	V·A
9	有功电能	W	瓦时	W·h
10	无功电能	W_Q	乏时	var·h
11	功率因数	$\lambda(\cos\varphi)$	—	—
12	频率	f	赫	Hz

2. 电工仪表的型号

电工仪表的型号标注在表盘上，它是按照规定的标准编制的，反映了仪表的用途和原理。我国对安装式和可携式指示仪表的型号，各有不同的编制规定。

(1) 安装式。安装式仪表型号的基本组成形式为：

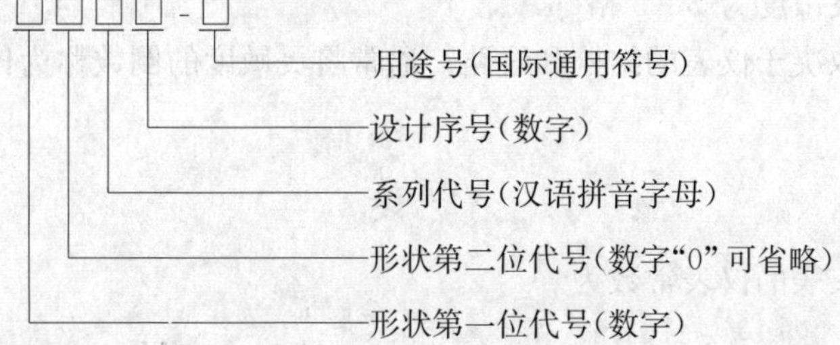

形状第一位代号按仪表面板形状的最大尺寸编制；形状第二位代号按仪表外壳形状的尺寸编制；系列代号按仪表工作原理的分类编制。例如，磁电系代号为C，电磁系代号为T，电动系代号为D，感应系代号为G，整流系代号为L，静电系代号为Q，电子系代号为Z等。

例如，42C3-A型直流电流表，“42”为形状代号，按形状代号可以从有关标准中查出此仪表的外形和尺寸：“C”表示是磁电系仪表，“3”为设计序号，“A”则表示用于电流的测量。

(2) 可携式。由于不存在安装问题，可携式仪表型号的编制把安装式仪表型号中前两位形状代号省略即可，保留后面三位代号，其组成形式和安装式仪表完全相同。例如，T19-V型交流电压表，“T”表示是电磁系仪表，“19”为设计序号，“V”则表示用于电压的测量。

除了上面介绍的指示仪表型号一般编制形式外，有一些仪表的型号编制比较特殊。这类仪表往往在系列代号前，加一个用汉语拼音字母表示的类别代号。例如，电能表用D表示，电桥用 Q 表示，数字表用 P 表示。应该注意的是，这些仪表的系列代号所表示的意义，也与可携式仪表不同。例如，DD15 型电能表，其类别代号“D”代表电能表，而原系列代号“D”在此则代表单相，“15”为设计序号。

三、电工仪表的主要技术要求

为保证测量结果的准确性和可靠性，选用指示仪表时，对仪表主要有以下几方面的技术要求。

1. 足够的准确度

当仪表在规定的工作条件下使用时，其基本误差应该符合仪表所标注的准确度等级规定。各影响量（温度、湿度和外电磁场等）变化所产生的附加误差，应符合国家标准中的有关规定。

2. 合适的灵敏度

在测量过程中，如果被测量变化了一个很小的 Δx 值，而仪表活动部分的偏转角改变了 $\Delta\alpha$，则 $\Delta\alpha$ 与 Δx 之比称为该仪表的灵敏度，并用符号 S 表示，即

$$S=\frac{\Delta\alpha}{\Delta x} \tag{1-20}$$

若仪表的刻度为均匀刻度，则

$$S=\frac{\alpha}{x} \tag{1-21}$$

可见，对于标尺刻度均匀的仪表，其灵敏度是一个常数，灵敏度的数值等于单位被测量所引起的偏转角。例如，$1\mu A$ 的电流通过某一微安表时，如果该微安表产生了 5 个小格的偏转，则该微安表的灵敏度为 $S=5$ 格/μA。

仪表的灵敏度取决于仪表的结构和线路。通常将灵敏度的倒数称为仪表常数，并用符号 C 表示，即

$$C=\frac{1}{S} \tag{1-22}$$

例如，上述微安表的仪表常数为

$$C=\frac{1}{S}=\frac{1}{5}\mu\text{A/格}=2\times10^{-7}\text{A/格}$$

灵敏度反映了电工仪表对被测量的反应能力，是电工仪表一个重要的技术参数。选择仪表的灵敏度时，要考虑被测量的要求。因为仪表的灵敏度越高，则满偏电流越小，即仪表的量程就越小；而灵敏度过低，则不能对被测量的较小变化做出反应，即仪表的准确度就低。所以，应根据被测量的要求选择合适灵敏度的仪表。

3. 抗干扰能力强

抗干扰能力强的仪表测量误差不应随时间、温度、湿度以及外电磁场等外界因素的变化而发生较大的变化，其变化范围应符合有关规定范围。

4. 仪表本身的功耗小

当电工仪表接入被测电路时，仪表本身总要消耗一定的能量。如果仪表本身消耗的功率大，那么在测量小功率电器时，会使电路的工作状态发生改变，从而引起测量误差，所以仪表本身的功率损耗（即功耗）要尽可能小。

5. 良好的读数装置

仪表标度尺的刻度应该力求均匀，被测量的值应能直接读出。刻度不均匀的仪表，其灵敏度不是常数。刻度线较密的部分，灵敏度较低，误差较大；刻度线较疏的部分，灵敏度较高，误差较小。对刻度不均匀的仪表，应该在标度尺上标明其工作部分。

第六节　指示仪表的组成和工作原理

一、指示仪表的组成

指示仪表的种类很多，但它们的基本原理一般都是将被测电量变换成仪表活动部分的偏转角位移。

为将被测电量变换成角位移，指示仪表通常由测量电路和测量机构两部分组成。测量电路的作用是将被测量 x（如电压、电流和功率等）变换成测量机构可以直接测量的过渡量。例如，电压表的附加电阻和电流表的分流电阻等都是测量电路。测量机构是指示仪表的核心部分，仪表的指针偏转角就是靠它实现的。

指示仪表的组成可以用图 1-3 所示的框图表示。

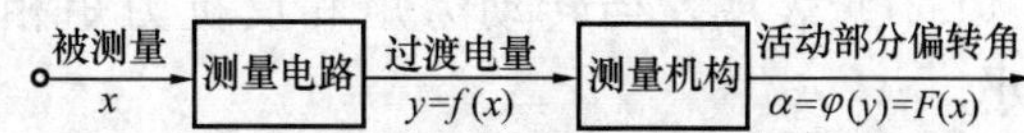

图 1-3　指示仪表组成框图

二、测量机构的工作原理

指示仪表的测量机构可以分为两个部分，即活动部分和固定部分。用于指示被测量数值的指针或光标指示器就装在活动部分上。测量机构的主要作用有以下几方面。

1. 产生转动力矩

要使仪表的指针转动，在测量机构内必须要有转动力矩作用在仪表的活动部分上。转动力矩一般是由磁场和电流相互作用产生的（静电系仪表则是由电场力形成的），而磁场的建立可以利用永久磁铁，也可以利用通有电流的线圈。

几种的常用指示仪表，其转动力矩的产生方式如下：

（1）磁电系仪表。在这种仪表中，固定的永久磁铁的磁场与通有直流电流的可动线圈之间相互作用，产生转动力矩。

（2）电磁系仪表。在这种仪表中，通有电流的固定线圈产生的磁场与铁片之间相互作用（或处在磁场中的两个铁片之间相互作用），产生转动力矩。

（3）电动系仪表。在这种仪表中，通有电流的固定线圈磁场，与通有电流的可动线圈磁场之间相互作用，产生转动力矩。

按照产生转动力矩的原理不同，分成不同系列的电测量指示仪表。但不论哪种系列的仪表，其转动力矩 M 的大小，与被测量 x（或过渡量 y）和偏转角 α 之间，总是具有某种函数关系，即

$$M = f_1(x, \alpha)$$

2. 产生反抗力矩

如果一个仪表仅有转动力矩作用在活动部分上，则不管被测量为何值，活动部分都会偏转到满刻度位置，直到不能再转动为止，因此无法指示出被测量的大小。正如秤杆需要秤砣来平衡重物才能称东西的道理一样，在指示仪表的测量机构内，也必须要有反抗力矩。反抗

力矩 M_α 作用在仪表的活动部分，其方向与转动力矩相反，大小是仪表活动部分的偏转角 α 的函数，即

$$M_\alpha = f_2(\alpha)$$

测量时，转动力矩作用在仪表活动部分上，使它发生偏转；同时，反抗力矩也作用在活动部分上，且随着偏转角的增大而增加。当转动力矩和反抗力矩相等时，仪表的指针就停止下来，指示出被测量的数值。这时有

$$M = M_\alpha \tag{1-23}$$

即

$$f_1(x,\alpha) = f_2(\alpha)$$

于是有

$$\alpha = f(x) \tag{1-24}$$

式（1-24）表明，当转动力矩和反抗力矩相等时，偏转角 α 的大小反映了被测量 x 的大小。

在指示仪表中产生反抗力矩的方法有两种。

(1) 利用机械力。利用游丝变形后所具有的恢复原状的弹力产生反抗力矩，在仪表中应用得很多。此外，也可以利用悬丝或张丝的扭力来产生反抗力矩。当仪表的活动部分使用悬丝或张丝支撑后，不再需要转轴和轴承，从而消除了其中的摩擦影响，使仪表测量机构的性能得到了很大的改善。利用机械力产生的反抗力矩，可以表示为

$$M_\alpha = D\alpha \tag{1-25}$$

式中：M_α 为反抗力矩；D 为反抗力矩系数，其值取决于材料的性质与尺寸。

(2) 利用电磁力。与利用电磁力产生转动力矩的方法一样，也可以利用电磁力来产生反抗力矩，这样可以构成比率表（或称为流比计）一类仪表，如磁电系比率表构成了绝缘电阻表，电动系比率表构成了相位表和频率表等。

3. 产生阻尼力矩

从理论上来说，在指示仪表中，当转动力矩和反抗力矩相等时，仪表指针应该静止在某一平衡位置。但由于仪表的活动部分具有惯性，指针无法立刻就静止下来，而是围绕着这个平衡位置左右摆动，这种情况将造成读数困难。为缩短这个摆动时间，必须使仪表的活动部分在运动的过程中，受到一个始终与运动方向相反的力矩的作用，这种力矩通常称为阻尼力矩。阻尼力矩的作用是使仪表的活动部分，更快地静止在最后的平衡位置上。阻尼力矩 M_P 可以表示为

$$M_P = P\frac{\mathrm{d}\alpha}{\mathrm{d}t} \tag{1-26}$$

式中：P 为阻尼系数。

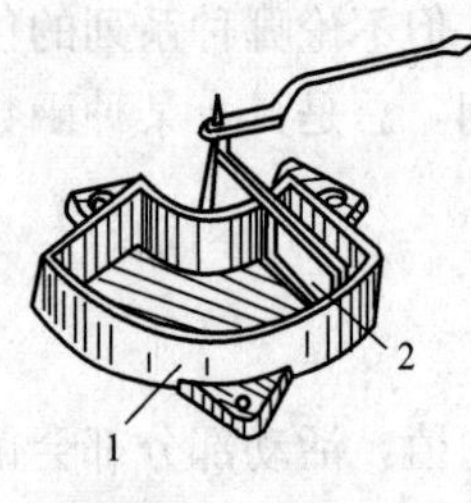

图 1-4 空气阻尼器

1—阻尼箱；2—阻尼翼片

产生阻尼力矩的装置称为阻尼器，指示仪表中常用的阻尼器有以下两种。

(1) 空气阻尼器。空气阻尼器如图 1-4 所示，仪表活动部分在

运动过程中，将带动阻尼箱 1 内的阻尼翼片 2 运动，阻尼翼片运动时受到空气的阻力作用，从而产生阻尼力矩。

（2）磁感应阻尼器。磁感应阻尼器是利用仪表活动部分在运动过程中，带动金属阻尼框架切割永久磁铁的磁力线，而产生阻尼力矩的，其动作原理如图 1-5 所示。

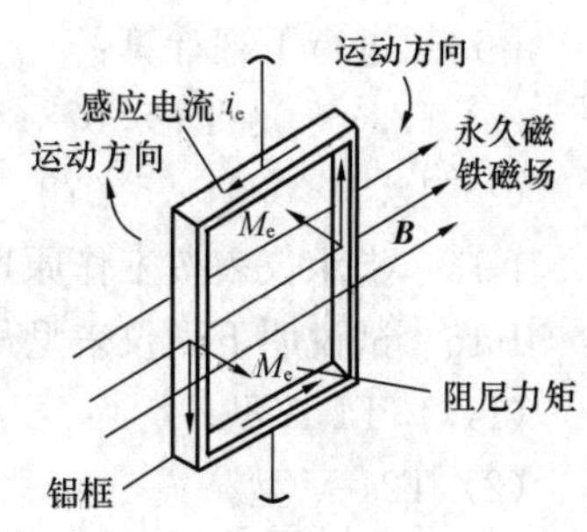

图 1-5　磁感应阻尼器的动作原理

总的说来，阻尼力矩都是企图消除仪表活动系统在运动期间产生的多余动能，使仪表的指针尽快地停在最后的平衡位置上。因此，阻尼力矩的大小与仪表活动部分的运动速度成正比，而其方向与仪表活动部分的运动方向相反，静止时则无阻尼作用。

从上面的讨论中可以知道，转动力矩和反抗力矩是电工指示仪表内部的主要力矩，两者的相互作用决定了仪表的稳定偏转位置。由于产生转动力矩的机构和方法各有不同，从而构成了不同类型的仪表，如磁电系、电磁系和电动系等，将在以后的各章中分别予以介绍。

思考与练习

1-1　什么是测量？什么是电工测量？

1-2　测量方式有哪几种？

1-3　测量方法有哪几种？各有什么特点？

1-4　测量误差有哪几类？怎样消除或减少这些误差？

1-5　仪表误差分为哪几类？仪表误差采用的表示方法有哪几种？

1-6　什么是仪表的准确度？仪表的准确度为什么要用最大引用误差来表示？

1-7　电工仪表的准确度等级与仪表的误差有什么关系？

1-8　用一只电流表测量实际值为 20.0A 的电流，指示值为 19.0A，试问电流表的绝对误差、相对误差和校正值各为多少？

1-9　用量程为 250V、0.5 级的电压表测量 220V 和 110V 的两种电压，试计算其最大相对误差。本题对仪表量程的选择有何启发？

1-10　有两只直流电压表，甲表量程 75V、2.5 级；乙表量程 250V、1.0 级。现要测量 50V 的电压，为减小测量误差，选用哪只表好？为什么？

1-11　要测量 220V 的电压，要求测量结果的相对误差不大于±1.0%，如果选用量程为 300V 的电压表，其准确度等级应该为几级？如果选用量程为 500V 的电压表，其准确度等级又应该为几级？

1-12　将下列各数修约为只有三位有效数字的数：

（1）1.234；

（2）2.2967；

（3）3.345。

1-13　将下列各数修约为只有两位有效数字的数：

（1）9.450；

(2) 8.35;

(3) 6.25。

1-14　进行下列计算:

(1) 12.3+0.04+5.678;

(2) 12.3×0.04×5.678。

1-15　指示仪表按工作原理可以分为哪几类?

1-16　试说明下列仪表型号的含义:

(1) 13T1-A 型;

(2) T21-V 型。

1-17　电工测量仪表的主要技术要求是什么?

1-18　指示仪表由哪几部分组成?它们各起什么作用?

1-19　指示仪表的测量机构在工作时有哪些力矩?它们各有何特点?

第二章 磁电系仪表

磁电系仪表在电工测量指示仪表中占有极其重要的地位。它应用广泛，常用于直流电路中测量电流和电压；加上整流器后，可用于测量交流电流和电压；与变换器相配合，可用于测量功率、频率和相位等；配合变换电路，可用于多种非电量的测量，如温度和压力等；采用特殊结构时，还可以制成检流计，用来测量很微小的电流（可达 10^{-10}A）。

在电工测量仪表中，磁电系仪表问世最早，近年来磁性材料的发展，使它的性能日益提高，加之内磁式结构的出现，使其整体结构变得更加紧凑，制造成本降低。磁电系仪表已成为最有发展前景的直读式仪表之一。

磁电系仪表是利用永久磁铁的磁场和载流线圈（即通有电流的活动线圈）之间相互作用的原理制成的，它的结构特点是具有固定的永久磁铁和活动线圈（以下简称动圈）。本章主要讨论磁电系仪表的结构、工作原理、特性和应用。

第一节 磁电系仪表的测量机构

一、结构

磁电系测量机构，俗称“表头”，是利用永久磁铁的磁场对载流线圈产生作用力的原理制成的。图 2-1 所示为这种机构的一般结构。

测量机构由两部分组成：一是固定部分，二是可动部分。

固定部分是磁路系统，由永久磁铁 1、极掌 2 和固定在支架上的圆柱形铁心 3 构成。永久磁铁由硬磁材料（例如钨钢、铬钢、铝镍钴合金、钕铁硼合金或钡铁氧体等）制成；而极掌与铁心则采用磁导率很高的软磁材料做成。铁心放在极掌之间，用来减小磁阻，并使极掌和铁心之间形成一个均匀的辐射形磁场。这个磁场的特点是，沿着圆柱形铁心的表面，磁感应强度处处相等，而方向则和圆柱形表面垂直（磁感应强度一般为 0.1～0.5T）。

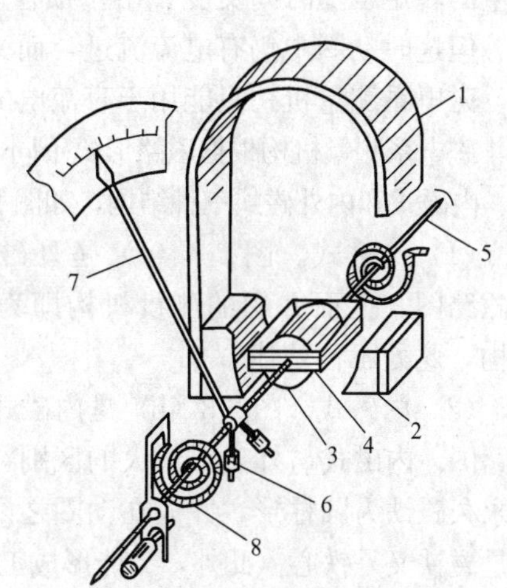

图 2-1 磁电系测量机构

1—永久磁铁；2—极掌；3—圆柱形铁心；4—动圈；5—转轴；6—平衡锤；7—指针；8—游丝

活动部分由绕在铝框上的动圈 4，动圈两端的两个转轴 5，平衡锤 6，与转轴相连的指针 7 和游丝 8 组成。整个活动部分固定在轴承上，动圈位于环形气隙之中。

反抗力矩可以由游丝、张丝或悬丝产生。磁电系仪表的游丝一般有两个，而且两个游丝的绕向相反。游丝一端与动圈相连，另一端固定在支架上，它的作用是产生反抗力矩，并将电流引进动圈。在磁电系仪表中，也有采用张丝来产生反抗力矩的，这种类型的仪表具有更

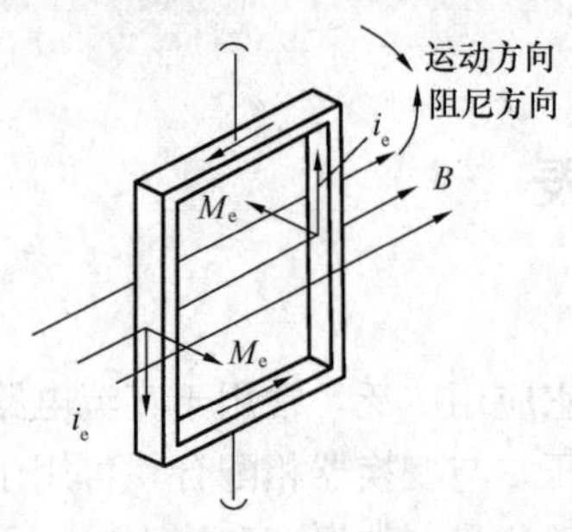

图 2-2 铝框产生阻尼力矩的原理

高的灵敏度。如国产 C32 型和 C36 型 0.2 级磁电系仪表，就是采用这种张丝的仪表。

磁电系仪表没有专门的阻尼器，阻尼力矩由绕有线圈的铝框产生，其原理如图 2-2 所示。当铝框在磁场中运动时，闭合的铝框切割磁力线产生感应电流 i_e，这个电流与磁场相互作用，产生一个电磁阻尼力矩 M_e。显然，电磁阻尼力矩的方向与铝框的运动方向相反，因此，可以使指针较快地停在平衡位置。当然铝框上的线圈与外电路也会构成闭合回路，同样也会产生阻尼力矩。

必须指出，上述阻尼力矩只有在动圈转动时才产生，动圈静止后它就不存在了，所以它对测量结果并无影响。

在磁电系仪表的实际使用中，必须注意以下几点：

(1) 对于灵敏度较高的磁电系仪表，如检流计等，为防止在运输或搬动时引起可动部分的摆动，可以将仪表的两个端钮用导线连接起来，使动圈回路短路以产生阻尼作用，从而达到保护仪表的目的。

(2) 磁电系测量机构的动圈导线很细，且电流又要经过游丝导入，所以磁电系测量机构的额定电流（满偏电流）很小，一般只有几十微安到几十毫安，不能直接用来测量较大的电流，而只能用作检流计、微安表或毫安表。

(3) 磁电系测量机构只能用于测量直流电，且电流必须从“+”端钮进入，从“−”端钮流出，否则指针要反偏。若将磁电系测量机构用于测量交流电，当仪表通入交变电流时，产生的转矩也随时间交变。由于惯性较大，可动部分将不能跟上转矩的迅速变化而静止不动。但这时动圈中仍有电流流过，而又无法察知其大小，当电流过大时，就会损坏动圈。所以，磁电系测量机构只能用于直流电的测量，如果配上整流器，则可以用于交流电的测量。

磁电系测量机构根据磁路形式不同，可分为外磁式、内磁式和内外磁式三种结构，如图 2-3 所示。

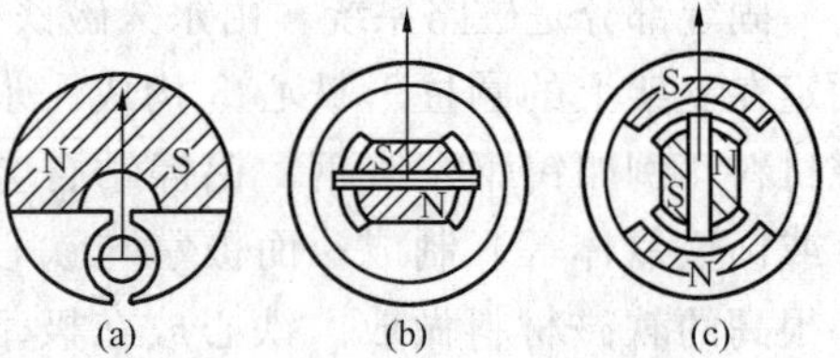

图 2-3 磁电系测量机构的磁路
(a) 外磁式；(b) 内磁式；(c) 内外磁式

(1) 外磁式。图 2-3 (a) 是外磁式测量机构的磁路图。上面介绍的测量机构即为外磁式测量机构，此处不再赘述。

(2) 内磁式。图 2-3 (b) 是内磁式测量机构的磁路图。内磁式与外磁式最大的区别在于，内磁式中永久磁铁为圆柱形，并放在动圈之内，永久磁铁既是磁铁又是铁心。此外，为能形成工作气隙，并能在工作气隙中产生一个均匀的磁场，且磁场方向能处处与铁心的圆柱面垂直，内磁式测量机构在磁铁外面压嵌一个扇形断面的磁极，在线圈外面加一个导磁环，磁力线穿过气隙后经导磁环闭合，以形成工作气隙的磁场。

采用以上结构之后，由于磁极和导磁环都用磁导率很高的软磁材料制成，所以闭合磁路的漏磁小，磁感应强度大，仪表防御外磁场干扰的能力也得到加强，而且仪表对外界其他设备中的磁敏感元件影响也减少了。内磁式测量机构的整个结构比较紧凑，成本较低，所以与外磁式相比，内磁式是一种比较先进的结构。

内磁式活动部分的结构，则与外磁式基本相同，有时也采用张丝结构，例如 C36 型直流表。

（3）内外磁式。内外磁式测量机构的磁路图如 2-3（c）所示，它在动圈内外都用永久磁铁，因此磁场更强，仪表的结构尺寸可以做得更加紧凑。

从磁电系测量机构磁路的三种结构形式可以看出：内磁式最节约磁性材料，但它的磁场较弱；外磁式结构最消耗磁性材料，但磁场最强；而内外磁式则介于两者之间。随着新型磁性材料的出现，例如高磁能积的钕铁硼合金的使用，内磁式测量机构将得到广泛的应用。

二、工作原理

在磁电系测量机构中，当位于永久磁铁磁场中的动圈有电流通过时，动圈与磁场相互作用，产生一定大小的转动力矩，从而产生偏转，同时使与动圈连接在一起的游丝因动圈偏转而发生变形，产生反抗力矩，且反抗力矩随活动部分偏转角的增加而增加；当反抗力矩增加到与转动力矩相等时，活动部分最终停留在相应的位置，而仪表的指针则在标尺上指示出被测量的数值。

下面以外磁式结构的磁电系测量机构为例，研究动圈的偏转角 α 与通过其中的电流 I 之间的关系。磁电系测量机构的结构，使得永久磁铁的极掌与圆柱形铁心之间的气隙磁场，呈现均匀的辐射形状分布，如图 2-4 所示。

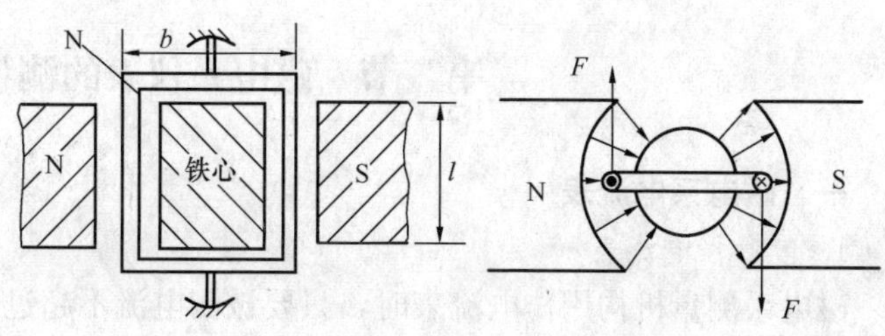

图 2-4　磁电系测量机构工作原理图

设磁感应强度为 B，动圈中通过的电流为 I，则作用在动圈上与磁场方向垂直的每边的每一根导体，受到的电磁力 f 为

$$f = BIl$$

式中：l 为动圈与磁场方向垂直的边的长度。

设整个动圈共有 N 匝，则整个动圈所受的力 F 为

$$F = BIlN$$

考虑到动圈与磁场方向垂直有两条边，受到的作用力相同，所以，作用在动圈上的力矩为

$$M = 2F\frac{b}{2} = 2BIlN\frac{b}{2} = BINlb$$

式中：b 为线圈的宽度。

由图 2-4 所示的动圈尺寸可知，动圈所包含的面积 $A = bl$，故

$$M = BINA \tag{2-1}$$

若指针的偏转角为 α，则游丝所产生的反抗力矩 M_α 为

$$M_\alpha = D\alpha \tag{2-2}$$

式中：D 为游丝的反作用系数，大小取决于游丝的材料性质和尺寸。

当指针在某一平衡位置静止时，转动力矩和反抗力矩相等，此时有

$$M = M_\alpha \tag{2-3}$$

由式（2-1）～式（2-3）可得

$$\alpha = \frac{BAN}{D}I = SI \tag{2-4}$$

式中：$S=\dfrac{BAN}{D}$ 为磁电系测量机构的灵敏度，对于某一个仪表而言，它是一个常数。这是因为 B、A、N 和 D 都取决于各仪表的结构和材料性质，其数值都是固定的。

由式（2-4）可以看出，磁电系仪表可以用来测量电流以及与电流有联系的其他物理量（即经过变换可以转化为电流的量）。而且，因为偏转角 α 与通过动圈的电流 I 成正比，所以它的标尺刻度是均匀的。

需要指出的是，由于永久磁铁在空气隙中所形成的磁场方向是固定的，因此，当动圈中的电流方向改变时，转动力矩的方向随之改变，动圈的偏转方向也随之改变。当动圈中通以频率很低的周期交变电流 i 时，由于转动力矩的大小和方向不断变化，仪表的指针也会来回摆动。如果动圈中通以频率不是很低的正弦电流 i（例如工频交变电流），则由于活动部分具有惯性，来不及跟随转动力矩方向的改变而动作，又因为正弦电流在一个周期内的平均值为零，所以，仪表的指针不会偏转。

第二节　磁电系仪表的测量原理

一、磁电系电流表

1. 单量程电流表

磁电系测量机构用作电流表时，只要被测电流不超过它所能允许的电流值，就可以将测量机构直接与负载相串联而自行测量。

但是，磁电系测量机构所允许通过的电流往往是很微小的。这是因为动圈本身的导线很细，电流过大则会因为过热而烧坏动圈绝缘；同时，引入测量机构的电流必须经过游丝，因此电流也不能过大，否则，游丝会因为过热而变质。所以，用磁电系测量机构可以直接测量的电流范围，一般在几十微安到几十毫安之间，如果要用它来测量较大的电流，就必须扩大量程。

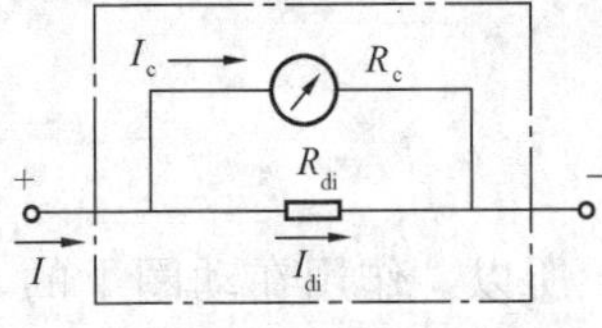

图 2-5　电流表的分流原理

R_c—测量机构内阻；R_{di}—分流电阻

为了扩大磁电系测量机构的量程，以测量较大的电流，可以用一个电阻与动圈并联，使大部分电流从并联电阻中分流走，而动圈只流过其允许的电流，这个并联电阻叫做分流电阻，用 R_{di} 表示。电流表的分流原理如图 2-5 所示。

有了分流电阻，通过磁电系测量机构的电流 I_c 只是被测电流 I 的一部分，而且两者保持着严格的关系。

设 R_c 为测量机构的内阻，则

$$I_cR_c=\frac{R_{di}R_c}{R_{di}+R_c}I$$

故

$$I_c=\frac{R_{di}}{R_{di}+R_c}I \tag{2-5}$$

由式（2-5）可以看出，由于 R_{di} 和 R_c 均为常数，所以 I_c 和 I 之间存在一定的比例关系，如果在标注电流表刻度时，考虑到上述关系，便可以直接读出被测电流 I。

下面来求将磁电系测量机构制成量程扩大 n 倍的电流表时，所需要的分流电阻值。

因

$$I = nI_c \tag{2-6}$$

代入式（2-5）可得

$$\frac{R_{di}}{R_{di}+R_c}=\frac{1}{n}$$

故

$$R_{di}=\frac{R_c}{n-1} \tag{2-7}$$

这就是说，将磁电系测量机构制成量程扩大 n 倍的电流表时，所需要的分流电阻值，应为磁电系测量机构内阻的 $\frac{1}{(n-1)}$。

【例 2-1】 已知一个磁电系测量机构，其满偏电流 $I_c=200\mu A$，内阻 $R_c=300\Omega$，要把它制成量程为 1A 的电流表，应该并联一个多大的分流电阻?

解：先求电流量程的扩大倍数，即

$$n=\frac{I}{I_c}=\frac{1}{200\times10^{-6}}=5000$$

则分流电阻为

$$R_{di}=\frac{R_c}{n-1}=\frac{300}{5000-1}=0.06(\Omega)$$

这就是说，要把这个磁电系测量机构制成量程为 1A 的电流表，必须并联一个阻值为 0.06Ω 的分流电阻。

2. 多量程电流表

在一个仪表中采用不同大小的分流电阻，便可以制成不同量程的多量程电流表。图 2-6 就是具有两个量程的电流表测量电路。分流电阻 R_{di1} 和 R_{di2} 的大小可以根据式（2-7）计算确定。

在实际测量中，当被测电流很大时（例如 50A 以上），由于分流电阻发热严重，影响测量机构的正常工作。而且分流电阻的体积也很大，所以往往将它做成单独的装置，称为外附式分流器，如图 2-7 所示。

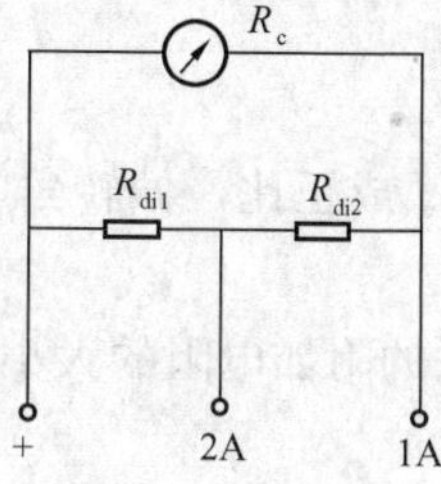

图 2-6　两个量程的电流表测量电路

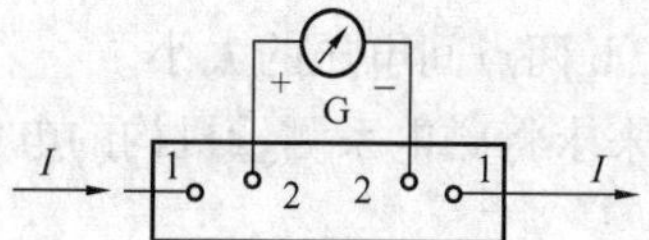

图 2-7　外附式分流器及其接线

1—电流端钮；2—电位端钮

外附式分流器有两对接线端钮，粗的一对（1 与 1）称为电流端钮，串接于被测量的大电流电路中；细的一对（2 与 2）称为电位端钮，磁电系测量机构和它并联。

分流器上面一般不标明电阻的数值，而是标明额定电流和额定电压值。额定电压一般都统一规定为 75mV 或 45mV。当测量机构的电压量程（即电流量程与内阻 R_c的乘积）等于分流器额定电压时，加上分流器之后，测量机构的电流量程就等于分流器的额定电流值。

例如，1 只量程为 100A 的直流电流表，注明了需配用 100A、75mV 的分流器，但是它的刻度是按满刻度为 100A 的。这就说明，当这个电流表配上 100A、75mV 的分流器时，它的量程就是 100A。如果配上 500A、75mV 的分流器，则量程就可以扩大 5 倍，这时，该电流表的读数就要乘以 5，才是所测量的实际电流值。

为使分流电阻有较小的电阻温度系数（即当温度变化时电阻值的变化很小)，一般的分流电阻都是用锰铜制成。

二、磁电系电压表

1. 单量程电压表

磁电系测量机构也可以用来测量电压，方法是将测量机构并联在电路中被测电压的两个端点之间。图 2-8 所示是测量 a、b 两点间电压的接线图。

因为 $I_c=\dfrac{U}{R_c}$，代入式（2-4）可得仪表指针偏转角 $\alpha=\dfrac{S}{R_c}U$。这说明根据仪表指针的偏转角，可以直接确定 a、b 两点间的电压。

必须注意，由于磁电系测量机构只能通过极微小的电流，所以，它只能直接测量很低的电压，不能满足实际的需要。为测量较高的电压，又不使测量机构承受超出允许值的电流，可以在测量机构上串联一个附加电阻 R_{ad}，如图 2-9 所示。

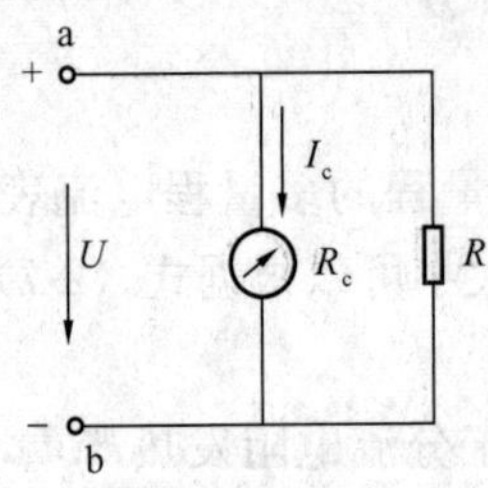

图 2-8 测量电压接线图

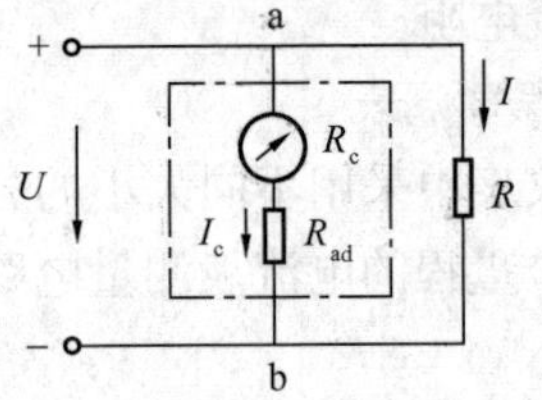

图 2-9 电压表的附加电阻

R_c—测量机构电阻；R_{ad}—附加电阻

这时，通过测量机构的电流 I_c 为

$$I_c=\frac{U}{R_{ad}+R_c}$$

只要附加电阻 R_{ad} 恒定不变，I_c 和被测两个端点之间的电压 U 成正比，偏转角 α 就仍然能反映 a、b 两点间电压的大小。

下面来求将磁电系测量机构的电压量程扩大 m 倍时，要串联的附加电阻的大小。

由

$$(R_{ad}+R_c)I_c=U=mR_cI_c$$

得

$$R_{ad}=(m-1)R_c \tag{2-8}$$

这 就是说，将磁电系测量机构的电压量程扩大m倍时，需要串联的附加电阻，应该为

测量机构的内阻 R_c 的 $(m-1)$ 倍。

【例 2-2】 已知一个磁电系测量机构，其满偏电流 $I_c=200\mu A$，内阻 $R_c=500\Omega$，要把它制成量程为 100V 的电压表，应该串联一个多大的附加电阻？

解： 先求电压量程的扩大倍数。

测量机构满刻度偏转时，两端的电压为

$$U_c=I_cR_c=200\times10^{-6}\times500=0.1(V)$$

则电压量程扩大倍数为

$$m=\frac{U}{U_c}=\frac{100}{0.1}=1000$$

因此

$$R_{ad}=(m-1)R_c=(1000-1)500=499500(\Omega)$$

这就是说，要使这个测量机构能测量 100V 的电压，必须串联一个阻值为 499500Ω 的附加电阻。

2. 多量程电压表

电压表也可以制成多量程的，只要按照式（2-8）的要求，串联几个不同阻值的附加电阻即可。多量程电压表内部接线如图 2-10 所示。

用电压表测量电压时，电压表的内阻越大，对被测电路的影响就越小。电压表各个量程的内阻与相应的电压量程的比值，是一个常数，这个常数称为内阻参数。内阻参数一般在电压表的铭牌上标明，单位为“Ω/V”。内阻参数是电压表的一个重要参数。

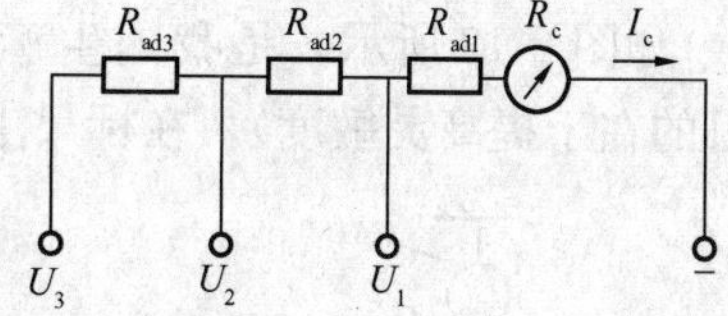

图 2-10　多量程电压表内部接线图

例如，量程为 100V 的电压表，其内阻为 200000Ω，则该电压表的内阻参数为 2000Ω/V。

三、磁电系检流计

磁电系直流检流计是用来测量微小电流的一种仪表，它的灵敏度很高，所以，常用来检查电路中有无电流通过。由于具有这个特点，检流计在电工测量技术中得到了广泛的应用，如在直流电桥和直流电位差计中用作指零仪器等。检流计的标度尺上一般不标注电流或电压的具体数值。

1. 结构特点

磁电系检流计就是一个具有特殊结构的磁电系测量机构，分为指针式和光点式两类。我们主要介绍光点式检流计的结构。

磁电系检流计为提高灵敏度，在结构上采取了如下一系列措施：

（1）为得到较强的磁感应强度 B，除了采用磁性较强的永久磁铁外，还把极掌做得略尖，使强大的磁通通过较小面积的极掌，以进一步提高磁感应强度 B 的数值。

（2）为进一步提高灵敏度 S，设法增加动圈的匝数。但是，由于增加匝数会使动圈的惯性增加，所以，去掉了动圈的铝质框架，用来争取更多的空间，减小动圈的质量，以减小由于动圈匝数的增加而带来的影响。因此，检流计的动圈多为无框式的。

（3）为消除轴和轴承之间的摩擦对测量的影响，提高灵敏度，多采用悬丝将动圈悬挂起来。

(4) 利用光点反射的方法来指示仪表活动部分的偏转。

磁电系检流计的结构如图 2-11 所示。

动圈 1 由悬丝 2 悬挂起来；悬丝用紫铜制成，它除了用来产生小的反抗力矩外，还起着将电流引入动圈的作用；金属丝 3 是动圈的另一电流引入线，但它不产生反抗力矩；在动圈的上端有反射小镜 4，利用小镜对光线的反射，来指示活动部分的偏转。

检流计的光标读数装置如图 2-12 所示。这种光标读数装置是在离反射小镜相隔一定距离处安装一个标度尺，一束狭窄的光束由灯投向小镜，再经小镜反射到标度尺上，形成一条细小的光带，指示出活动部分偏转角度的大小。

采用这种光标读数装置的检流计灵敏度很高，极易受外界振动的影响，使用时应当将它固定安装在稳固的位置或者坚实的墙壁上，所以通常又称为墙式检流计，它常常用于精密测量。例如，国产的 AC4 型检流计就是这样一种形式的结构。

除此之外，还有一种灵敏度稍低的便携式检流计。这种检流计虽然灵敏度稍低，但使用起来比墙式检流计方便。这种检流计的活动部分上下固定连接在两根细薄的金属丝上，其读数有的用指针指示，有的也用光标指示，但其光路系统和标度尺均安装在仪表的内部，称为内附光标指示检流计。

如图 2-13 所示，是我国生产的 AC10 型直流检流计的结构图，其光标经过多次反射（目的在于提高灵敏度），在标尺上指示出活动部分的偏转。

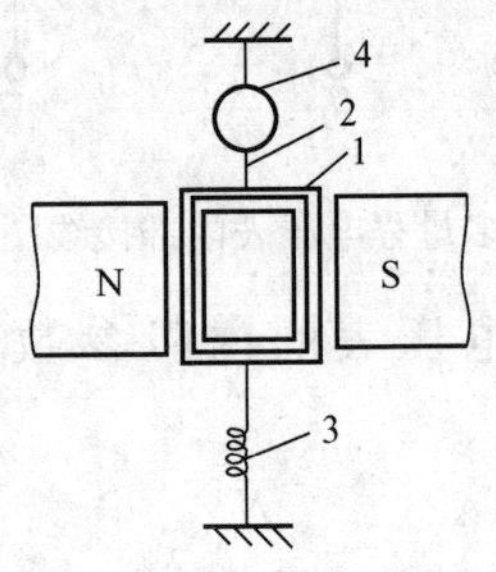

图 2-11 磁电系检流计结构图

1—动圈；2—悬丝；3—电流引线（金属丝）；4—反射小镜

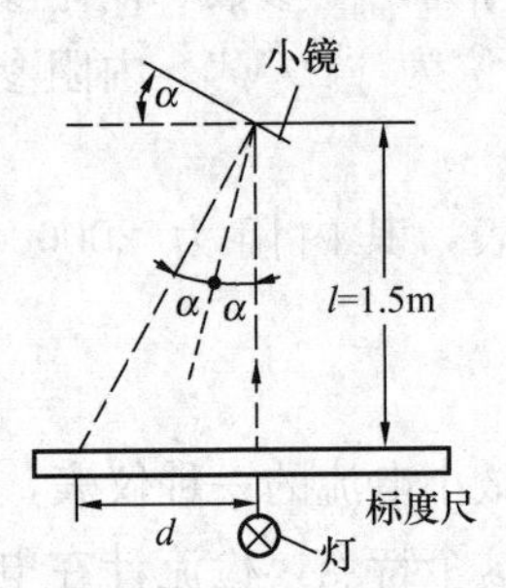

图 2-12 光标读数装置

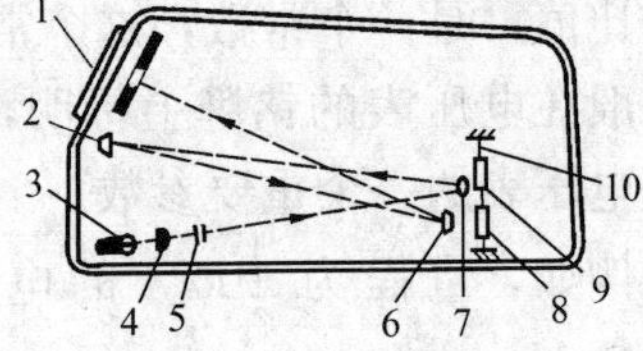

图 2-13 AC10 型便携式检流计结构图

1—标度盘；2、6—反射镜；3—灯；4、7—透镜；5—光栏；8—动圈；9—平面镜；10—张丝

2. 技术特性

(1) 灵敏度和电流常数。检流计活动部分的偏转角（或位移）增量 $\Delta\alpha$，与被测量的增量 ΔI 的比值，称为检流计的灵敏度，即

$$S=\frac{\Delta\alpha}{\Delta I}\approx\frac{\alpha}{I}(\text{分格}/\text{A}) \tag{2-9}$$

式中：S 为检流计的灵敏度；α 为偏转的格数；I 为流过检流计的电流。

通常在检流计的铭牌上标明的不是灵敏度，而是灵敏度的倒数，它表明了检流计活动部分每单位偏转或位移时，所流过线圈的电流的数值，称为检流计的电流常数，用 C 表示，即

$$C=\frac{1}{S}=\frac{I}{\alpha}(\text{A}/\text{分格}) \tag{2-10}$$

选取检流计时，应当根据测量的具体情况，选取合适的灵敏度。若检流计灵敏度选择太

高，则测量时由于平衡困难而太费时；若灵敏度选择太低，则有可能达不到应有的测量准确度，这一点值得注意。

检流计的标尺一般不用电流来标注，而是按指针末端的线位移来标注，单位为 mm。例如，AC5 型检流计，$C=2\times10^{-6}$ A/格，1 格＝1mm。如果此检流计的读数为 12 格，则被测电流为

$$I=C\alpha=2\times10^{-6}\times12=24(\mu\text{A})$$

(2) 运动特性。磁电系检流计的活动部分本身具有一定的惯性，在测量过程中，它不能立刻静止在最后的稳定平衡位置，而是有一个运动过程。这个运动过程与阻尼力矩很有关系。

检流计在不同的阻尼力矩作用下，活动部分有不同的运动特性，其活动部分运动特性曲线如图 2-14 所示。

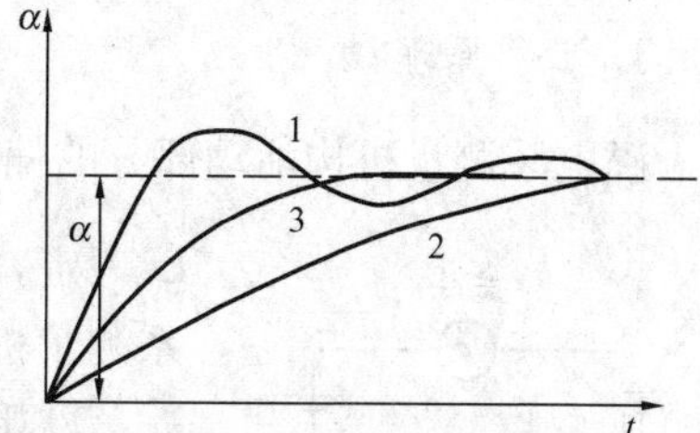

图 2-14　活动部分运动特性曲线
1—欠阻尼运动特性；2—过阻尼运动特性；3—临界阻尼运动特性

没有阻尼力矩或阻尼力矩很小时，检流计活动部分将围绕最后的稳定位置摆动不已，经过相当长的时间，才逐渐静止在最后的稳定位置，这种运动状态称为欠阻尼运动状态，其运动特性如图 2-14 中的曲线 1 所示。

阻尼力矩很大时，检流计活动部分将不摆动，而是缓慢地逐渐到达最后稳定位置，所需时间仍然很长，这种运动状态称为过阻尼运动状态，其运动特性如图 2-14 中的曲线 2 所示。

如果阻尼力矩由小到大增加到某一数值时，活动部分就不再摆动，而是逐渐趋近于最后的稳定位置，这种运动状态称为临界阻尼运动状态，其运动特性如图 2-14 中的曲线 3 所示。从理论上可以证明，在临界阻尼运动状态的情况下，活动部分到达最后稳定位置所需要的时间最短。

磁电系检流计阻尼力矩的大小，与外接电路的电阻大小有关。因为检流计的动圈与外接的测量电路形成一个闭合回路，动圈在磁场中运动会产生感应电动势，感应电动势作用在此闭合回路中产生了感应电流，此电流与永久磁铁的磁场作用而产生阻尼力矩。显然，这种阻尼力矩是与动圈外接的测量电路有关的。

使检流计正好工作在临界阻尼运动状态的外接电阻的数值，称为外临界电阻。外临界电阻是检流计的一个重要参数，通常在铭牌上标明。例如，在选用检流计作为指零仪器时，要保证检流计在稍微欠阻尼的状态下运动，就必须使所选择的检流计外临界电阻略微比实际连接在检流计两端的电阻数值小一些。如果没有适当外临界电阻的检流计，则应接入分流器或附加电阻以相匹配。

(3) 自然振荡周期和阻尼时间。自然振荡周期和阻尼时间也是衡量检流计特性的主要参数。自然振荡周期是指当检流计的指示器偏转到刻度终点时，从断开外电路这一瞬间算起，检流计活动部分摆动一周所需要的时间。阻尼时间是检流计在临界阻尼状态下工作时，由最大偏转状态切断电流开始，到指示器回到零位所需要的时间。

总之，在选择检流计时，要注意使其灵敏度、外临界电阻和周期等，与配用的电桥等仪器相适应。

(4) 检流计的正确使用。

1）使用时，必须轻拿轻放，以防止悬丝振断；搬动前和使用后，必须将活动部分用止动器锁住，或者用导线将两个接线端钮短接。

2）使用时，要按照要求的工作位置放置，带有水准指示装置的，应调节好水平。

3）使用时，要按照外临界电阻值，选择好外接电阻，并根据测量任务，合理选择灵敏度，且测量时逐步提高灵敏度。当被测电流的大小范围未知时，不要贸然提高灵敏度，而应串联保护电阻或并联分流电阻进行测试，当确信不会损坏检流计时，再逐步提高其灵敏度。

4）不允许用万用表或者电桥去测量检流计的内阻，否则会因为通入的电流过大而烧坏检流计。

四、欧姆表

1. 工作原理

磁电系测量机构活动部分的偏转角，与通过的电流 I 成正比，根据欧姆定律 $I=\dfrac{U}{R}$，若 U 一定，则 R 与 I 有关。所以通过适当的测量电路，可以使磁电系测量机构的偏转角反映出被测电阻的数值。

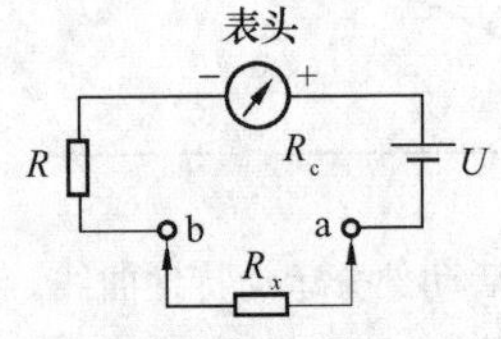

图 2-15 欧姆表测量电阻的原理电路图

U—干电池端电压；R_c—表头电阻；R—串联电阻；R_x—被测电阻

欧姆表测量电阻的原理电路如图 2-15 所示。图中，电源为干电池，其端电压为U，电源与表头和固定电阻 R 相串联，从 a、b 两端钮中可以接入被测电阻 R_x。

固定电阻 R 的大小应满足，当 $R_x=0$（相当于 a、b 两端点短路）时，表头指针满刻度偏转，即这时电路中的电流为

$$I_0=\frac{U}{R_c+R}=I_c$$

式中：R_c 为表头电阻；I_c 为表头满偏电流。

在接入被测电阻 R_x 后，电路的工作电流 I 为

$$I=\frac{U}{R_c+R+R_x}$$

$$\alpha=SI=\frac{SU}{R_c+R+R_x} \tag{2-11}$$

由式（2-11）可以看出：

(1) 当干电池的端电压U保持不变时，在电路中接入某一个数值的被测电阻 R_x，电路中就有一个相应的电流 I，表头的指针就会有一个确定的偏转。当被测电阻 R_x 改变时，电流 I 变化，表头的指针也会有相应的变化。可见，表头的指针偏转角的大小，与被测电阻的大小是一一对应的。如果表头的标尺预先按电阻刻度，那么磁电系仪表就可以直接用来测量电阻了。

(2) 被测电阻 R_x 越大，电路的工作电流 I 越小，表头指针的偏转角也小。当 R_x 为无穷大（相当于图 2-15 的电路中 a、b 两点开路）时，$I=0$，这时表头指针指在零位。可见，当被测电阻在 0 ～∞之间变化时，表头指针相应地在满刻度和零位之间变化。所以，欧姆表的标尺为反向刻度，它和电流或电压的标尺刻度方向是不一样的。同时，由于工作电流 I 与被测电阻不成正比关系，所以，欧姆表的标度尺的刻度是不均匀的，其标尺如图 2-16 所示。

(3) 欧姆表的总内阻 $R_M = R_c + R$，又称为中值电阻。因为，当 $R_x = R_M$ 时，流过测量机构的电流为

$$I_c' = \frac{U}{R_M + R_x} = \frac{U}{2R_M} = \frac{I_c}{2}$$

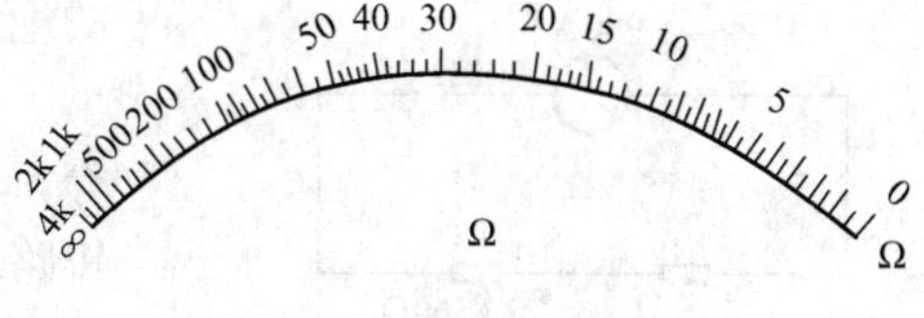

图 2-16　欧姆表的标尺

此时，仪表指针的偏转为满刻度的一半，指针指在刻度盘的正中，刻度在这里的电阻值应该等于 R_M 的数值。

由此可见，在欧姆表刻度盘右半段上，刻度的电阻值范围是 $0 \sim R_M$，左半段是 $R_M \sim \infty$。由于欧姆表左半段的电阻值分布甚密，不易读数，所以使用欧姆表测量电阻时，为了准确地读数，应使指针偏转到容易读数的中段。

2. 零欧姆调节器

在上面讨论欧姆表的工作原理时，我们假定电源电压总是恒定不变。实际上，干电池随着存放时间或使用时间的增长，其端电压 U 会逐渐降低，这会使通过表头的电流减小，从而造成很大的测量误差。这时，可以明显地看到，即使 $R_x = 0$，表头的指针也不可能达到满刻度的偏转。如果这时用欧姆表测量其他数值的电阻，测量结果也同样是不准确的。因此，电池电压 U 的变化，会给测量结果带来很大的误差。为消除这种误差，一般在欧姆表的表头两端，并联一个可调电阻，称为零欧姆调节器 RP，如图 2-17 所示。

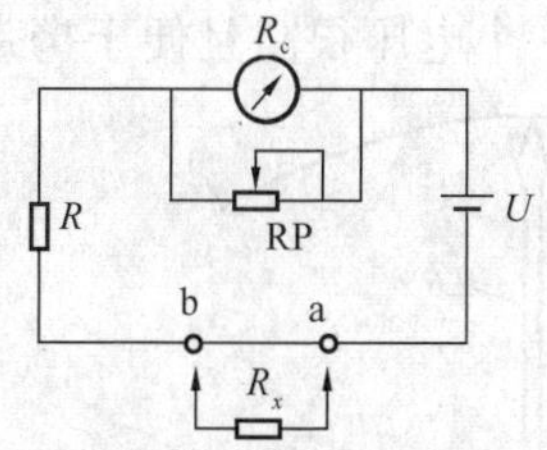

图 2-17　零欧姆调节器的作用

若干电池的端电压 U 变化使得当 $R_x = 0$ 而表头指针不指在满刻度偏转位置时，就可以调节 RP，以使表头指针达到满刻度偏转，指在欧姆表标尺的零位，这个过程称为调零。在实际中，每次用欧姆表或万用表的电阻挡测量电阻之前，都要首先调零。具体方法是先将a、b两端钮（或万用表的两根测试棒）短接，然后调节调零电位器的旋钮，直到欧姆表的指针指零为止。

3. 多量程欧姆表

为适应不同数值电阻的测量，欧姆表常常制成多量程的，通常分为 $R\times1$、$R\times10$、$R\times100$、$R\times1\text{k}$ 和 $R\times10\text{k}$ 五挡，各挡的量程依次增大 10 倍。标尺以 R 值来刻度，即标尺读数为 $R\times1$ 挡的测量值。各个量程共用一条标尺，各挡的测量值分别等于标尺读数、标尺读数 $\times10$、标尺读数 $\times100$、标尺读数 $\times1\text{k}$ 或标尺读数 $\times10\text{k}$，即

电阻测量值=标尺读数×电阻倍率

扩大量程时，因为欧姆表的总内阻要增大，在一定的电压下，电路的总电流便会减小，造成通过表头的电流偏小。因此，必须在扩大量程的同时，增大表头的分流电阻，这就好比电流表的小电流挡需要用大的分流电阻一样，以保证在总电流减小的情况下，通过表头的电流仍然为满偏值。用改变分流电阻来扩大量程的方法，适用于×10、×100 和×1k 等低电阻挡。图 2-18 所示为改变分流电阻以扩大量程的欧姆表电路。

另一种扩大量程的方法是提高电池电压，例如×10k 挡因为电流太小，需要另外加进 10、15V 或 22.5V 的电池，以便提高表头电流。

五、绝缘电阻表

绝缘电阻表又称为兆欧表，俗称摇表，主要用来测量绝缘电阻，以检查线路、电气设备

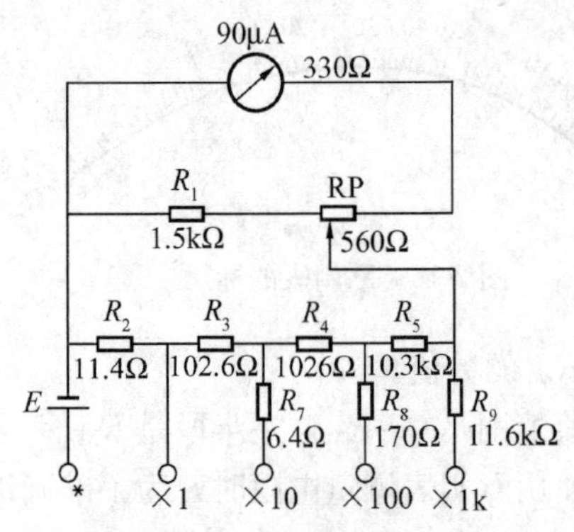

图 2-18 改变分流电阻以扩大量程的欧姆表电路

的绝缘是否良好，确保电路及电气设备能够安全运行。

由于绝缘材料常常因为发热、受潮、污染和老化等，绝缘电阻值降低以至绝缘损坏，造成漏电或发生短路事故。因此，必须定期对电气设备或配电线路彼此绝缘的导电部分之间或导电部分与外壳之间的绝缘电阻进行检查。说明材料绝缘性能好坏的重要标志是它的绝缘电阻的大小，绝缘电阻越大，其绝缘性能就越好。一般绝缘电阻的阻值都很大，常用兆欧做单位。专门用来测量绝缘电阻的仪表就是绝缘电阻表，标尺单位是 MΩ（兆欧），$1M\Omega=10^6\Omega$。

绝缘电阻表采用比率表结构。比率表不同于一般的指示仪表，其主要特点在于，它的反抗力矩不是用游丝来产生的，而是与转动力矩一样，由电磁力产生的。

1. 磁电系绝缘电阻表的结构

绝缘电阻表所测量的绝缘电阻值很大（为兆欧级），这就需要一个电压很高且便于携带的电源，同时还希望电压的波动不影响测量结果。所以，绝缘电阻表主要由两个部分组成：磁电系比率表和手摇发电机。磁电系比率表是一种特殊形式的磁电系测量机构，如图2-19所示。

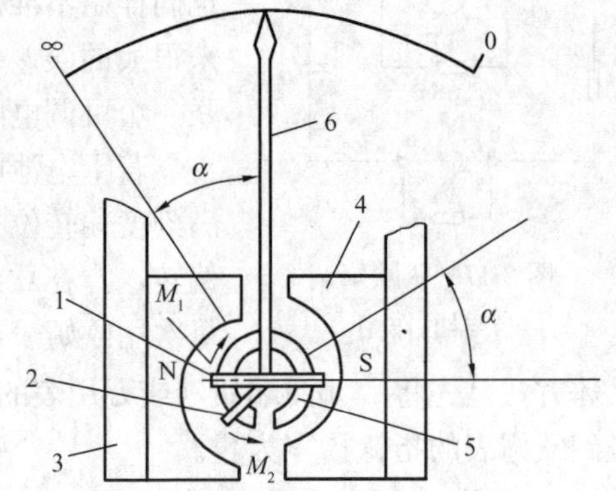

图 2-19 磁电系比率表的结构

1、2—动圈；3—永久磁铁；4—极掌；5—带缺口的圆柱形铁心；6—指针

磁电系比率表有两个线圈，但没有产生反抗力矩的游丝。动圈的电流采用柔软的金属丝（称为导丝）引入。此外，空气隙内的磁场是不均匀的，这是磁电系比率表和一般的磁电系仪表不同的地方。两个动圈彼此相交成一个固定的角度，并连同指针固定在同一轴上。两个动圈内的圆柱形铁心带缺口，且两个极掌做成不对称形状，目的是使空气隙内的磁场不均匀。

手摇直流发电机（或交流发电机与整流电路配合装置）的容量很小，但电压却很高，它能产生 500、1000、2500V 和 5000V 的直流高压，电压越高，能测量的绝缘电阻值也就越大。

2. 绝缘电阻表的工作原理

图 2-20 所示为绝缘电阻表的原理电路。图 2-20 中点画线框内为绝缘电阻表的内部电路，被测的绝缘电阻接在绝缘电阻表的“线路”（L）和“地线”（E）两个端钮之间。此外，在“线路”（L）端钮的外圈，还有一个铜质圆环（图中的虚线圈），叫作保护环，又叫屏蔽接线端钮，它直接与发电机的负极相连。

从图中可以清楚看出：动圈 1、内附电阻 R_c 和被测电阻 R_j 相串联；动圈 2 与绝缘电阻表的内附电阻 R_U 相串联，此两条支路都连接手摇发电机的两端，承受相同的电压。

动圈 1 中的电流 I_1 为

$$I_1 = \frac{U}{R_j + R_c}$$

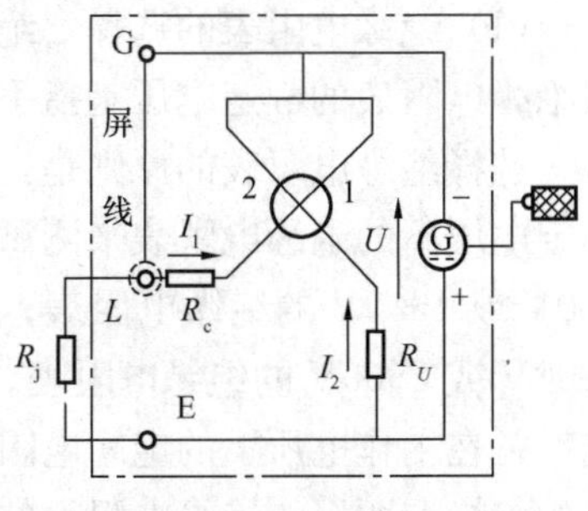

图 2-20 绝缘电阻表的原理电路

可见，动圈 1 支路的电流 I_1，与被测绝缘电阻 R_j 的大小有关，被测绝缘电阻越小，I_1 就越大，磁场与 I_1 相互作用而产生的力矩 M_1 就越大。

动圈 2 中的电流 I_2 为

$$I_2 = \frac{U}{R_U}$$

动圈 2 所通过的电流 I_2，与被测绝缘电阻无关，仅与发电机的电压 U 及绝缘电阻表的附加电阻 R_U 有关。磁场与 I_2 相互作用而产生力矩 M_2。

I_1 和 I_2 与气隙磁场相互作用，所产生的力矩 M_1 和 M_2 方向相反，如图 2-19 所示。若把 M_1 看作是转动力矩，那么 M_2 就是反抗力矩，显然，这种仪表的反抗力矩也是由电磁力产生的。

由于气隙中磁场的分布是不均匀的，所以，对于同一个电流 I_1，动圈 1 在不同位置时，受到的力矩是不同的。也就是说，M_1 不仅与 I_1 有关，而且还与仪表可动部分的偏转角 α 有关，即

$$M_1 = I_1 f_1(\alpha)$$

同理

$$M_2 = I_2 f_2(\alpha)$$

当转动力矩和反抗力矩相等时，$M_1 = M_2$，指针停在平衡位置，此时

$$I_1 f_1(\alpha) = I_2 f_2(\alpha)$$

所以

$$\frac{I_1}{I_2} = \frac{f_2(\alpha)}{f_1(\alpha)} = f(\alpha) \tag{2-12}$$

式（2-12）通过数学变换，可以表示为

$$\alpha = f\left(\frac{I_1}{I_2}\right) = f\left(\frac{R_U}{R_j + R_c}\right) = f(R_j) \tag{2-13}$$

式（2-13）表明，绝缘电阻表活动部分的偏转角 α，取决于电流 I_1 和 I_2 的比值，而与手摇发电机的电压 U 无关，故称之为比率表（或称为流比计）。

绝缘电阻表手摇发电机发出的电压，可能是不稳定的，大小与手摇的速度有关。但由于比率表的读数主要取决于两个动圈内流过电流的比值，而当电压降低时，若动圈 1 中流过的电流减小了，流过动圈 2 的电流也同样按比例减小，但若两个电流的比值保持不变，则仪表指针的偏转角也保持不变。

两个电流比值不变的原因，是被测绝缘电阻的电阻值不变。在式（2-13）中，R_U 和 R_c 都是固定不变的常数，因此仪表活动部分的偏转角 α，就只与被测绝缘电阻 R_j 的大小成一定的函数关系，所以，可以用绝缘电阻表来测量绝缘电阻。同时，还可以看出，绝缘电阻表的标度尺是反向刻度的，而且刻度不均匀。

3. 绝缘电阻表的正确使用

用绝缘电阻表测量绝缘电阻，看似简单，但如果接线和操作不正确，则会直接影响测量结果，甚至会危及人身安全。为此，下面介绍如何正确使用绝缘电阻表。

（1）绝缘电阻表的选择。绝缘电阻表的选择，主要是选择它的额定电压和测量范围，其中绝缘电阻表的额定电压是指手摇发电机的开路电压。

选择绝缘电阻表的原则是：电压高的电气设备，对绝缘电阻的要求高一些，因此必须用额定电压高的绝缘电阻表来测试。当被测设备的额定电压在500V以下时，选用额定电压为500V或1000V的绝缘电阻表；当被测设备的额定电压在500V以上时，选用额定电压为1000V或2500V的绝缘电阻表。选用的绝缘电阻表电压过低，测量的结果不能正确反映被测设备在工作电压下的绝缘电阻；选用的绝缘电阻表电压过高，则容易在测量时损坏电气设备的绝缘。所以，绝缘电阻表的额定电压一定要与被测设备的工作电压相对应。

各种型号的绝缘电阻表，除不同的额定电压外，还有不同的测量范围。选用的绝缘电阻表测量范围，不应过多地超出被测的绝缘电阻值，以免读数误差过大。另外，有的绝缘电阻表标尺不是从零开始的，而是从1MΩ或2MΩ开始的，就不宜用来测量低绝缘电阻的设备。

（2）测量前的准备。

1）必须切断被测设备的电源，对具有大电容的设备，例如输电线路和高压电容器等，还必须进行放电。用绝缘电阻表测量过的电气设备，可能带有残余电压，也要在测量后及时放电。

2）擦干净被测物体的表面。被测物体表面的绝缘电阻，会随着各种外界的影响而变化，导致测量结果不准确。为消除这种误差，最简单的方法就是把被测物体表面用干净的布或棉纱擦拭干净。

3）检查绝缘电阻表。当绝缘电阻表接线端开路时，摇动发电机手柄至额定转速（120r/min），指针应当指在"∞"的位置，若发电机在额定转速时，指针不是指在"∞"处，可以转动调节器使之到位；当接线端短路时，缓慢摇动摇柄，绝缘电阻表的指针应指在"0"处。

（3）测量时的注意事项。

1）接线方法。绝缘电阻表一般有三个接线柱，分别标有"线"（L）、"地"（E）和"屏"（G）。在测量时，将被测的绝缘电阻接在L和E之间。一般将L和被测物与大地绝缘的导体部分相连接，而将E与被测物的外壳或其他导体部分相连接，如图2-21所示。

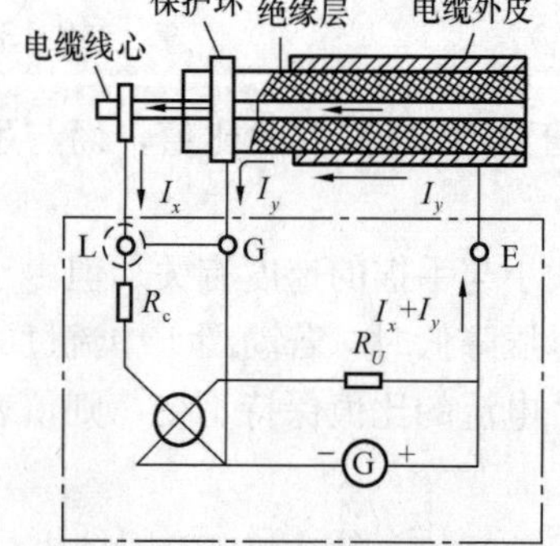

图2-21　绝缘电阻表测量的接线

有的时候，测量出来的绝缘电阻值太低，则需要判断是内部绝缘不好，还是表面漏电的影响，这就需要把表面和内部的绝缘电阻分开，以便进行比较判断。这时，就要利用绝缘电阻表上的G接线柱了。G是用来屏蔽表面电流的，其具体使用方法是在绝缘层表面加一保护环，并接至G。这样，表面电流便不流过绝缘电阻表的动圈1，而经G直接回到发电机的负极。

2）摇速。用绝缘电阻表测量绝缘电阻时，规定手摇发电机的摇速应尽量接近120r/min的额定转速（可以有±20%的变化，最多不应超过±25%）。

3）读数。为获得准确的测量结果，要求在发电机摇速达到额定转速，而且持续到指针稳定后才读数。一般开始时读数偏小，过1min指针稳定后，读数有所增加。对于有电容的被测设备，更应该注意这一点。

六、整流系仪表

前面已经介绍过，磁电系测量机构只能直接测量直流电流或周期性变动电流的平均值。显然，如果通入测量机构的是正弦交流电流，由于其平均值为零，仪表的活动部分不会发生偏转。因此，磁电系测量机构是不能测量正弦交流电的。但是，如果将磁电系测量机构与半导体整流器件相配合，就可以测量正弦交流电。因为正弦交流电流经过整流器件整流后，变成单向脉动电流，其平均值不再为零，因而，可以使测量机构的活动部分发生偏转。

磁电系测量机构与半导体整流器件配合后便构成了整流系测量机构，由整流系测量机构构成的仪表，称为整流系仪表。

1. 半波整流系仪表

半波整流系仪表的工作原理如图 2-22 所示，图中，点画线框内为测量线路，a、b 两端为仪表对外接线柱。

当外加正弦交流电压为正半波时，利用整流二极管 V1 的单向导电性，使测量机构通过电流 i'；负半波时，V1 阻止电流通过。因此，通过磁电系测量机构的电流，如图 2-22 的右侧所示，为一单向脉动电流。整流二极管 V2 起反向保护作用。因为，当正弦交流电压处于负半周时，V1 相当于开路，若无 V2，则外加电压几乎全部加在 V1 上了，很可能将它击穿；而并入 V2 之后，当外加电压处于负半周时，V2 导通，V1 上不再承受反向电压。

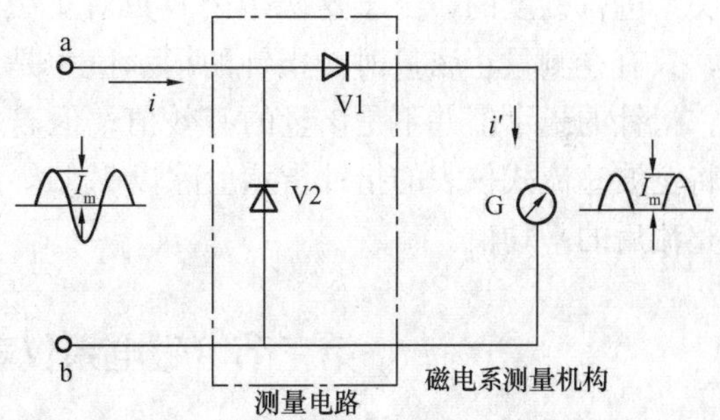

图 2-22 半波整流系仪表工作原理图

如果 $i=I_{\rm m}\sin\omega t=\sqrt{2}I\sin\omega t$，则磁电系测量机构中的电流 i' 平均值为

$$I'=\frac{1}{T}\int_0^T i'\mathrm{d}t=\frac{1}{T}\int_0^{\frac{T}{2}} I_{\rm m}\sin\omega t\,\mathrm{d}t=\frac{I_{\rm m}}{\pi}=\frac{\sqrt{2}I}{\pi}\approx 0.45I$$

即

$$I=\frac{\pi}{\sqrt{2}}I'\approx 2.22I' \tag{2-14}$$

由式（2-4）可知，磁电系测量机构中的指针偏转角为

$$\alpha=SI'$$

如果将标尺按 $2.22I'$ 刻度，则指针的指示值为通过磁电系测量机构实际电流平均值的 2.22 倍。因此，当被测电流 i 是正弦交流电流时，指针的指示值就是被测电流的有效值 I。正是基于这一点，所有的半波整流系仪表的标尺都是按照 $2.22I'$ 刻度的。所以，它们可以直接测量出正弦量的有效值。

2. 全波整流系仪表

全波整流系仪表的工作原理如图 2-23 所示。由四个整流器件构成桥式整流电路，当外加正弦交流电压时，流过磁电系测量机构中的是图 2-23 右侧所示的全波整流电流 i''。

若被测电流为

$$i=I_{\rm m}\sin\omega t=\sqrt{2}I\sin\omega t$$

则 i'' 的平均值为

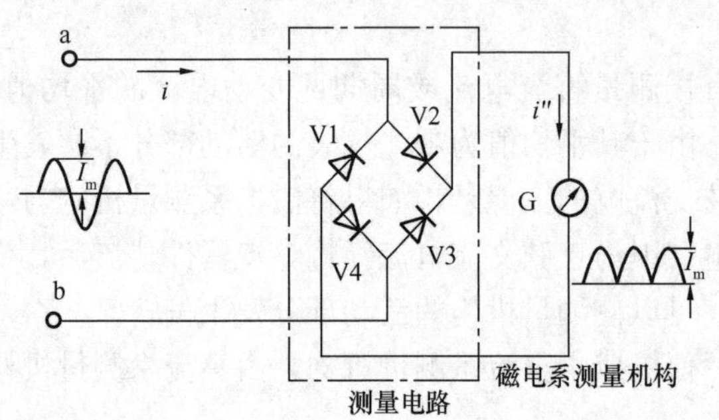

图 2-23　全波整流系仪表的工作原理

$$I'' = \frac{1}{T}\left[2\int_0^{\frac{T}{2}} I_m \sin\omega t\,dt\right] = \frac{2I_m}{\pi}$$

$$= \frac{2\sqrt{2}I}{\pi} \approx 0.9I$$

即

$$I = \frac{\pi}{2\sqrt{2}}I'' \approx 1.11I'' \qquad (2\text{-}15)$$

因此，如果仪表的标尺按平均值 I'' 的 1.11 倍刻度，则指针的指示值同样为被测正弦电流 i 的有效值。

值得注意的是，半波或全波整流系仪表的标度尺，是分别按照式（2-14）和式（2-15）的关系进行刻度的，由于这两个公式只对正弦量才成立，所以，无论半波或全波整流系仪表，只有在测量正弦量时，指针的指示值才是正弦量的有效值。当被测量为非正弦周期量时，指针的指示值并不是该量的有效值；但若将半波整流式仪表的指针指示值除以 2.22，或将全波整流式仪表的指针指示值除以 1.11，则可以得到非正弦周期量经过半波整流或全波整流后的平均值。

第三节　磁电系仪表的主要技术特性

磁电系仪表具有以下优点。

1. 准确度高

磁电系仪表采用永久磁铁，磁场很强，分流电阻或附加电阻的阻值也可以做得很精确，受外界因素如外电磁场和温度等的影响较小，所以，仪表的准确度很高，可以达到 0.1～0.05 级。

2. 灵敏度高

由于磁电系仪表内部磁场很强，所以，只需要很小的电流通过动圈，就可以得到足够大的转动力矩，因此，它的灵敏度很高。在指针式仪表中，电流常数 C 可以达到 1μA/格以上，而在采用悬丝结构和光标指示的检流计中，电流常数 C 可以高达10^{-10}μA/格。

3. 仪表内部消耗的功率小

由于磁电系测量机构内部通过的电流小，所以，它本身消耗的功率很小。磁电系仪表的内阻比电磁系和电动系等其他系列仪表的内阻要高，对电路的影响较小。例如，一般实验室所用的磁电系 5A 电流表或 100V 电压表，其消耗功率为 0.2～0.4W；而 MF10 型万用表作直流电压表使用时，其内阻可以高达 100kΩ/V，消耗功率仅为 10^{-5}W。

4. 刻度均匀

因为磁电系测量机构指针的偏转角 α 与流过线圈的电流成正比，所以，此类仪表大都标尺刻度均匀，读数方便。

磁电系仪表虽然有很多可贵的优点，但是也有以下不足之处。

1. 只能用于直流测量

由于磁电系测量机构的内部磁场是永久磁铁产生的，其方向不变，所以磁电系仪表只能用于直流的测量。若将此系列仪表通入正弦交流电，则因其一个周期内的平均值为零，指针不会偏转。若通入线圈的电流方向与规定的方向相反，则指针会反向偏转，导致仪表损坏。所以，测量直流电量时，必须注意极性，应当使被测电流从仪表的“+”端流入，从“−”端流出。

2. 过载能力小

由于被测电流经过游丝（或张丝、悬丝）和线圈，过大的电流容易引起游丝发热，并使其弹性发生变化，从而使测量产生较大的误差，甚至可能因过热而烧毁游丝和绕制线圈的导线。所以，磁电系仪表的过载能力很小。

3. 结构复杂，成本较高

为扩大磁电系仪表的使用范围，通常在仪表中附加整流电路，将交变电流转换为直流电流，然后用磁电系测量机构进行测量。磁电系仪表还可以配上某种变换器，将非电量转换成电量进行测量。此外，利用电子器件组成的变换电路，可以构成变换器式仪表，用于测量功率、频率和相位等。

由于优质硬磁材料的问世，内磁式和内外磁式的磁电系仪表，近年来得到了广泛的应用。这种仪表不仅减少了漏磁，还增大了磁感应强度，使仪表的磁性材料消耗减少、结构紧凑、尺寸缩小、质量减轻，同时还使仪表防御外电磁场的能力加强，这也是磁电系仪表的发展方向。

第四节 磁电系仪表的常见故障及处理

磁电系仪表在使用中，由于种种原因常常会出现各种故障。例如，误差变大、指针不回零位、指针位移、电路不通、仪表指示很小及指示值不稳定等。上述故障往往是由于机械或电路的故障所造成的。磁电系仪表的常见故障及处理方法见表 2-1，供检修参考。

表 2-1 磁电系仪表的常见故障及处理方法

常见故障	产生原因	处理方法
指针不回零位，误差较大	（1）游丝过载引起弹性疲劳 （2）游丝生锈或粘有毛刺 （3）游丝碰圈 （4）游丝支点松动 （5）轴尖磨秃 （6）轴尖生锈或粘有脏物 （7）宝石内有划痕或裂纹或有污秽 （8）动框内含有铁磁物质 （9）在零位处有卡挡现象 （10）可动部分平衡不好 （11）磁气隙中有游性纤维物，影响动圈正常偏转 （12）轴尖与轴承间隙太松或太紧，可动部分转动不灵活	（1）更换新游丝 （2）清洗或更换游丝 （3）调整游丝间隙 （4）焊牢 （5）更换轴尖或修磨 （6）去锈抛光或清洗 （7）更换或清洗 （8）清除 （9）清除卡挡物 （10）调整平衡 （11）仔细检查，清除异物 （12）调整间隙

续表

常见故障	产生原因	处理方法
卡挡现象	(1) 标度盘上和基架上有毛刺卡挡指针 (2) 磁气隙中有毛刺、铁屑或触碰点 (3) 轴尖与轴承间隙太小	(1) 清除毛刺 (2) 吹掉毛刺，用钢针排除铁屑，并调整触碰点 (3) 调整间隙
仪表有指示但不稳定	(1) 线路元件接触不良 (2) 量程开关接触不良 (3) 线路中有短路或击穿呈现似通非通现象 (4) 动圈引线氧化或虚焊	(1) 查出重新焊牢 (2) 用汽油清洗，涂凡士林油或拧紧固定螺钉 (3) 查出故障点，重新焊牢 (4) 重焊线圈引线
通电后不指示或偏转小	(1) 磁性减退 (2) 分流器短路或附加电阻断线 (3) 线路接错 (4) 动圈断路或短路	(1) 永久磁铁充磁 (2) 查出故障消除 (3) 查出误接线，改正 (4) 重新更换动圈
不平衡，误差大	(1) 调平衡焊料有假焊脱落现象 (2) 可动部分某元件松动发生位移 (3) 过载冲击动框变形	(1) 重调平衡 (2) 紧固重调平衡 (3) 校正动框
通电后偏转角大	(1) 分流器或附加电路短路 (2) 游丝反作用力矩系数减小 (3) 线路接错	(1) 查出消除 (2) 更换游丝 (3) 找出误接线，更正
电路不通	(1) 测量线路断线或接点脱焊 (2) 游丝或张丝脱焊，或过载烧断 (3) 动圈内部断线不通 (4) 附加电阻断线 (5) 仪表严重受震，电阻支架断裂，使焊接处断开	(1) 重新焊牢 (2) 焊牢，更换游丝（张丝） (3) 更换线圈 (4) 更换附加电阻，或重新焊牢 (5) 处理好支架，焊牢

2-1 磁电系测量机构由哪几个主要部分组成？

2-2 磁电系测量机构的工作原理是什么？

2-3 磁电系测量机构为什么不能直接用来测量交流电流？

2-4 为什么电流表要和负载串联，电压表要和负载并联？如果接错了，会有什么后果？

2-5 对电压表和电流表的内阻各有什么要求？为什么？

2-6 磁电系仪表的刻度是否均匀？为什么？

2-7 试说明磁电系电流表中分流器的作用。磁电系电流表中被测电流和测量机构内的电流有什么关系？

2-8 试说明磁电系电压表中附加电阻的作用。磁电系电压表中被测电压和测量机构内的电压有什么关系？

2-9 如何选择检流计的灵敏度？

2-10 检流计在搬动前和使用后，为什么必须将止动器锁上，或者用导线将两个接线端钮短接起来？

2-11 欧姆表的作用原理是什么？使用时要注意些什么？

2-12 某欧姆表有中值电阻分别为1、10、100Ω和1、10kΩ五挡，现要测量的电阻约为750Ω，试问应该选择哪一挡来测？为什么？

2-13 磁电系比率表有什么特点？

2-14 为什么在使用绝缘电阻表测量绝缘电阻前，要先将被测设备短路放电？

2-15 试说明绝缘电阻表与欧姆表的主要区别。

2-16 有一磁电系表头，其内阻为45Ω，满刻度电流为1mA，若将其做成量程为100mA的直流毫安表，求分流电阻值。

2-17 有一磁电系表头，其内阻为150Ω，额定内阻压降为45mV，若将其做成量程为15V的直流电压表，求附加电阻值。

2-18 一磁电系电压表的内阻为3000Ω，量程为3V，现在要将量程扩大为300V，求附加电阻值。

2-19 一磁电系毫安表，其表头满刻度电流为1mA，表头内阻为98Ω，分流电阻为2Ω，求它的测量上限。

2-20 将220V的正弦交流电压经过全波整流后，用磁电系电压表测量，试问电压表的读数是多少？

2-21 试说明磁电系仪表的优缺点。

第三章　电磁系仪表

电磁系仪表是一种交直流两用的电测量仪表，其测量机构主要由固定线圈（以下简称定圈）和可动铁片组成。由于电磁系仪表结构简单、坚固耐用、过载能力强、成本较低，又便于制造，所以在交流电流和电压的测量中得到了极为广泛的应用。一般配电盘上所安装的交流电能表大都是电磁系仪表。

当前，新技术、新材料及新工艺的发展和设计思路的改进，已经使电磁系仪表的准确度等级逐步提高，而功率消耗逐渐降低。本章主要介绍电磁系仪表的基本结构、工作原理和技术特性等。

第一节　电磁系仪表的测量机构

一、结构和工作原理

电磁系仪表的测量机构是利用载流的定圈产生的磁场，对可动铁片产生的吸引力或排斥力而制成的。根据定圈和可动铁片之间的作用关系不同，电磁系仪表测量机构可以分为三种类型：吸引型、排斥型和排斥吸引型。

1. 吸引型

吸引型电磁系仪表测量机构的结构如图 3-1 所示。

吸引型电磁系仪表测量机构的固定部分是定圈（扁形）1；它的活动部分有偏心地装在转轴上的可动铁片 2、产生反抗力矩的游丝 5、扇形铝片 4 和仪表的指针 3 等。

吸引型电磁系仪表测量机构的工作原理如图 3-2 所示。当电流流过定圈时，在线圈的周围就会产生磁场，磁场的方向可以用右手螺旋定则确定。定圈产生的磁场使可动铁片被磁化[见图 3-2（a）]，结果磁场对铁片产生吸引力，从而产生转动力矩，使可动铁片偏转，并带动指针偏转。当此转动力矩与游丝产生的反抗力矩相平衡时，指针便稳定在某一位置，从而指示出被测电流的大小。

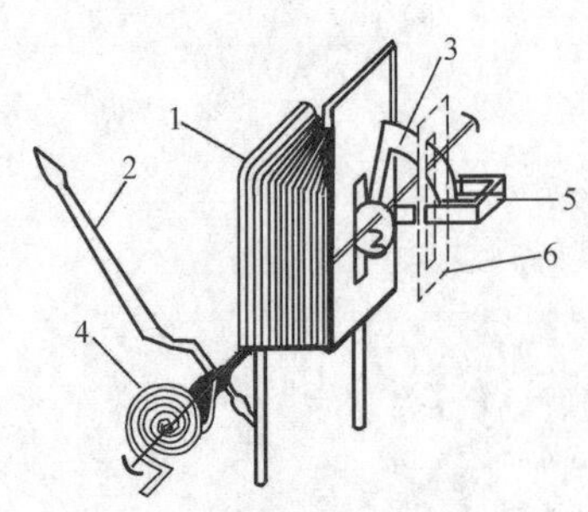

图3-1　吸引型电磁系仪表测量机构的结构

1—定圈（扁形）；2—指针；3—扇形铝片；4—游丝；5—永久磁铁；6—磁屏

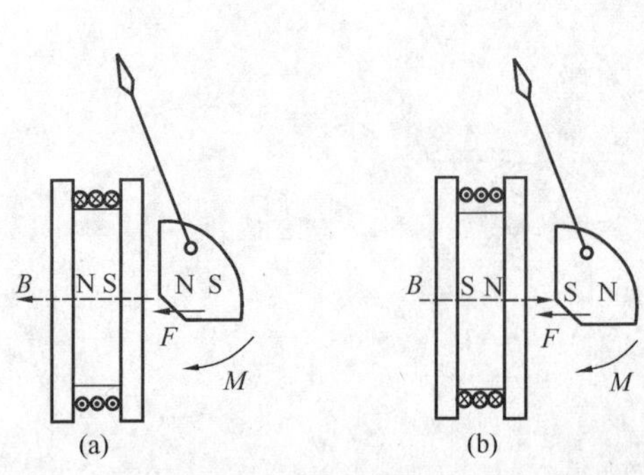

图 3-2　吸引型电磁系仪表测量机构的工作原理

当定圈中的电流方向改变时，定圈所产生的磁场极性和被磁化的铁片极性也随之改变[见图 3-2（b）]，两者之间的作用力仍然保持原来的方向，指针偏转的方向不会随电流的方向而改变。因此，这种吸引型电磁系仪表测量机构，既可以测量直流电流，也可以测量交流电流。

吸引型电磁系仪表测量机构的特点如下：

（1）利用扁形定圈的磁场对铁片的吸引作用使活动部分发生偏转。

（2）扁线圈与圆线圈结构相比，电磁利用系数较大，所以，在转动力矩相同的条件下，仪表安匝数和功率消耗较小。

（3）标尺不均匀系数较大，一般只在准确度等级不高的 0.5 级以下仪表中广泛应用。

（4）铁片形状一般多是切边的正圆形，偏心固定在转轴上，用以改善刻度特性。

（5）内部磁场较弱，易受外磁场的影响。

（6）因为扁线圈上下相对放置，比较节省空间，所以容易制成无定位测量结构。

（7）这类结构的仪表，大部分都装有分磁片。分磁片是由软磁材料做成的，移动它可以影响线圈中的磁场分布，以达到调整转动力矩、改变刻度特性的目的。

2. 排斥型

排斥型电磁系仪表测量机构的结构如图 3-3 所示。

排斥型电磁系仪表测量机构的固定部分包括定圈（圆形）1 和固定在此线圈内壁的固定铁片 2；活动部分则由转轴 3、固定在转轴上的可动铁片 4、游丝 5、指针 6 和阻尼片 7 等组成。

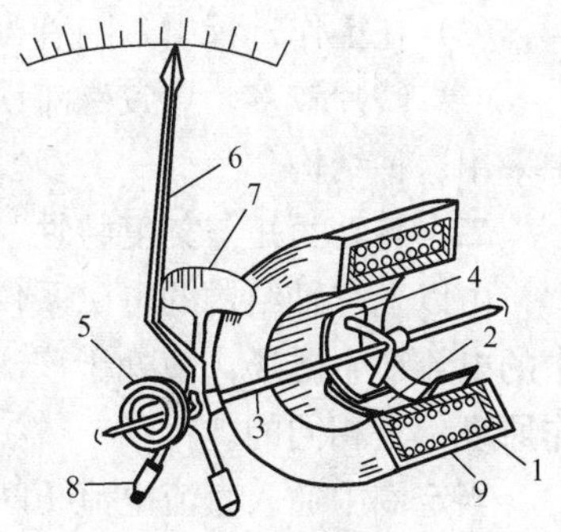

图 3-3 排斥型电磁系仪表测量机构的结构

1—定圈（圆形）；2—固定铁片；3—转轴；4—可动铁片；5—游丝；6—指针；7—阻尼片；8—平衡锤；9—磁屏蔽

排斥型电磁系仪表测量机构的工作原理如图 3-4 所示。当电流流过定圈时，电流产生的磁场，使固定铁片和可动铁片同时被磁化，且这两个铁片同一侧被磁化的极性相同，如图 3-4（a）所示。两个铁片的同性磁极相互排斥，从而产生转动力矩，使可动铁片发生偏转，并使指针偏转。当此转动力矩与游丝产生的反抗力矩相平衡时，指针便稳定在某一位置，从而指示出被测电流的大小。

当定圈中的电流方向改变时，定圈所产生的磁场极性和被磁化的铁片极性也随之改变[见图 3-4（b）]，但两个铁片的同性磁极仍然相互排斥，所以，转动力矩的方向依然保持不变，而指针偏转的方向，也不会随电流的方向而改变。因此，这种排斥型电磁系仪表测量机构仍然可以用于交流电的测量。

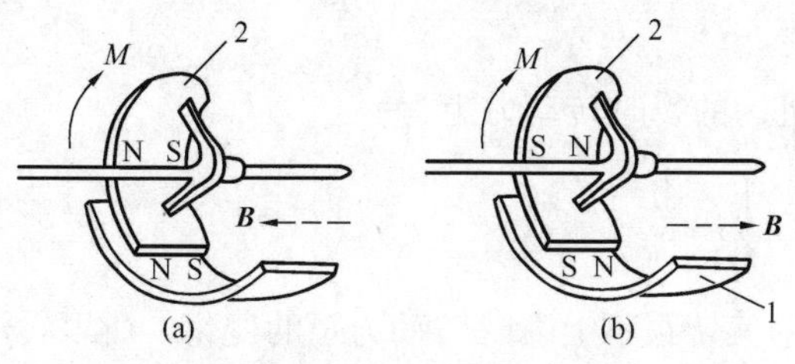

图 3-4 排斥型电磁系仪表测量机构的工作原理

（a）定圈内通过电流，产生转动力矩；

（b）改变电流方向，转动力矩方向不变

1—固定铁片；2—可动铁片

排斥型电磁系仪表测量机构的特点如下：

（1）利用处于圆形定圈磁场中的固定铁片与可动铁片之间的排斥作用，仪表的活动部分发生偏转。

（2）通过对定圈形状的合理设计和偏转角的合理选择，可以得到比较均匀的刻度特性。

（3）电磁利用系数较小，即线圈的电感相对变化小，与扁形线圈结构相比，频率误差较容易补偿。因此，能达到较高的准确度等级。目前，国内外高准确度等级的电磁系仪表，一般都采用这种排斥型结构。

3. 排斥吸引型

排斥吸引型电磁系仪表测量机构的结构与排斥型有些相似，它的定圈也是圆形的，不同之处是它的固定铁片和可动铁片数量较多。

电流流过定圈时产生的磁场，使所有铁片同时被磁化，铁片与铁片之间，既有因为极性相同而相互排斥的，也有因为极性相反而相互吸引的。这些排斥力和吸引力，作用于测量机构的可动部分，共同产生转动力矩，使可动部分转动，同时带动指针偏转。当此转动力矩与游丝产生的反抗力矩相平衡时，指针便稳定在某一位置，从而指示出被测电流的大小。

排斥吸引型电磁系仪表测量机构的特点如下：

（1）在这种结构中，转动力矩是由排斥力和吸引力共同作用而产生的，其值较大。

（2）指针偏转角可以达约 240°，所以可制成广角度指示仪表。

（3）在工作过程中，随着可动部分的转动，排斥力逐渐减弱，而吸引力逐渐增强。

（4）铁片较多，导致磁滞误差较大，准确度等级较低，所以只在 0.5 级以下的交流仪表中采用这种结构。

二、转动力矩与刻度特性

由以上三种结构的电磁系仪表测量机构可以看出，不论哪种结构形式，都是由通过定圈中的电流产生磁场，使处于该磁场中的铁片被磁化，从而产生转动力矩的。因此，它们的工作原理都是相同的。

当定圈中通入直流电流 I 时，设线圈的电感为 L，由电工理论知识可知，定圈中的磁场能量为

$$W=\frac{1}{2}LI^2$$

则电磁系仪表测量机构的转动力矩为

$$M=\frac{\mathrm{d}W}{\mathrm{d}\alpha}=\frac{1}{2}I^2\frac{\mathrm{d}L}{\mathrm{d}\alpha} \tag{3-1}$$

式中：α 为电磁系测量机构的指针偏转角度。

式（3-1）表明，在直流电流的作用下，电磁系仪表测量机构的转动力矩与电流 I 的平方成正比。

当定圈中通入交流电流 i 时，电磁系测量机构的瞬时转动力矩为

$$m=\frac{\mathrm{d}w}{\mathrm{d}\alpha}=\frac{1}{2}i^2\frac{\mathrm{d}L}{\mathrm{d}\alpha} \tag{3-2}$$

测量机构活动部分的惯性，使得活动部分的偏转跟不上瞬时转动力矩的变化，所以，活动部分的偏转由平均转动力矩决定，平均转动力矩 M 是瞬时转动力矩在一个周期内的平均值。电磁系仪表测量机构的平均转动力矩 M 为

$$M=\frac{1}{T}\int_0^T m\mathrm{d}t=\frac{1}{2}\frac{\mathrm{d}L}{\mathrm{d}\alpha}\frac{1}{T}\int_0^T i^2\mathrm{d}t=\frac{1}{2}I^2\frac{\mathrm{d}L}{\mathrm{d}\alpha} \tag{3-3}$$

式中：I 为交流电流 i 的有效值。

所以，电磁系仪表不论用来测量直流还是交流，其转动力矩的公式是相同的。

测量机构的反抗力矩由游丝产生，为

$$M_\alpha = D\alpha \tag{3-4}$$

当反抗力矩与转动力矩平衡时，仪表的指针便稳定在某一位置，指示出被测电流的大小。此时

$$M = M_\alpha$$

则有

$$\alpha = \frac{1}{2D}\frac{\mathrm{d}L}{\mathrm{d}\alpha}I^2 = KI^2 \tag{3-5}$$

从以上分析可知：

(1) 电磁系测量机构的指针偏转角 α 与被测电流 I 的平方成正比，同时，还与$\frac{\mathrm{d}L}{\mathrm{d}\alpha}$有关。

(2) 电磁系测量机构可交直流两用。当电流的方向变化时，指针偏转方向不变，在测量交流电流时，其指示值是交流电的有效值。同时，它还适用于非正弦交流电的情况，因为它的标尺刻度没有涉及波形因数的问题。

(3) 如果$\frac{\mathrm{d}L}{\mathrm{d}\alpha}$为常数，则刻度具有平方律特性，即刻度的前半部分较密，而后半部分较疏。所以，在电磁系仪表的标尺开始部分的一段，一般没有刻度，即使有刻度，读数也很困难。在测量时，应当尽量不用这一段标尺，以提高读数的准确程度。

如果$\frac{\mathrm{d}L}{\mathrm{d}\alpha}$不是常数，刻度就与$\frac{\mathrm{d}L}{\mathrm{d}\alpha}$的变化有关。适当地选择铁心形状，调节铁心与线圈的相对位置，可以使被测电流小的时候$\frac{\mathrm{d}L}{\mathrm{d}\alpha}$较大，而在被测电流大的时候$\frac{\mathrm{d}L}{\mathrm{d}\alpha}$较小，刚好能补偿平方律刻度前密后疏的缺点，使刻度比较均匀。最理想的情况是$\frac{\mathrm{d}L}{\mathrm{d}\alpha}=\frac{K}{\alpha}$，其中 K 为常数，α 就与 I 呈线性关系，即得到均匀的标尺刻度。当然，实际上很难做到这一点。

三、防御外磁场影响的措施

由于电磁系仪表测量机构的工作磁场是由定圈中的电流产生的，而且整个磁路系统几乎没有铁磁材料，磁阻很大，所以仪表本身的磁场很弱，外磁场对测量结果的影响很大。例如，仅仅地磁的影响，就可以造成测量结果 1%的误差。

为防止外磁场的影响，实际中常采用磁屏蔽或无定位结构两种措施。

1. 磁屏蔽

磁屏蔽就是把电磁系仪表测量机构置于用硅钢片做成的导磁良好的屏蔽罩内。由于屏蔽罩的磁导率比空气高得多，外来磁场的磁通 Φ 将集中地沿着屏蔽罩通过，只有很少一部分进入到屏蔽罩的内部空间，如图 3-5 所示。有时为进一步削弱外界磁场的影响，还采用双层屏蔽。

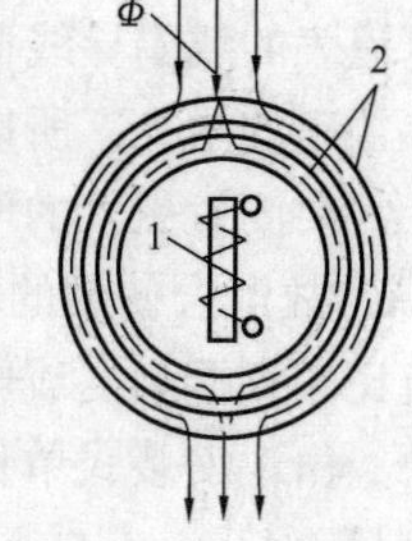

图 3-5 磁屏蔽原理示意图
1—测量机构；2—屏蔽罩

2. 无定位结构

无定位结构就是将电磁系仪表测量机构中定圈分为两部分，这两部分反向串联，如图 3-6 所示。

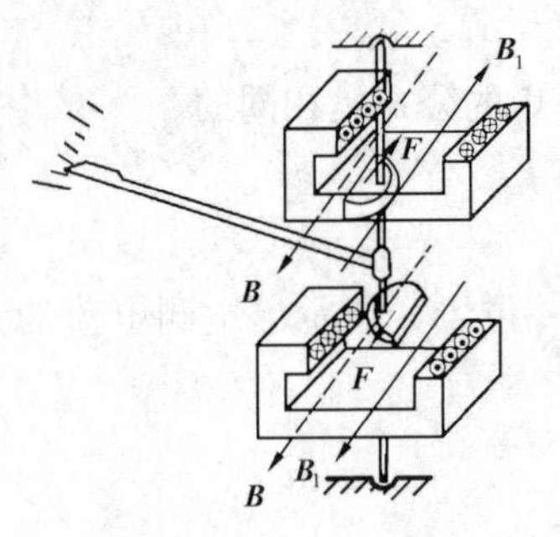

图 3-6 无定位结构示意图

当线圈内通过同一个被测电流时，两部分线圈产生的磁感应强度 $\boldsymbol{B}_1$ 相反，但转动力矩却是相加的。不管外磁场磁感应强度 $\boldsymbol{B}$ 的方向如何，它对测量结构的影响，总是使一个部分线圈的磁场被削弱，而另一个部分线圈的磁场被加强。由于两部分结构对称，因此外磁场的作用自相抵消，对仪表的读数没有影响。

由于采用上述装置后，不论仪表放置的位置如何，都可以不受外磁场的干扰，所以具有这种结构的仪表，称为无定位结构仪表。

第二节　电磁系仪表的工作原理

一、电磁系电流表

1. 单量程电流表

电磁系单量程电流表是最简单的一种仪表，安装式电流表大多制成单量程的。电磁系仪表测量机构就可以直接作为电流表使用，只要将定圈与被测电路串联，就可以测量该电路的电流。在测量小电流时，仪表直接串联接入被测电路；测量大电流时，常与电流互感器配合使用。

从理论上讲，通过改变定圈的导线直径和匝数，电磁系仪表测量机构就可以制成任何量程的电流表，但实际上，要制成低量程和高量程的电流表是比较困难的。

在电磁系测量机构中，活动部分不需要通过电流，被测电流是通过定圈的，所以只要改变定圈的线径，就可以实现不同量程的电流测量。一般来说，线圈的匝数少，线径粗，则电流的量程就大；反之，则电流的量程就小。但是，由于电磁系仪表测量机构的磁路大部分是以空气为介质，要使线圈的磁动势足够大，就必须保持一定的安匝数（一般约为 200A·匝），以保证能产生足够的转动力矩。

基于上述原因，对于低量程的电流表，由于通过定圈的电流小，所以需要较多的匝数，但是匝数增多，又会增大线圈的电感和电容分布，引起较大的频率误差；同时，线圈匝数的增加，也会使仪表的内阻增大。为此，低量程的电流表只能做成毫安级电流表。

对于高量程的电流表，由于通过的电流较大，仪表与导线的连接端钮处会因为接触不良而严重发热；同时，大电流在导线周围产生的强大磁场，将引起仪表的误差；另外，高量程电流表的线圈导线截面积较大，在高频率下会产生趋肤效应，使交流电阻增大，引起仪表内部功率的增加。所以，高量程电流表的量程一般只做到 200A。

要测量更大的电流，则要和电流互感器配合使用。一般电流互感器的额定二次电流为 5A，故配合使用的电流表也做成 5A 量程的。但为读数方便，其刻度常根据电流互感器的电流比，直接刻度成电流互感器的一次电流值。

由于安装式单量程电流表的铁心材料比较差，磁滞误差较大，所以只适用于交流电量的测量。

2. 多量程电流表

可携式电磁系电流表一般是多量程的。考虑在同一标尺的重合性，量程不可能做得太多，但增加量程、一表多用仍然是今后的发展方向之一。

多量程电磁系电流表的测量电路，一般采用定圈分段绕制，利用分段线圈的串联或并联来改变量程，而串并联的换接方式通过转换装置实现，如图 3-7 所示。

显然，图 3-7（b）的连接方式可以使电流表的量程扩大一倍。

常见的量程转换装置有三种，分别为插销式、连接片式和转换开关式。

在改变量程时，必须保持定圈的总安匝数以及定圈内的磁场分布不变，以满足在同一标尺上有较好的重合性。用这种方法，可以得到符合 1∶2 关系的数个量程，如 T51 型毫安表就是 1∶2∶4 三个量程。

如果多量程电流表只用于交流电路的测量，而且其量程范围又很宽，可以采用内附电流互感器来实现量程的转换，如图 3-8 所示。

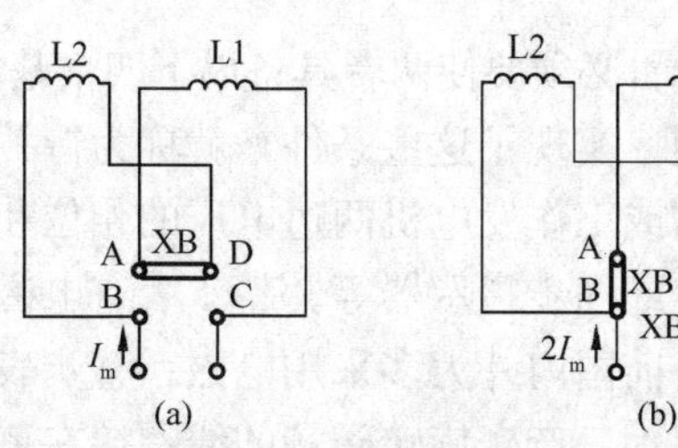

图 3-7　双量程电磁系电流表改变量程示意图

（a）线圈串联；（b）线圈并联

L1、L2—线圈；A、B、C、D—端钮；XB—金属片

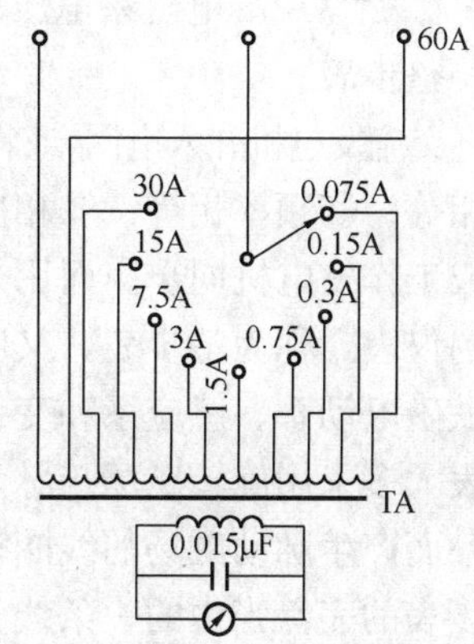

图 3-8　内附电流互感器实现量程的转换

目前，国内生产的多量程交流电流表大都采用这种方法，如国产的 T15-A 型与 T24-A 型交流电流表等，各量程可以共用同一个标尺，量程增多，使用方便。

二、电磁系电压表

1. 单量程电压表

电磁系仪表测量机构只要与被测电路并联，就可以作为电压表测量电压。这种电压表的测量机构很简单，是由定圈和附加电阻串联组成的，一般只有一个量程。

从理论上讲，可以用串联附加电阻的方法测量较高的电压，但电压太高时，既要保证使用安全，又要使体积不至于太大，制造起来很困难，所以一般都不做量程很高的电压表。

安装式电压表通常只有一个量程。直接测量时，其电压不应超过 600V。如果要测量更高的电压，则应与电压互感器配合使用。电压互感器的二次额定电压一般为 100V，与电压互感器配合使用的电压表，就都做成量程为 100V 的单量程。根据电压互感器的电压比，电压表可以直接按照电压互感器的一次电压进行刻度。

2. 多量程电压表

可携式电磁系电压表一般都是多量程电压表，实现量程变换的方法有以下三种：

（1）采用分段线圈的串并联换接法。

（2）采用附加电阻的分段法，如图 3-9 所示。

（3）仅用于交流电路测量的电压表，可以采用内附电压互感器的方法，以获得多个量程的测量。

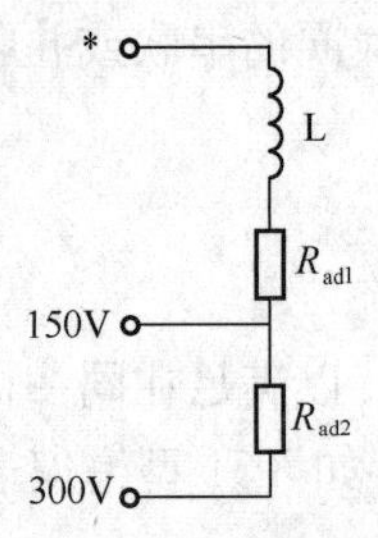

图 3-9 分段法变换量程原理电路

电磁系电压表要做成多量程是比较困难的，因为高量程要求定圈的电流小，以降低消耗；低量程则要求线圈的导线电阻小，以降低仪表的温度误差，使之达到规定的范围。所以，要同时满足低量程和高量程的要求有一定难度，一般多量程电磁系电压表只有 2～4 个量程。

电磁系电压表一方面要保证较大的磁化力，以使仪表产生足够的转动力矩；另一方面又希望尽量减少匝数，以防止频率误差和温度误差。这就要求通过仪表的电流要大，也就是电压表的内阻要小，通常每伏只有几十欧，而磁电系仪表能做到每伏几千欧至几百千欧。可见，电磁系电压表的内阻小，消耗功率比较大。

三、整步表

要将交流发电机并入电网,或将两台发电机并列运行,必须要使两者具备以下四个基本条件：①电压相等；②频率相等；③相序相同；④相位相同。实现了这些条件，就称为待并发电机与电网或工作发电机同步。而用来检查发电机与电网或工作发电机两边电压的相位和频率是否相等的仪表，称为整步表，又叫做同期表、同步表或同步指示器等。整步表有电磁系、电动系、铁磁电动系、感应系和变换器式等系列，但目前国内外大多采用电磁系整步表。电磁系整步表大多采用旋转磁场与脉动磁场相互作用的原理。产生旋转磁场的线圈接在待并的发电机侧，而产生脉动磁场的线圈接在已运行的电源侧。

整步表的表盘当中的一条线为同步标线，当指针停止在此标线上时，表示待并入的发电机与电网的电压、相位和频率都相同，此时才可以将待并发电机的主开关合闸，让发电机并入电网。当待并发电机频率比电网频率高时，指针向顺时针方向旋转，表示发电机的转速偏快；反之，当待并发电机的频率低于电网频率时，指针向反时针方向旋转，表示发电机的转速偏慢，而频率相差越大，指针旋转越快。指针与同步标线的夹角，就是两个电源电压的相位差角：当指针位于表盘上所标“快”的方向时，表明待并发电机是超前的；当指针位于表盘上所标“慢”的方向时，则表明待并发电机是滞后的。整步表同时指示了两个电压之间的频率和相位的差别情况，以使操作人员进行必要的调整和操作。

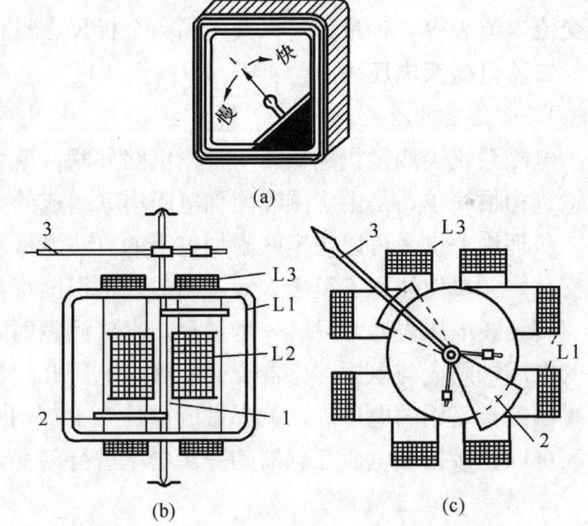

图 3-10 1T1-S 型整步表的外形与测量机构示意图
(a) 外形图；(b) 测量机构线圈位置图；
(c) 测量机构顶视图
L1、L3—产生旋转磁场的固定线圈(定圈)；L2—产生脉动磁场的固定线圈(定圈)；1—铁磁材料轴套；2—扇形铁片(可动部分)；3—指针

1. 结构

1T1-S 型整步表的外形与测量机构示意图如图 3-10 所示。

定圈 L1 与 L3 互成 90°角。L1 与 L3 及其公共点串联有 3 个电阻 R_1、R_2 和 R_3，接到待并发电机的三相母线上。适当选择这 3 个电阻，可以使 L1 与 L3 两个线圈内的电流在相位上相差也为

90°，这样，在垂直于两线圈平面的空间内，便产生了旋转磁场。

此外，在L1与L3两个线圈里面，还有一个定圈L2，沿轴向套在可动的Z形铁心（可以在360°的范围内自由转动）外面，它与附加电阻串联接到电网上，用来产生按正弦规律变化的脉动磁场，并磁化Z形铁心。可动部分的轴套1由铁磁材料制成，其两端固定着扇形铁片2，轴套1与上下两个铁片2构成Z形铁心，在转轴上，还固定有指针3和阻尼片等。

2. 工作原理

（1）线圈L1和L3互成90°夹角时产生的旋转磁场。下面我们分析互成90°夹角的两个线圈如何产生旋转磁场。

定圈L1和L3相互垂直，如图3-11（a）所示。线圈L1中通以电流i_1，线圈L3中通以电流i_3，电流方向也如图3-11（a）所示。令i_1与i_3间的电气夹角也为90°，我们来分析两线圈产生的磁场。

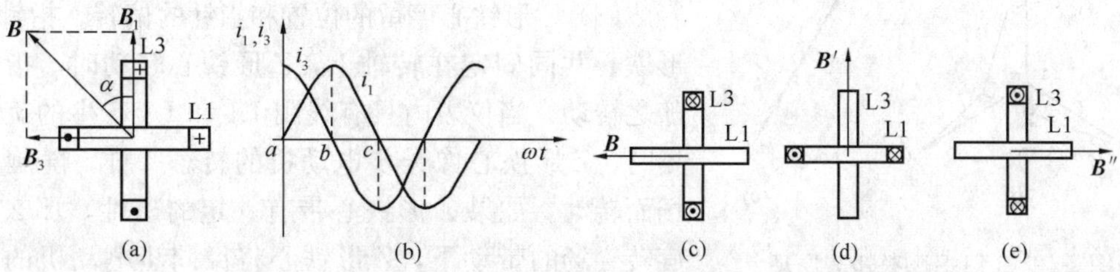

图3-11　线圈L1与L3互成90°时所产生的旋转磁场示意图

（a）两线圈产生磁场示意图；（b）线圈L1、L2中电流i_1、i_2波形图；（c）对应波形图中a点瞬间磁场方向示意图；（d）对应波形图中b点瞬间磁场方向示意图；（e）对应波形图中c点瞬间磁场方向示意图

线圈L1和L3中电流i_1与i_3的波形如图3-11（b）所示，它们之间有90°的相位差。在a点瞬间，线圈L3中电流i_3为最大值，所产生磁感应强度为$\boldsymbol{B}$，磁场在空间的方向如图3-11（c）所示；而线圈L1中电流$i_1=0$，故不产生磁感应强度，此时，总的合成磁感应强度即为$\boldsymbol{B}$。在b点瞬间，线圈L1中电流i_1为最大值，所产生磁感应强度为$\boldsymbol{B}'$，磁场在空间的方向如图3-11（d）所示；而线圈L3中电流为$i_3=0$，故不产生磁感应强度，此时，总的合成磁感应强度即为$\boldsymbol{B}'$。由此可以说，在b点瞬间，电流i_1与i_3相位发生了90°的变化，其合成的总磁感应强度的空间角，也按顺时针方向移动了90°。到了c点瞬间，L3中的电流i_3改变方向，达到负的最大值，这时产生的磁感应强度为$\boldsymbol{B}''$，方向如图3-11（e）所示；而线圈L1中电流为$i_1=0$，不产生磁感应强度，故合成磁感应强度应为$\boldsymbol{B}''$，相对于图3-11（d），磁场又按顺时针方向移动了90°。

通过分析，可以看出，当在空间成90°夹角交叉放置的两个线圈，通以相位差为90°的交流电时，则线圈所产生的合成磁感应强度是一个恒定量，大小等于每个线圈所产生的磁感应强度的最大值。但其方向却不断地按顺时针方向旋转，形成旋转磁场。

1T1-S型整步表就是利用这种方法来产生旋转磁场的。两个线圈中90°的相位差角是这样实现的：应用三相电源，在不同的相中，串联不同阻值的电阻，使构成的新的中性点发生位移，而获得所需的90°角。

（2）线圈L2产生的脉动磁场。定圈L2与附加电阻R串联后，接到电网的A′相和B′相

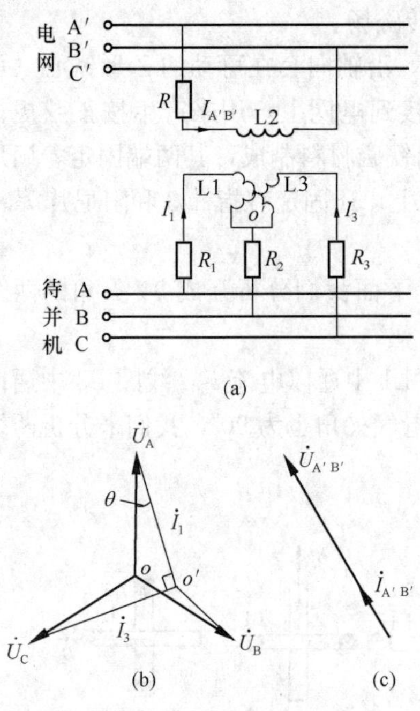

图 3-12 1T1-S 型整步表原理线路图与相量图

（a）线路图；（b）线圈 L1、L3 中电流与电压相量图；（c）线圈 L2 中电流与电压相量图

上，如图 3-12 所示。其电流 $I_{A'B'}$ 产生的磁场，是一个随时间做正弦变化的磁场，它的磁通经 Z 形铁心而闭合。这个磁场的特点是，它在空间的位置并不移动，只是磁感应强度的大小和方向随时间做周期性的变化，所以称之为脉动磁场。

受脉动磁场磁化，Z 形铁心的磁性也在不断地变化。当线圈 L2 的电流达到最大值时，相应的磁感应强度也达到最大值，此时，Z 形铁心的磁性最强。显然，电流每变化一个周期，磁感应强度就达到正的最大值一次，这样就可以用磁感应强度两次最大值之间的时间间隔，来表示电网电压的周期或频率。

（3）Z 形铁心停留的位置和指针的偏转。指针和 Z 形铁心共同固定在转轴上，Z 形铁心转动时，指针将随之转动。当仪表内只有线圈 L1 和 L3 产生的旋转磁场时，Z 形铁心像异步电动机的转子一样，随旋转磁场而转动。如果 Z 形铁心带有一定的磁性，那么，在旋转磁场的带动下，Z 形铁心将像同步电动机的转子一样，也要跟着旋转。但 Z 形铁心被脉动磁场所磁化，它的磁性在大小和方向上都不断地改变，因此它在旋转磁场中就不是受到一个固定方向的力，而是受一个大小和方向都在变化着的力的作用。由于可动部分的惯性，Z 形铁心的位置来不及随着电磁力的变化而改变，最后只好停在使 Z 形铁心磁场最强的位置上，也就是磁场能量最大的位置上。

脉动磁场达到最大值的时间，将随着线圈 L2 所接电网电压的频率和相位而变化；而旋转磁场的转速，将随着线圈 L1 和 L3 所接的待并发电机的电压频率而改变。当脉动磁场达到最大值时，旋转磁场在空间的位置还与发电机的电压相位有关。所以，Z 形铁心的位置，也就是指针的位置，决定于待并发电机和电网电压的频率和相位。

指针的偏转有以下几种情况：

1）同步时。同步时发电机电压的频率和电网电压的频率相等，发电机电压的相位和电网电压的相位相同。此时，Z 形铁心即指针将稳定地停在同一个位置上，这个位置就是整步表表盘上同步标线的位置。

2）不同步时。在发电机和电网电压的频率相等而相位不同时，Z 形铁心即指针将指在一个新的位置，但这已不是整步表表盘上同步标线的位置了。当待并发电机的电压滞后于电网电压时，指针将从同步标线逆着旋转磁场的方向（逆时针）转过一定的角度；反之，当待并发电机的电压超前于电网电压时，指针将从同步标线顺着旋转磁场的方向（顺时针）转过一定的角度。两个电压的相位差越大，则指针偏离同步标线就越远，但是只要电网和发电机电压的频率相等，指针就总能停留在一定的位置上。

在发电机和电网电压的频率不相等时，若发电机电压的频率偏高（即发电机的转速偏快），指针就会向顺时针的方向不断移动；若发电机电压的频率偏低（即发电机的转速偏慢），则指针就会向逆时针的方向不断移动。而且，频率相差越大，指针的转动就会越快。

综上所述，整步表的指针转向可以反映发电机频率的高低；指针转速可以反映出频率差的大小；指针偏离同步标线的角度，则可以反映出发电机和电网的电压相位差。

实际上，发电机在并联过程中，要做到与电网电压频率完全相等、相位完全相同是很困难的。通常在频率相差很小和相位差接近于零时，就可以把发电机并上电网了，这就是说，在整步表的指针转得比较慢的情况下，就可以在指针接近同步标线时，将发电机的开关合闸。

第三节　电磁系仪表的主要技术特性

1. 结构简单，制造成本低

电磁系仪表测量机构适于制作安装式仪表，开关板式的交流电流表和电压表多采用这种结构。

2. 过载能力强

由于电磁系仪表测量机构的活动部分不通过电流，电磁系仪表过载能力很强。

3. 交直流两用，但主要用于交流

电磁系仪表测量机构用于直流测量时有磁滞误差。由于铁片的磁滞特性，当测量逐渐增加的直流电时，仪表读数偏低；当测量逐渐减小的直流电时，仪表读数偏高。这个误差称为升降变差。按有效值刻度的交流电磁系仪表，不宜用于直流测量，以免测量误差过大。但在有些电磁系仪表中，铁片采用高磁导率材料如优质坡莫合金等制造，因此可以交直流两用。

4. 标尺刻度不均匀

由于电磁系仪表测量机构的指针偏转角 α 与被测电流 I 的平方成正比，所以其刻度具有平方律的特性，即前密后疏。为了保证测量读数的准确度，电磁系仪表的标尺上一般标有表征起始工作位置的黑圆点。

5. 受外磁场影响大

电磁系仪表测量机构内部磁场较弱，因而易受外磁场的影响。一般情况下，应当采用防御外磁场影响的措施，常采用的措施有磁屏蔽和无定位结构。

6. 受频率的影响

电磁系仪表定圈的匝数较多，相应其感抗也较大，而感抗随着频率的变化而改变，会给读数带来困难，直接影响仪表的准确度。所以，一般电磁系仪表适用于工频测量。

7. 有一定的波形误差

从理论上说，电磁系仪表可以用来测量非正弦交流电的有效值，但铁片 $B-H$ 曲线的非线性，使得有效值相同而波形不同的交流电流，在铁心中产生的磁感应强度 B 平均值不相等。波形越尖，B 平均值越小，指针的指示值就越偏低。

8. 功率消耗大

一般电磁系电流表消耗功率为 2～8W，电压表消耗功率为 2～5W。

9. 准确度和灵敏度较低

由于上述多种因素的影响，电磁系仪表的准确度和灵敏度都比较低。但近年来，由于采用新型材料，电磁系仪表的准确度已高达0.1级，因而高准确度仪表领域也有被电磁系仪表占领的趋势。

综上所述，电磁系仪表虽然有不少缺点，但由于它具有结构简单、成本低廉和过载能力强等独特的优点，还是得到了很广泛的应用。

第四节 电磁系仪表的常见故障及处理

电磁系仪表的常见故障及其处理方法，可以归纳为表3-1所列情况。

表3-1 电磁系仪表常见故障及处理方法

常见故障	产生原因	处理方法
通电后指针不偏转、偏转角小或指示不稳	(1) 测量线路接触不良或断路 (2) 励磁线圈匝间短路或断路 (3) 转换开关接触不良 (4) 铁片松脱位移	(1) 检查线路重新焊牢 (2) 重绕线圈或修例 (3) 清洗开关，修理刷簧片 (4) 用胶粘牢
通电转动后，可动部分发生卡挡现象	(1) 可动部分下沉，使铁片与线架间隙接触轴与限制套相碰 (2) 阻尼扇或阻尼磁铁上粘有毛刺，阻尼扇或磁阻尼盒松动位移 (3) 可动部分有毛刺 (4) 张丝松脱或折断	(1) 调整部件位置，调整限制套间隙（0.2～0.3mm） (2) 调整阻尼盒，使全偏转行程内不触碰阻尼盒，紧固阻尼盒 (3) 球囊压空气吹掉毛刺 (4) 重新焊接或更换张丝
指示值误差大	(1) 张丝或游丝的张力、弹片弹力改变 (2) 附加电阻变化 (3) 温度补偿电阻断路、虚焊或短路 (4) 由谐振引起误差改变	(1) 适当改变张力，调整弹片螺杆间的距离 (2) 重新调整或更换 (3) 查出故障，重新调整或更换 (4) 适当改变可动部分质量
交流误差大	(1) 补偿线圈断路或短路 (2) 电容击穿 (3) 交流变差大	(1) 接通或重绕线圈 (2) 更换电容 (3) 改变补偿回路参数
直流误差大	铁片因过载而产生剩磁	对铁片进行退磁
量程不重合	(1) 量程转换开关接触片磨损或氧化或有污垢 (2) 开关紧固件松动，定位不准 (3) 励磁线圈匝间短路，在线路连接中，焊点发霉产生假焊	(1) 用细油石轻磨接触片，使表面平滑，清除氧化层，用酒精清洗接触片污垢，然后涂一薄层凡士林 (2) 调整间隙拧紧紧固件 (3) 更换线圈，焊好假焊点

思考与练习

3-1 电磁系仪表测量机构可以分为哪几种类型？各有什么特点？

3-2 电磁系仪表测量机构的工作原理是什么？其转动力矩特性如何？

3-3 怎样克服外磁场对电磁系仪表测量机构的干扰？

3-4 怎样扩大电磁系电流表的量程？

3-5 怎样扩大电磁系电压表的量程？

3-6 电磁系仪表的刻度是否均匀？为什么？

3-7 整步表有什么作用？

3-8 试说明电磁系仪表具有的主要技术特性。

第四章　电动系仪表

第一节　电动系仪表的测量机构

电动系仪表的测量机构是利用通有电流的一个或一个以上定圈的磁场，与通有电流的动圈的磁场相互作用的原理而制成的。

一、基本结构

图 4-1 所示为电动系仪表测量机构的结构简图。

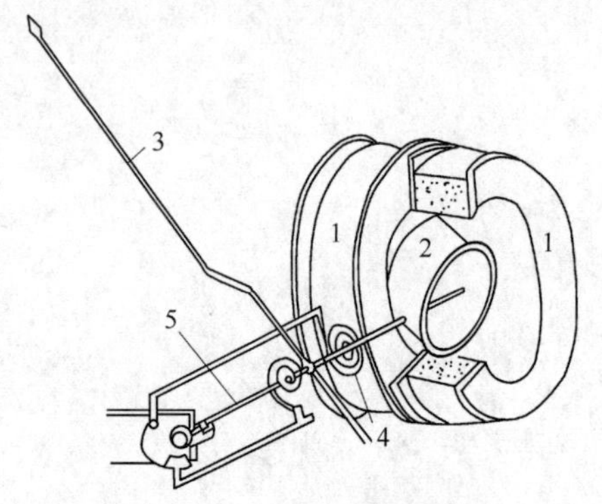

图 4-1　电动系仪表测量机构结构简图
1—定圈；2—动圈；3—指针；4—游丝；5—转轴

电动系仪表有两个线圈：固定线圈（简称定圈）和活动线圈（简称动圈）。图 4-1 中 1 为定圈，它分成对称的两部分，且彼此平行排列，这样可以使其通电后产生的磁场比较均匀。两部分中间留有一定的空隙，以便转轴可以从中间穿过。2 为动圈，动圈与转轴 5 固定在一起，转轴上装有指针 3、游丝 4，游丝 4 除产生反抗力矩外，兼起引导电流进入动圈的作用。

当定圈通以电流 I_1 时，在定圈中就建立磁场。在动圈 2 中通以电流 I_2 时，则动圈将在定圈磁场中受到电磁力 $\boldsymbol{F}$ 的作用，产生转动力矩，使可动部分发生偏转，进而带动指针转动。

由于测量机构的线圈内既可通直流，也可通交流，所以由电动系测量机构制成的仪表可以交直流两用。它既可以制成交直流两用、准确度较高的电流表和电压表，还可以制成测量功率用的功率表，以及测量相位和频率的电动系相位表和电动系频率表等。

二、工作原理

当电动系仪表测量机构的定圈和动圈分别通入图 4-2（a）所示方向的直流电流 I_1 和 I_2 时，由右手螺旋定则可知，定圈产生的磁场方向如图中 $\boldsymbol{B}_1$ 的方向所示。

根据 $\boldsymbol{B}_1$ 的方向和动圈中电流 I_2 的方向知道，动圈在定圈的磁场中受到图示方向电磁力 $\boldsymbol{F}$ 的作用，产生转动力矩，使动圈转动，并带动指针偏转。当转动力矩与游丝产生的反抗力矩相平衡时，指针便停留在相应的位置上，指示出读数。

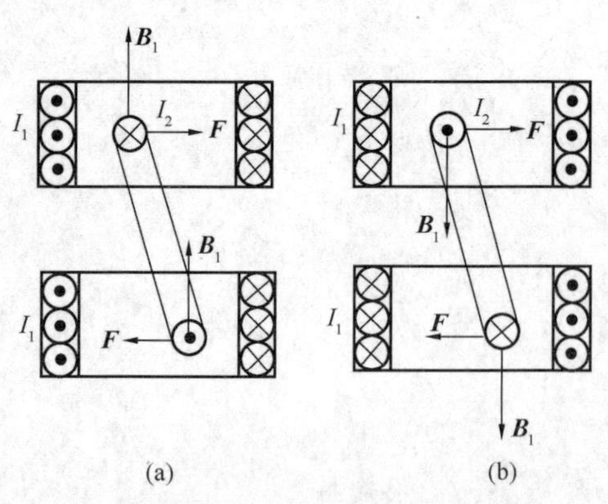

图 4-2　电动式仪表测量机构原理图

如果电流 I_1 和 I_2 的方向同时改变，如图 4-2（b）所示，则电磁力 $\boldsymbol{F}$ 的方向不会改变，即动圈的转动方向和指针的偏转方向不会改变，所以电动系测量机构可以交直流两用。

理论分析表明：电动系测量机构用于直流测

量时，指针的偏转角 α 与两线圈中的电流 I_1 和 I_2 相乘之积成正比，即

$$\alpha = KI_1I_2 \tag{4-1}$$

式中：K 为比例系数，它与两线圈的互感 M 对偏转角 α 的变化率 $\frac{\mathrm{d}M}{\mathrm{d}\alpha}$ 及游丝的反作用系数有关。适当选择两线圈的几何尺寸、形状和相互位置，可使电动系测量机构的动圈在偏转范围内，$\frac{\mathrm{d}M}{\mathrm{d}\alpha}$ 基本保持为一常数。

当定圈和动圈中分别通入同频率的正弦交流电流 i_1 和 i_2 时，作用在动圈上的转动力矩是随电流的变化而变化的。由于仪表可动部分具有惯性，它来不及随转动力矩瞬时值的变化而变化，因此，它的偏转角 α 的大小取决于瞬时转动力矩在一个周期内的平均值。

当平均转动力矩和游丝的反抗力矩相等时，指针便停留在某一相应的位置上。理论分析同样可以证明，指针的偏转角 α 与 i_1、i_2 的有效值 I_1、I_2 乘积成正比，且与 i_1，i_2 相位差的余弦成正比，即

$$\alpha = KI_1I_2\cos\varphi \tag{4-2}$$

式中：I_1、I_2 分别为 i_1 与 i_2 的有效值；φ 是 i_1 与 i_2 的相位差；比例系数 K 含义与式（4-1）相同。

由式（4-2）可见：

（1）当电动系仪表测量机构用于正弦交流电路中时，其指针的偏转角不仅与通过两线圈中的电流 i_1、i_2 的有效值有关，而且还与两电流的相位差的余弦值 $\cos\varphi$ 有关。

（2）相位差 φ 角不同，电动系测量机构的可动部分（指针）可能出现正偏、反偏或不动三种情况。其决定因素是两线圈中电流 i_1 和 i_2 的相位差 φ，满足

当 $0°\leqslant|\varphi|<90°$ 时，$\cos\varphi>0$，$\alpha>0$，指针正偏；

当 $|\varphi|>90°$ 时，$\cos\varphi<0$，$\alpha<0$，指针反偏；

当 $|\varphi|=90°$ 时，$\cos\varphi=0$，指针停留在原来的位置不动。这时，两个线圈中虽然都有电流通过，但仪表没有指示。

当定圈和动圈中分别通入非正弦电流 i_1、i_2 时，由理论分析知，指针偏转角 α 为

$$\alpha = K[I_{01}I_{02} + I_{11}I_{21}\cos(\varphi_{11}-\varphi_{21}) + I_{12}I_{22}\cos(\varphi_{12}-\varphi_{22}) + \cdots] \tag{4-3}$$

式中：K 为比例系数；I_{01}、I_{02} 为非正弦电流 i_1、i_2 直流分量的有效值；I_{11}、I_{21} 为非正弦电流 i_1、i_2 基波分量的有效值；φ_{11}、φ_{21} 为非正弦电流 i_1、i_2 基波分量的相位；I_{12}、I_{22} 为非正弦电流 i_1、i_2 二次谐波分量的有效值；φ_{12}、φ_{22} 为非正弦电流 i_1、i_2 二次谐波分量的相位。

可见，电动系仪表测量机构可用于非正弦交流电的测量，指针的偏转角 α 与各次谐波（包括直流分量）电流的有效值，以及其相位差的余弦值乘积之和成正比。比例系数 K 与式（4-1）中的 K 相同。

三、电动系仪表测量机构的优缺点

1. 电动系仪表测量机构的优点

（1）准确度高。电动系仪表由于没有铁磁物质所造成的磁滞误差，准确度很高，可高达 0.1～0.05 级。

（2）交直流两用。电动系仪表测量机构可以制成交直流两用仪表，也可以用来测量非正弦交流电；能构成多种测量电路，测量多种参数，如电流、电压、功率、频率、相位差等。

2. 电动系仪表测量机构的缺点

(1) 内磁场弱。电动系仪表测量机构的磁场是由定圈通电后产生的，内部磁场很弱，容易受外磁场的影响，所以与电磁系仪表测量机构一样，应采取磁屏蔽措施。对准确度高的仪表还可以采用双层屏蔽或采用无定位结构，以消除外磁场对测量结果的影响。

(2) 灵敏度低。为产生足够强的磁场，和电磁系仪表一样，电动系电流表内阻较大，而电压表内阻又不够大。因此，仪表本身消耗的功率较大，测量时对电路的工作状态影响较大。

(3) 过载能力小。由于电流经游丝引入动圈，所以电动系测量机构的过载能力比较小。

(4) 刻度不均匀，前密后疏。由电动系测量机构制成的电流表和电压表，和电磁系电流表和电压表一样，刻度不均匀，标度尺的起始部分刻度密，读数不准，采取一定技术措施后，可以使不均匀程度得到改善。但电动系功率表的标度尺刻度是均匀的。

第二节 电动系仪表的工作原理

一、电动系电压表

在电动系电压表中，测量机构的定圈、动圈及串联电阻器串联在一起，构成测量电路，如图 4-3 所示。

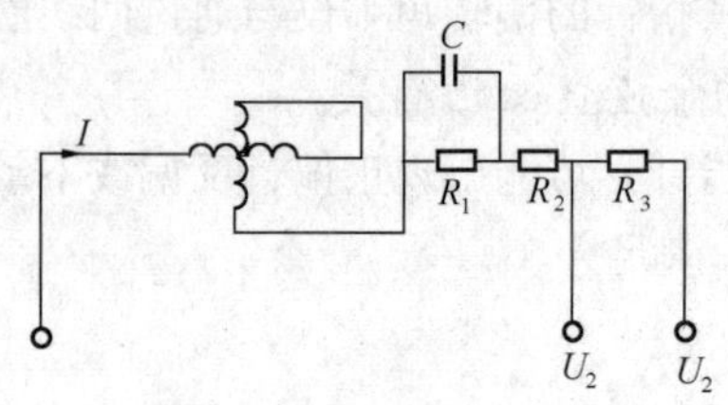

图 4-3 电动系电压表的测量电路

图 4-3 中水平的曲折符号表示定圈，垂直的曲折符号表示动圈。

针对这个线路，指针的偏转角为

$$\alpha = \frac{1}{W} I^2 \frac{\mathrm{d}M_{12}}{\mathrm{d}\alpha}$$

式中：W 为电压表线圈匝数。

这个公式对于直流和交流都是成立的。不过，在电压表的具体情况下，还应将它进一步化成偏转角 α 和电压 U 之间的关系，即在直流情况下有

$$\alpha = \frac{1}{W}\left(\frac{U}{R_{\mathrm{v}}}\right)^2 \frac{\mathrm{d}M_{12}}{\mathrm{d}\alpha} = \frac{1}{WR_{\mathrm{v}}^2} U^2 \frac{\mathrm{d}M_{12}}{\mathrm{d}\alpha} \tag{4-4}$$

式中：W 为电压表线圈匝数；R_{v} 为电压表的直流电阻；$\frac{\mathrm{d}M_{12}}{\mathrm{d}\alpha}$ 为电压表两线圈的互感 M_{12} 对偏转角 α 的变化率。

在交流情况下，有

$$\alpha = \frac{1}{W}\left(\frac{U}{Z_{\mathrm{v}}}\right)^2 \frac{\mathrm{d}M_{12}}{\mathrm{d}\alpha} = \frac{1}{WZ_{\mathrm{v}}^2} U^2 \frac{\mathrm{d}M_{12}}{\mathrm{d}\alpha} \tag{4-5}$$

式中：Z_{v} 为电压表的交流阻抗；$\frac{\mathrm{d}M_{12}}{\mathrm{d}\alpha}$ 含义与式（4-4）相同。

从以上二式的区别可以看出，若想使电动系电压表能够交直两用，必须消除交流情况下因电路感抗 L 所导致的误差。L 是两个线圈串联的等值电感，即

$$L = L_1 + L_2 + 2M_{12}$$

由于 M_{12} 会随偏转角变化，因此 L 不是常数，电动系电压表在交直两用时 L 的值不同。

降低上述误差主要的办法是用电容与部分串联电阻并联，使整个测量电路接近电阻性。这样，电压表就能在频率为 2000～3000Hz 的电路中使用，而刻度可按直流电路标度。

周围介质温度的变化，也会给电压表带来附加误差，但可以通过适当选择串联电阻与线圈电阻的比值，将其限制在允许范围之内。

从前电动系电压表多做成便携式多量程的，量程的改变靠改变串联电阻值实现。现在，电动系电压表只用作 0.2 级标准表使用。

二、电动系电流表

电动系电流表的内部线路与量程有关。测量小电流时，将定圈和动圈串联起来，如图 4-4 所示。

这时 $I_1=I_2=I$、$\cos\alpha=1$，所以

$$\alpha=\frac{1}{W}I^2\frac{dM_{12}}{d\alpha}$$

但是，由于被测电流通过游丝，绕制动圈的导线又很细，所以这种串联方式只能测量 0.5A 以下的电流。

测量比较大的电流时，可采用线圈并联或对动圈实行分流的方法。图 4-5 所示即是用电阻与动圈并联，图中的电容 C 用于补偿动圈电感。在这种情况下，$I_1=I$，而 $I_2=\frac{r_1}{r_1+R_2}$ (R_2 为动圈所在支路的电阻)、$\cos\alpha=1$。

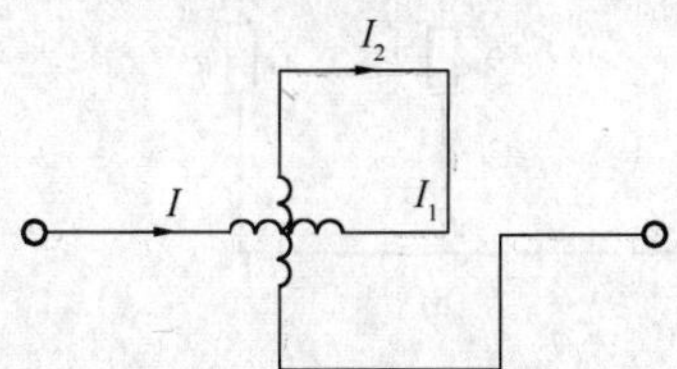

图 4-4 电动系电流表的线圈串联

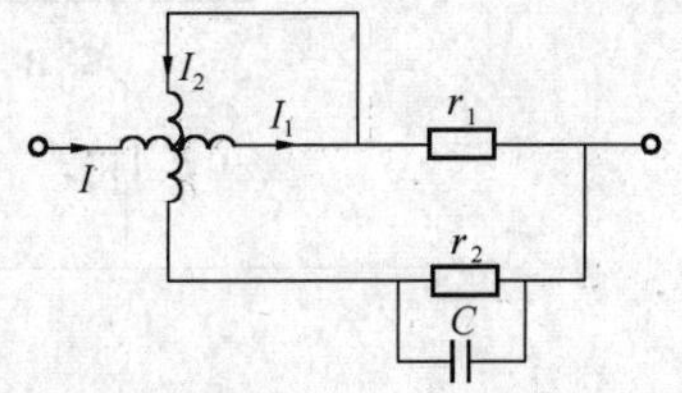

图 4-5 电阻与动圈并联

电动系电流表一般都做成双量程的，图 4-5 是小量程的情况。在大量程时，定圈的两部分要并联，同时还要改变动圈的分流电阻 r_1 的值，如图 4-6 所示。

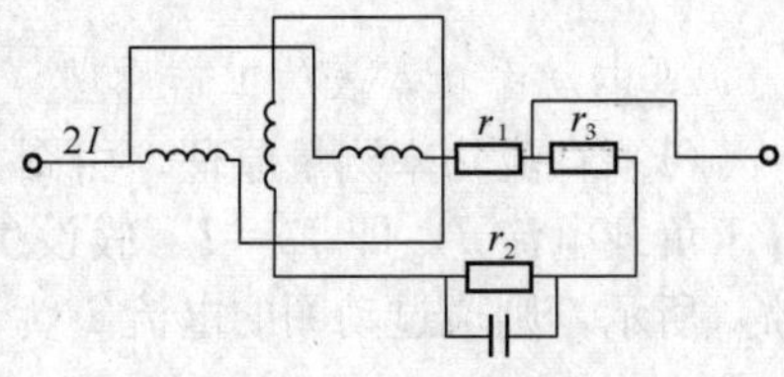

图 4-6 大量程测量电路

在图 4-4 所示的串联电路中，温度变化、频率变化均不会引起仪表指示误差。因为无论怎样变化，仪表总是指示通过它的电流。游丝的弹性随温度变化很小，不需要采取补偿措施。

在图 4-5 所示的电路中，定圈的自感不会引起频率误差，因为被测电流全部直接通过它自身。直流过渡到交流所产生的频率误差发生在电阻 r_1 与动圈电路之间，因为后者有自感，在电流性质不相同时，电流在此两支路间的分配也是不相同的。为降低频率误差，可在动圈的串联电阻 r_2 上并联一个电容，选择电量值使其能补偿动圈的自感。这种补偿的结果，可使仪表在很宽的频率范围内交直流两用。串联电阻本身是用来降低温度误差的。

三、电动系功率表

用于测量功率的电动系仪表，称为电动系功率表。在直流电路中，负载的功率 P 等于负载两端的电压 U 与流过负载的电流 I 的乘积；在正弦交流电路中，不管是负载的有功功率 P 还是无功功率 Q，不仅与负载两端的电压有效值及流过它的电流有效值有关，而且还与负载阻抗角 φ 的余弦值或正弦值有关。因此，利用一个仪表测量功率时，其测量机构的转动力矩既要能反映电流的大小，又要能反映电压的大小；在测量交流有功功率时，还要能反映功率因数的大小。电动系测量机构的两个线圈正好能满足上述要求。用电动系仪表测量机构制成的功率表便是测量功率的基本仪表。

1. 电动系功率表的结构

电动系功率表由电动系仪表测量机构和附加电阻组成。如图 4-7（a）所示，测量机构的定圈 A 和负载 Z_L 串联，测量时通过定圈的电流就是负载电流，因此定圈又称为电流线圈。绕制定圈的导线较粗，但匝数较少。

动圈 B 和附加电阻 R_{ad} 串联后与负载 Z_L 并联，这时接到动圈支路两端的电压便是负载电压，因此动圈又称为电压线圈。电压线圈的匝数较多，导线较细。

在电路中功率表的电路符号是：一个圆圈加一粗实线表示其电流线圈，一条与粗实线垂直相交的细实线表示其电压线圈，如图 4-7（b）所示。

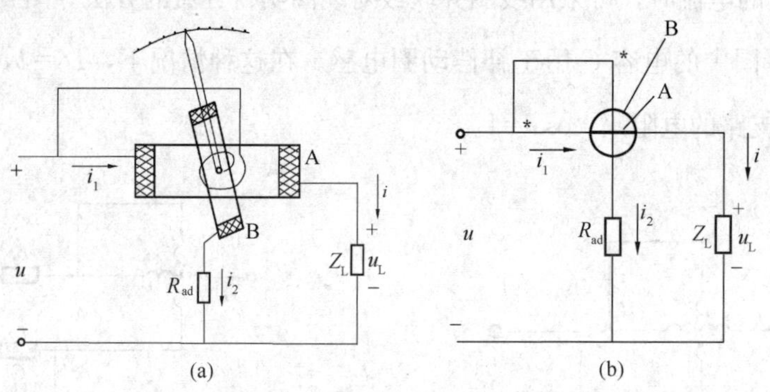

图 4-7　电动系功率表

（a）原理结构示意图；（b）电路图

2. 电动系功率表的工作原理

（1）直流功率测量原理。由图 4-7（b）知道，通过电动系仪表测量机构定圈的电流 I_1 等于负载电流 I，即 $I_1=I$。假设负载两端电压为 U_L，各电流、电压的参考方向如图 4-7（b）所示，则通过动圈的电流 I_2 为

$$I_2=\frac{U_L}{R}$$

式中：R 为动圈支路的总电阻，等于附加电阻 R_{ad} 与动圈导线电阻之和。

由式（4-1）可知，测量直流功率时，电动系功率表指针的偏转角 α 为

$$\alpha=KI_1I_2$$

将 $I_1=I$，$I_2=\dfrac{U_L}{R}$ 代入上式，得

$$\alpha=\frac{K}{R}U_LI=K_PP \tag{4-6}$$

式中：$K_P=\dfrac{K}{R}$，功率表设计合理时，K_P是一个与α无关的系数；$P=U_L I$，为被测负载的功率。

式（4-6）说明，电动系功率表测量直流功率时，指针的偏转角α与被测负载的功率成正比。

（2）有功功率测量原理。设负载电流i和电压u_L分别为

$$i=\sqrt{2}I\sin\omega t$$

$$u_L=\sqrt{2}U_L\sin(\omega t+\varphi')$$

式中：I、U_L分别为i、u_L的有效值；φ'为i、u_L的相位差，也是负载的阻抗角。

由于电流线圈和负载串联，所以流过电流线圈的电流有效值等于负载电流有效值I，即$I_1=I$。

假设动圈支路的阻抗$Z=R+jX$，其中R等于附加电阻R_{ad}与动圈导线电阻之和，X_L为动圈感抗，则动圈支路的电流有效值$I_2=\dfrac{U_L}{|Z|}$（$|Z|=\sqrt{R^2+X_L^2}$）。设计制造电动系功率表时，通常使$R\gg X_L$，X_L可以忽略不计，于是可认为动圈支路的电流i_2与负载电压u_L同相。由此可推出，电流线圈中的电流i_1与电压线圈中的电流i_2的相位差φ，等于负载两端电压u_L与电流i的相位差φ'，即$\varphi=\varphi'$。

将上述关系代入式（4-2），便可得到功率表用于正弦交流电路中测量时，其指针偏转角α为

$$\alpha=KI_1I_2\cos\varphi=KI\frac{U_L}{|Z|}\cos\varphi=\frac{K}{|Z|}U_LI\cos\varphi=K_PP \tag{4-7}$$

式中：$K_P=\dfrac{K}{|Z|}$是与α无关的系数；$P=U_LI\cos\varphi$为负载的有功功率。

由式（4-7）可见，在正弦交流电路中，电动系功率表的偏转角α与被测负载的有功功率成正比。这一结论对非正弦交流电路同样也适用。

综上所述，电动系功率表不仅可以用来测量直流电路的功率，而且可以用来测量正弦和非正弦交流电路的功率。

3. 功率表的量程

功率表通常有多个量程，其中电流量程一般有两个，电压量程有两个或三个。选用功率表中不同的电流量程和电压量程，可以得到不同的功率量程。

（1）电流量程。电流量程的改变是通过改变定圈两部分（两个完全相同的线圈）的连接关系来实现的。将定圈的两个线圈串联起来，假设其量程为I_1，如图4-8（a）所示，那么将两个线圈并联起来时，电流量程便是$2I_1$，如图4-8（b）所示。

（2）电压量程。电压量程的改变是通过与电压线圈串联不同的附加电阻来实现的。图4-9所示为具有两个电压量程的电压线圈支路电路图。从图中可看出，它有三个端钮，其中标有符号“*”的端钮为公共端。

（3）功率表量程的选择。选择功率表的量程时，首先必须正确选择电流量程和电压量程，保证电流量程大于被测负载中的电流，电压量程大于被测负载的电压。电流量程和电压

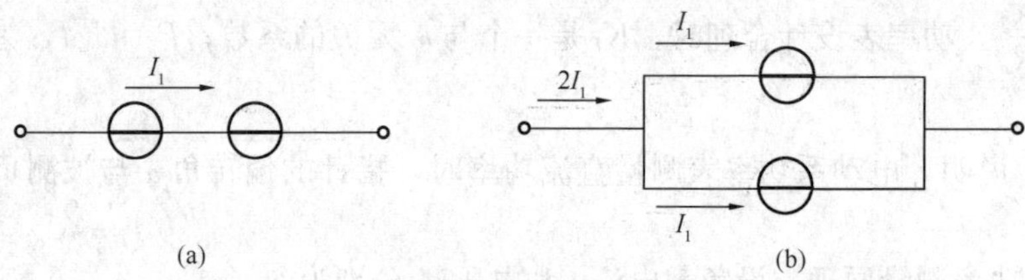

图 4-8 电流量程的改变

(a) 电流线圈两部分串联；(b) 电流线圈两部分并联

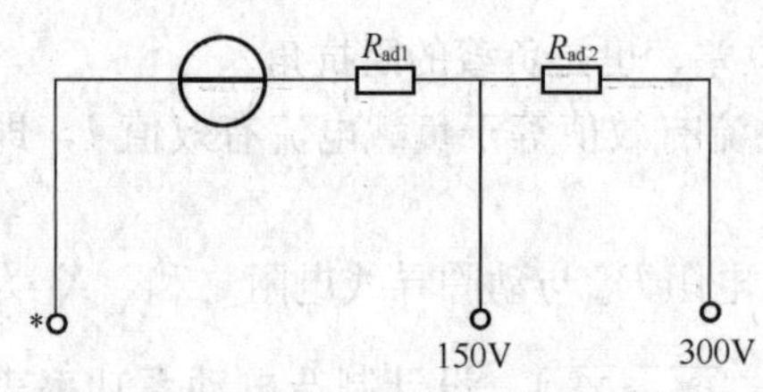

图 4-9 电压量程的改变

量程都满足要求了，功率的量程自然会满足要求。反之，只注意功率的量程是否足够，而忽视电流、电压量程是否和负载电流、电压相适应，是错误的。所以使用功率表时，不仅要注意被测功率不要超过功率表的功率量程，而且还要接入电压表和电流表，以监视被测电路的电压和电流，使之不超过功率表的电压、电流量程。

【例 4-1】 D9-W14 型功率表的额定值为 5/10A（两个电流量程分别是 5A 和 10A）和 150/300V（两个电压量程分别为 150V 和 300V)。现用该表去测一感性负载的有功功率，估计其有功功率不大于 800W，电压为 220V，功率因数为 0.8，应如何选择功率表的量程?

解: 由于负载电压为 220V，所以应选择该功率表中 300V 的电压量程。

根据估计的功率范围，可估算出负载电流的有效值不大于

$$I=\frac{P}{U_{\mathrm{L}}\cos\varphi}=\frac{800}{220\times0.8}\approx4.55(\mathrm{A})$$

所以电流量程应选 5A，这时功率量程为 300×5=1500（W)，可以满足测量要求。

如果选用 10A 电流量程和 150V 电压量程，功率量程也是 1500W，似乎可以满足测量要求。但是，由于负载电压 220V 已超过了功率表电压线圈支路所能承受的 150V 电压，故这种选择是错误的。

另外，在交流电路中，测量高电压大电流负载功率时，还应配用电压互感器或电流互感器。

4. 功率表的正确接线

由电动系仪表测量机构的工作原理知道，指针的偏转方向，与两个线圈中的电流方向有关。如果其中一个线圈的电流方向接反，动圈的转向反向，这时不但不能正确读数，而且还可能将指针打弯。为使接线不发生错误，通常在电流线圈支路的一端和电压线圈的一端标有“*”“±”或“↑”等特殊标志，称有特殊标记的端钮为“发电机端”。功率表的接线应遵守下面的“发电机端”原则:

（1）功率表中标有“*”标志的电流线圈端钮必须接电源的一端，而电流线圈的另一端钮则接至负载端。电流线圈必须串联接入被测负载电路中。

（2）功率表中标有“*”标志的电压线圈端钮，可以接至电流线圈的任何一端，而电压线圈的另一端则跨接到被测负载电路的另外一端。电压线圈支路必须并联接入被测负载电路两端。

选择两个线圈的电流参考方向都是从发电机端流入，接线正确时，指针正向偏转。

根据上述接线原则，功率表的正确接线方式有两种，如图 4-10 所示。

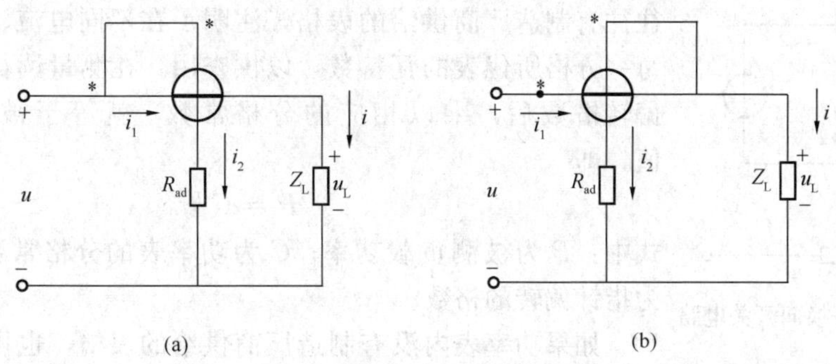

图 4-10 功率表的正确接线

(a) 电压线圈前接电路；(b) 电压线圈后接电路

图 4-10（a）所示电路中，功率表的电压线圈发电机端是接在电流线圈的发电机端上，故称为电压线圈前接电路。在这种电路中，电流线圈所通过的电流就是负载电流，而电压线圈支路所测电压值，是负载电压和电流线圈电阻的压降之和，即在功率表的读数中多了电流线圈所消耗的功率。如果负载电阻比电流线圈电阻大得多，那么电流线圈电阻的压降及所消耗的功率就可忽略不计。这种情况下，功率表所测功率值较为准确。因此，电压线圈前接电路适用于负载电阻远大于功率表电流线圈电阻的情况。

图 4-10（b）所示电路中，功率表电压线圈的发电机端接在电流线圈的非发电机端，故称为电压线圈后接电路。在这种电路中，电压线圈支路所测电压就是负载电压；而通过电流线圈的电流等于负载电流与电压线圈支路电流之和，即功率表的读数中多了电压线圈支路所消耗的功率。如果负载电阻比电压线圈支路电阻小得多，那么电压线圈支路中的电流及所消耗的功率就可以忽略不计。这种情况下，功率表所测的功率值也较为准确。因此，电压线圈后接电路适用于负载电阻远小于电压线圈支路总电阻的情况。

一般情况下，应根据负载电阻的大小和功率表的参数，按照以上所述对功率表的接线方式予以考虑，以减小功率表本身的功率损耗对测量结果的影响。但如果被测功率很大，根本不需要考虑功率表本身的功率消耗，则上述两种接线方法中可以任选一种。

如果功率表不是按照上述“发电机端”原则接线，则其可动部分将会朝反方向偏转，带动指针也向左反向偏转；或者在电压线圈和电流线圈之间出现较高电压，损坏线圈。

有时功率表接线是正确的，但仍发现指针反转，在直流电路和单相交流电路中，原因是负载侧存在电源，这种情况下负载不是吸收功率而是发出功率。纠正的办法是将功率表的电流线圈两端换接一下，并将测量结果前面加一负号表示负载发出功率。注意不能将电压线圈两端换接。

有些功率表上装有电压线圈的换向开关，如图 4-11 所示。当发现指针反转时，转动换向开关，就可以使指针朝正向偏转。这种换向开关只改变了电压线圈中电流 i_2 的方向，而没有改变电压线圈和附加电阻 R_{ad} 的连接位置。

5. 功率表的正确读数

功率表的标度尺只标有分格数，而没有标明瓦特数。这是由于功率表通常是多量程的，

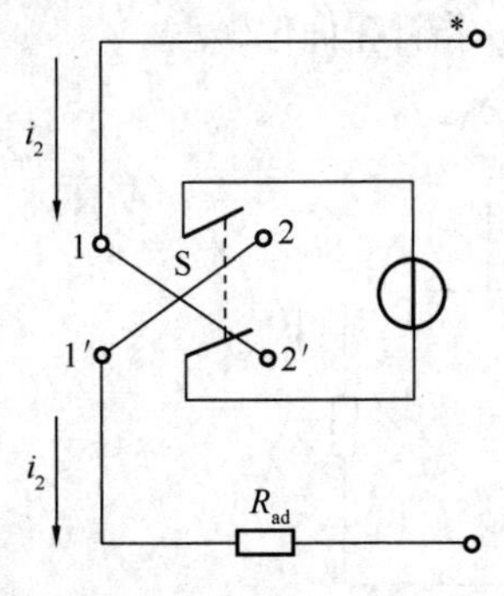

图 4-11 功率表换向开关电路

在选用不同的量程时，每一格所代表的瓦特数各不相同。每一格所代表的瓦特数称为功率表的分格常数。在一般功率表内，往往有制造厂商供给的表格，注明了在不同电流、电压量程下每一分格所代表的瓦特数，以供查用。在测量读得了功率表的偏转格数后，乘以相应的分格常数，就等于被测功率的数值，即

$$P = C\alpha \tag{4-8}$$

式中：P 为被测负载功率；C 为功率表的分格常数，W/格；α 为指针偏转的格数。

如果功率表内没有制造厂商供给的表格，也可以按下式算出功率表的分格常数

$$C = \frac{U_n I_n}{\alpha_m} \quad (\text{W/格}) \tag{4-9}$$

式中：U_n为功率表的电压量程；I_n为功率表的电流量程；α_m为标度尺满刻度的分格数。

【例 4-2】 假设选用某功率表的电压量程 U_n=300V，电流量程 I_n=5A，功率表满刻度为 150 格。用此功率表测某负载的功率时，读得功率表指针偏转角为 90 格，问该负载的功率是多少？

解： 由式（4-9）算出功率表的分格常数为

$$C = \frac{U_n I_n}{\alpha_m} = \frac{300 \times 5}{150} = 10(\text{W/格})$$

由式（4-8）计算负载功率为

$$P = C\alpha = 10 \times 90 = 900(\text{W})$$

四、低功率因数功率表

低功率因数功率表是一种专门用来测量功率因数较低的负载功率的仪表，也可以用来测量交直流电路中的小功率。

1. 用普通功率表测量低功率因数负载功率时所遇到的问题

从工作原理上说，普通的电动系功率表也可用于低功率因数负载的功率测量。但普通功率表在测量低功率因数负载的功率时，测量误差很大。这主要表现在以下两方面：

（1）读数误差大。因为正弦交流电路的有功功率 $P=UI\cos\varphi$，所以当功率因数 $\cos\varphi$ 很小时，相应的功率数值也很小，因此，用普通功率表进行测量时，其指针的偏转角很小。

此外，普通功率表的标度尺是按额定电压 U_n、额定电流 I_n及 $\cos\varphi=1$ 的情况刻度的，即当被测功率 $P=U_n I_n$时，功率表的指针偏转到满刻度。如果用普通功率表去测低功率因数负载的功率，例如负载功率因数 $\cos\varphi=0.1$，则当被测负载电压和电流都达到额定值时，被测功率为

$$P = U_n I_n \cos\varphi = 0.1 U_n I_n$$

所以功率表的指针只能指到满刻度的 0.1。上述情况下，由于功率表指针偏转角太小，会给读数带来很大困难，读数误差大。

（2）仪表基本误差影响增大。由于功率表可动部分的转矩与被测功率 P 成正比，所以当功率因数 $\cos\varphi$ 很小时，功率表可动部分的转动力矩也很小。这时，仪表本身的损耗、轴承与轴尖之间的机械摩擦以及角误差等各种因素造成的仪表基本误差，就不能忽略不计了，

它们会给测量结果带来不能允许的误差。

可见，用普通功率表测量功率因数低的负载功率时，读数困难，测量误差大。但生产和实验中又往往需要测量功率因数低负载的功率，因此，就产生了低功率因数功率表。

2. 低功率因数功率表的结构特点

各种低功率因数功率表在结构上与普通功率表相比较，不同之处在于低功率因数功率表采取了特殊的减小误差措施，以适应在低功率因数电路中测量功率的需要。下面介绍三种具有不同特点的低功率因数功率表。

(1) 采用补偿线圈的低功率因数功率表。前面已讲过，功率表中无论采用哪一种正确的接线方式，都不可避免地存在仪表本身的功率消耗。在被测负载功率因数很低、被测功率很小时，这种功率消耗对测量结果所带来的影响就不能忽略了。

在功率表电压线圈后接电路中，由于通过功率表电流线圈中的电流，等于负载电流加上电压线圈支路中的电流，功率表读数中多了电压线圈支路消耗的那一部分功率。为消除这一功率消耗，在普通功率表的基础上增加一个线圈 A′。

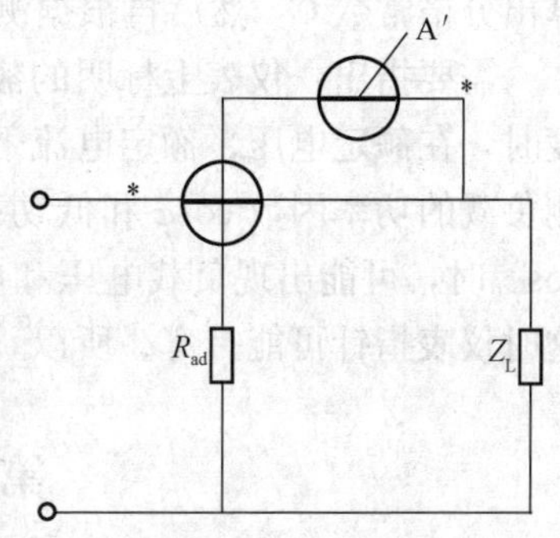

图 4-12　采用补偿线圈的低功率因数功率表电路

图 4-12 所示为采用补偿线圈的低功率因数功率表电路，它与功率表电压线圈后接电路相比较，电压线圈支路中多串联了一个线圈 A′，此线圈称为补偿线圈。补偿线圈的匝数和电流线圈的匝数相等，结构也相似，它绕在电流线圈上，不过绕线方向与电流线圈相反。

补偿线圈串联在电压线圈支路中，所以通过补偿线圈的电流等于电压线圈支路中的电流；补偿线圈又是绕在电流线圈上，且绕向和电流线圈相反，所以它所建立的磁场和电流线圈所建立的磁场方向相反。因此，可抵消由于电流线圈中包含了电压线圈支路的电流所引起的误差，即消除功率表中由于本身功率消耗给测量结果带来的误差。采用补偿线圈时，低功率因数功率表的接线方式必须采用电压线圈后接电路。

(2) 采用补偿电容的低功率因数功率表。图 4-13 所示为采用补偿电容低功率因数功率表电路。

这种方法是在功率表电压线圈支路的附加电阻 R_{ad} 一部分并联一个电容量适当的电容 C，使电压线圈支路由原来的电感性变成电阻性，从而消除角误差的影响。国产 D34-W 型低功率因数（$\cos\varphi=0.2$）功率表中就采用了这种形式。

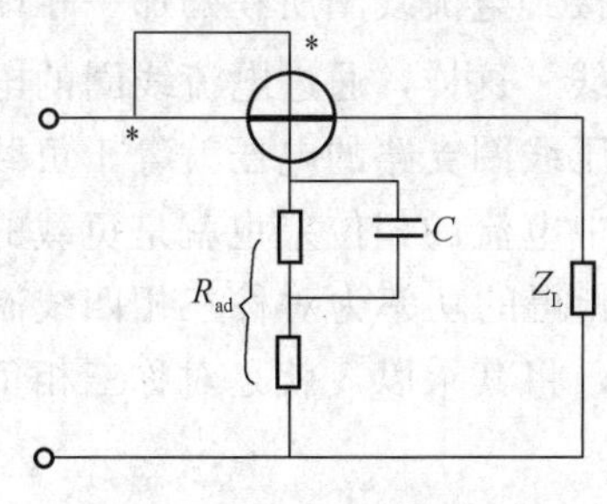

图 4-13　采用补偿电容的低功率因数功率表电路

(3) 采用张丝支承、光标指示的低功率因数功率表。为消除因仪表轴承和轴尖之间的机械摩擦而造成的基本误差，可采用金属张丝把电动系仪表中的可动部分悬吊起来。由于张丝的反抗力矩比游丝的反抗力矩小得多，所以仪表可以在很小的转动力矩下工作，大大提高了灵敏度，减小了仪表本身的功率消耗。另外，在张丝上装一小镜，并设置一小光源，让光源发出的光由小镜反射到标度尺上进行读数，从而提高读数的准确性。

低功率因数功率表的工作原理与普通功率表相同，接线方法也和普通功率表相同，即应遵守“发电机端”原则。

3. 低功率因数功率表的读数

为克服用普通功率表测量低功率因数负载功率时指针偏转角太小的缺陷，低功率因数功率表标度尺的刻度是在额定电压U_n、额定电流I_n和较低的额定功率因数$\cos\varphi_n$（如$\cos\varphi_n=0.1$、$\cos\varphi_n=0.2$）下制作的，它在额定电压、额定电流及比1小得多的额定功率因数下，指针能满刻度偏转。因此，低功率因数功率表的分格常数为

$$C=\frac{U_n I_n \cos\varphi_n}{\alpha_m}\quad (\text{W/格}) \tag{4-10}$$

式中：额定电压U_n和额定电流I_n分别是所选电压和电流的量程；$\cos\varphi_n$为仪表上标注的额定功率因数；α_m是标度尺的满刻度分格数。

使用时，根据所选的额定电压、额定电流及仪表上标注的额定功率因数$\cos\varphi_n$，首先计算出分格常数C，然后再根据测量时指针偏转的格数α，由$P=C\alpha$算出被测功率。

需要指出：仪表上标明的额定功率因数$\cos\varphi_n$并非测量时的负载功率因数，而是仪表刻度时，在额定电压、额定电流下能使指针满刻度偏转所对应的功率因数。在实际测量中，被测负载的功率因数$\cos\varphi$和低功率因数功率表的额定功率因数$\cos\varphi_n$不一定相同。当$\cos\varphi>\cos\varphi_n$时，可能出现负载电压和电流未达到额定值，而功率却超过了仪表功率量程的情况，这时仪表指针可能打弯。所以，在$\cos\varphi>\cos\varphi_n$条件下使用低功率因数功率表时要特别注意。

第三节　三相有功功率的测量

三相交流电路根据电源和负载的连接方式不同，有三相三线制和三相四线制两种系统，且每种系统又有对称和不对称之分。根据三相交流电路的特点，可以分别用一个、两个或三个单相功率表通过一定的连接方式来测量三相有功功率。

一、三相四线制电路有功功率的测量

（一）对称三相四线制电路

由电路理论知道，对称三相四线制电路中，三相负载总的有功功率等于每一相有功功率的3倍。所以只要用一个单相功率表按图4-14所示方式接线，就可以测量出它的有功功率，即采用所谓的“一表法”测量。为简单起见，图中功率表电压线圈支路的附加电阻R_{ad}略去不画（以下同）。

这种测量的接线方法是：功率表的电流线圈串联接入三相交流电路中任何一相的端线中（如图中A相），其发电机端接电源侧；电压线圈的发电机端接到电流线圈所在的那一相端线上，而非发电机端接中性线。这样，通过电流线圈的电流为负载的相电流，加在电压线圈支路的电压就等于负载的相电压；功率表两个线圈中电流的相位差也就是负载的阻抗角φ。所以，功率表所测得的功率为对称三相四线制电路中一相负载的有功功率，将其乘以3就是对称三相负载的总有功功率。

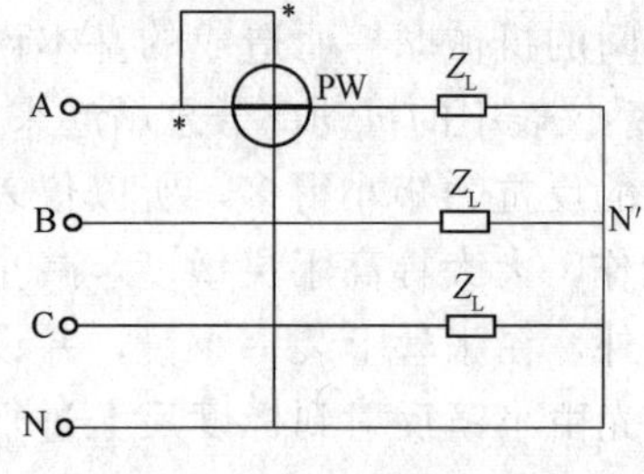

图4-14　一表法测量对称三相四线制电路的有功功率

（二）不对称三相四线制电路

在三相四线制不对称系统中，由于各相负载的有功功

率不相等，所以必须使用三个功率表分别测出各相负载的有功功率，然后将分别测到的各相负载有功功率相加，这就是所谓的“三表法”测量。其接线方法如图 4-15 所示。

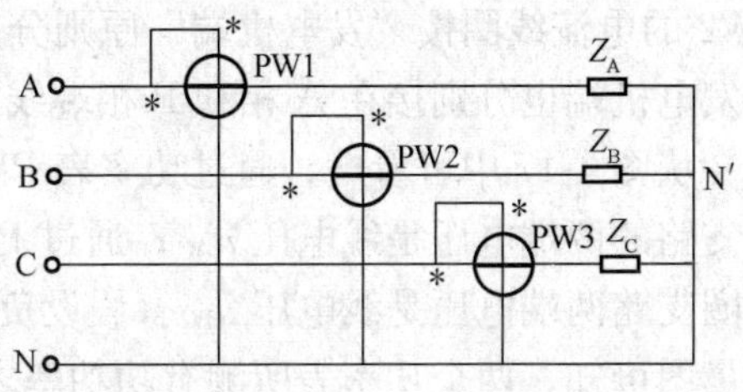

图 4-15　用三表法测量接线方法

图 4-15 中，每一个功率表的接线方法与图 4-14所示的接线方法相同，即把三个功率表电流线圈分别串联接入每一相端线中，它们的发电机端接电源侧；三个功率表电压线圈支路的发电机端，分别接到该功率表电流线圈所在的端性线上，而非发电机端都接到中性线上。这样，每个功率表测得的功率分别是相应相负载的有功功率，三相负载总的有功功率等于三个功率表的读数之和。

二、三相三线制电路有功功率的测量

（一）对称三相三线制电路

对称三相三线制电路中，测量负载的总有功功率时，可采用一表法，也可采用两表法。

1. 一表法测量

对称三相三线制电路中，如果负载呈星形联结（Y 接），且电路的中性点可接，则可按图 4-14 所示的一表法接线进行测量。如果中性点不便于接线或负载作三角形联结无中性点，则可用两个与功率表电压线圈支路电阻值相同的电阻接成星形，人为地造成一个中性点，称为人工中性点，如图 4-16 所示。

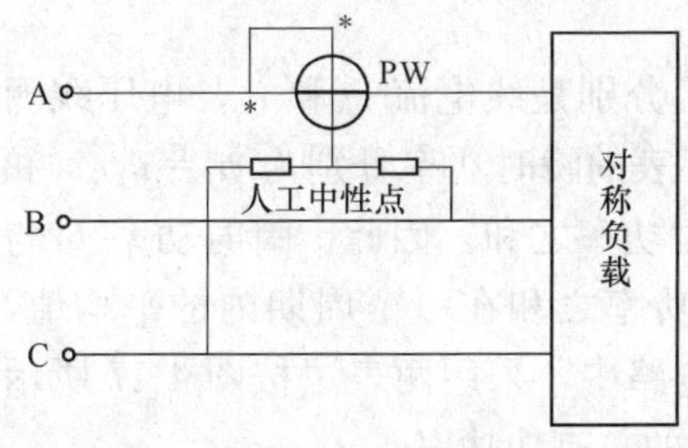

图 4-16　应用人工中性点的一表法接线

图 4-16 中，功率表的电流线圈按“发电机端”原则串联接入任何一相端线（如 A 相中），电压线圈支路的发电机端接在电流线圈所在相的端线上，非发电机端与两个外接电阻的一端接在一起。于是，电压线圈支路电阻和两个外接电阻构成星形接法，形成一个人工中性点。两个外接电阻的另一端分别接在其他两相（如 B 相、C 相）的端线上。

由于功率表电压线圈支路的电阻实际上由附加电阻所决定，所以两个外接电阻的配置很容易。功率表测量得到的功率数值乘以 3 就是三相负载总的有功功率。

2. 两表法测量

用两个功率表测量三相三线制电路功率的方法称为两表法。图 4-17 所示是两表法测量三相三线制负载总有功功率的一种接线方式，图中对称三相负载作星形联结。

用“两表法”测量三相负载的有功功率时，必须遵守以下接线规则：

（1）两功率表的电流线圈按“发电机端”原则分别串联接入任意两相端线中。

（2）两功率表的电压线圈支路的发电机端，分别接在该功率表电流线圈所在的端线上，而非发电机端同时接到没有接功率表电流线圈的那一相端线上。

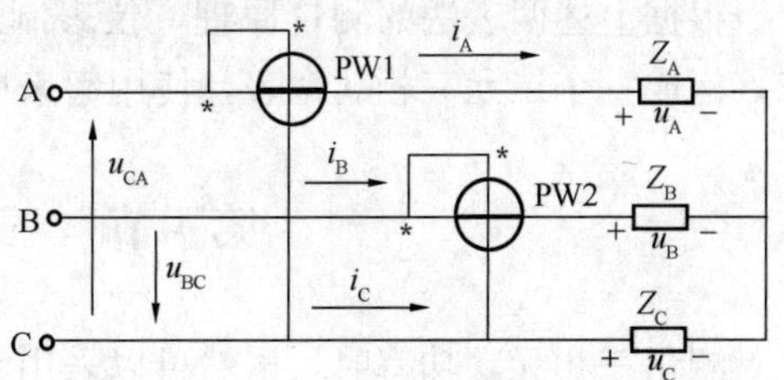

图 4-17　两表法测量三相总有功功率

根据上述原则，图 4-17 中，功率表 PW1 和

PW2 的电流线圈按“发电机端”原则分别串联接入 A 相和 B 相端线中，它们的电压线圈支路发电机端也分别接在 A 相和 B 相端线上，而非发电机端都接在 C 相上。

从图 4-17 中可看出，通过功率表 PW1 电流线圈的电流是 A 相线电流 i_A，PW1 电压线圈支路的两端电压是线电压 u_{AC}；通过 PW2 电流线圈的电流是 B 相的线电流 i_B，PW2 电压线圈支路两端电压是线电压 u_{BC}。假设负载为电感性，阻抗角为 φ，根据各相电压、电流的相量图可知，两个功率表所测有功功率之和等于对称三相负载总的有功功率。

如果负载作三角形联结，同样可得出上述结论。

在对称三相三线制电路中，用两表法测量有功功率时，两个功率表的读数与负载的功率因数角（即负载阻抗角）φ 之间存在以下关系：

（1）当负载为纯阻性，即 $\varphi=0$ 时，两个功率表读数相同；

（2）当负载功率因数 $\cos\varphi=0.5$，即 $\varphi=\pm60°$ 时，将有一个功率表的读数为零；

（3）如果负载的功率因数 $\cos\varphi<0.5$，即 $|\varphi|>60°$，则有一个功率表的读数为负值。也就是说，在这种情况下，有一个功率表将出现反转。为取得读数，应将反转的那个功率表电流线圈两端对换，使功率表的指针正方向偏转，并在其读数前面加负号。相应地，三相负载的总有功功率等于两个功率表读数之差。

（二）不对称三相三线制电路

不对称三相三线制电路中，负载总有功功率测量也可采用两表法。两个功率表的接线规则与对称三相三线制电路中功率表的接线规则相同，即图 4-17 所示接线同样可以测量不对称三相三线制电路中负载的总有功功率。

前面讲过，通过功率表 PW1 和 PW2 电流线圈的电流分别是线电流 i_A 和 i_B，电压线圈支路两端的电压分别是线电压 u_{AC} 和 u_{BC}。因此，两个功率表的瞬时功率分别为 $p_1=u_{AC}i_A$ 和 $p_2=u_{BC}i_B$，两个功率表的瞬时功率之和等于三相负载瞬时功率之和。因此，瞬时功率 p_1 与 p_2 之和在一个周期内的平均值，也就等于三相负载瞬时功率之和在一个周期内的平均值，即三相负载总有功功率。这就说明在不对称三相三线制电路中，采用两表法按图 4-17 所示方法接线，两个功率表读数的代数和等于不对称三相负载的总有功功率。

在上述说明中，三相负载作星形联结。如果负载作三角形联结，可先将三角形等效变换成星形，这时 u_A、u_B、u_C 表示变换后星形各相负载的相电压，同样可以得出上面的结论。

用两表法测量不对称三相三线制电路的有功功率时，也会出现一个功率表反转或读数为零的现象，这都属正常现象，功率表反转时的处理方法与前面讲述的相同，这里不再赘述。

综上所述，两表法适用于三相三线制电路（不论对称与否，也不管负载作何种联结）的有功功率测量，但不适用于不对称三相四线制电路，因为不对称三相四线制电路不具备 $i_A+i_B+i_C=0$ 这一条件。

根据上述两表法的测量原理，仪表制造厂将两个单相功率表的测量机构有机地组合起来，构成一个二元三相功率表，使用起来更加方便，例如 D33-W 型三相功率表。

第四节　三相无功功率的测量

测量三相无功功率时，虽然可以采用无功功率表，但实际上更多的还是利用单相有功功率表通过一定的接线方式来测量。本节将介绍用有功功率表来测量三相无功功率的几种方法及它们的适用范围。

一、一表法

在电源和负载都对称的完全对称三相电路中，可以用一个单相有功功率表来测量三相负载总的无功功率。

功率表的接线原则是：功率表的电流线圈串联接入任一相端线中，其发电机端接电源侧；电压线圈支路跨接在没有接电流线圈的其他两相端线上，其发电机端应按正相序接在其中相序超前的一相端线上。

按照上述接线原则，一表法测量完全对称的三相负载总无功功率时，有三种接线法，图 4-18 所示就是其中的一种。图中功率表的电流线圈按“发电机端”原则串联接入 A 相端线中，通过它的电流为线电流 i_A；电压线圈支路跨接在 B、C 两相端线上，它两端的电压为线电压 u_{BC}；三相负载作星形联结。由单相功率表的工作原理可知，功率表的读数为

$$W = U_{BC} I_A \cos(90° - \varphi) \tag{4-11}$$

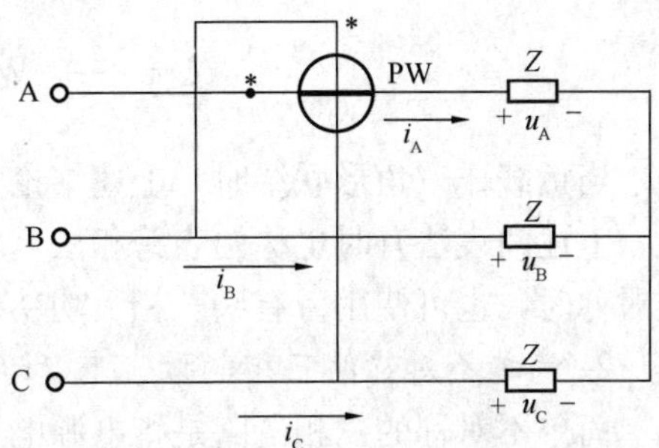

图 4-18　一表法测量无功功率

考虑 U_{BC} 为线电压有效值，令 $U_{BC}=U_L$；I_A 为线电流有效值，令 $I_A=I_L$，于是式（4-11）可写为

$$W = U_L I_L \sin\varphi \tag{4-12}$$

对称三相负载的总无功功率为

$$Q = \sqrt{3} U_L I_L \sin\varphi \tag{4-13}$$

所以只要把功率表的读数乘以 $\sqrt{3}$，就是对称三相负载的总无功功率。

上面的结论虽然是在负载作星形联结时得出的，但一表法同样适用于负载作三角形联结时的完全对称三相电路。

综上所述，一表法的适用范围是：完全对称的三相三线制电路（负载连接方式不限）和三相四线制电路。

二、两表法

用两个功率表测量三相无功功率时，应区分以下两种不同的情况，分别采用不同的接线方法。

1. 完全对称的三相电路

当三相电路完全对称时，每个功率表都按一表法的接线原则接线，便可得到两表法测量三相无功功率的电路。两表法测量也有三种接线法，图 4-19 所示是其中的一种。图中，功率表 PW1 的接线法与图 4-18 相同，它的读数为

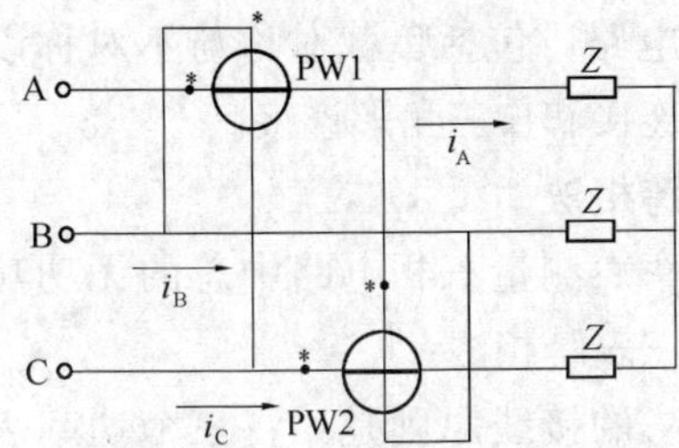

图 4-19　两表法测无功功率

$$W_1 = U_L I_L \sin\varphi \tag{4-14}$$

功率表 PW2 的电流线圈按“发电机端”原则串联接入 C 相端线中，通过它的电流为线电流 i_C；电压线圈支路跨接在 A、B 两相端线上，它两端的电压为线电压

u_{AB}；三相负载作星形联结。功率表 PW2 的读数为

$$W_2 = U_{AB} I_C \cos(90° - \varphi) = U_L I_L \sin\varphi \tag{4-15}$$

两个功率表的总读数为

$$W_1 + W_2 = 2U_L I_L \sin\varphi \tag{4-16}$$

因此，把两个功率表的读数相加后，再乘以一个系数 $\sqrt{3}/2$，就可得到三相无功功率，即

$$Q = \frac{\sqrt{3}}{2}(W_1 + W_2) = \sqrt{3} U_L I_L \sin\varphi \tag{4-17}$$

当负载作三角形联结时，上述结论也成立。

上述两表法有时也称两表跨相法，它的适用范围与一表法相同，不过，当电源电压不完全对称时，也可使用。有些三相无功功率表就是按上述原理工作的。

2. 简单不对称的三相电路

简单不对称的三相电路是指电源电压对称、但负载不对称的三相电路，对于这种不对称的三相三线制系统，用两个功率表测量其三相无功功率时，必须采用两表人工中性点法。

两表人工中性点法的接线原则是：两个功率表的电流线圈分别按“发电机端”原则串联接入两相端线中。外接电阻 R 的阻值与两功率表电压线圈支路的电阻相等，它的一端与两个电压线圈支路的一端接在一起，形成一个人工中性点 N；而另一端接在没有接功率表电流线圈的第三相端线上。按正相序 A—B—C 的顺序，每相功率表的电流线圈接后一相端线的功率表，电压线圈支路的发电机端接在人工中性点上；电流线圈接前一相端线的功率表，其电压线圈支路的发电机端应接在另一相接有功率表电流线圈的端线上。

按照上述接线原则，两表人工中点法测量也有三种接线法，图 4-20 所示就是其中的一种。

图 4-20 中，通过功率表 PW1 和 PW2 的电流分别是 A 相和 C 相的线电流 i_A 和 i_C；PW1 的电压线圈支路两端电压为相电压 u_{NC}，PW2 的电压线圈支路两端电压为相电压 u_{AN}。由于三相电源电压对称，所以由人工中性点形成的星形连接的各相电阻的相电压 u_{AN}、u_{BN}、u_{CN} 也对称。可以证明：两个功率表的读数之和的$\sqrt{3}$ 倍就是三相三线制电路负载的总无功功率 Q，即

$$Q = \sqrt{3}(W_1 + W_2) \tag{4-18}$$

式中：W_1、W_2分别为两个功率表的读数。

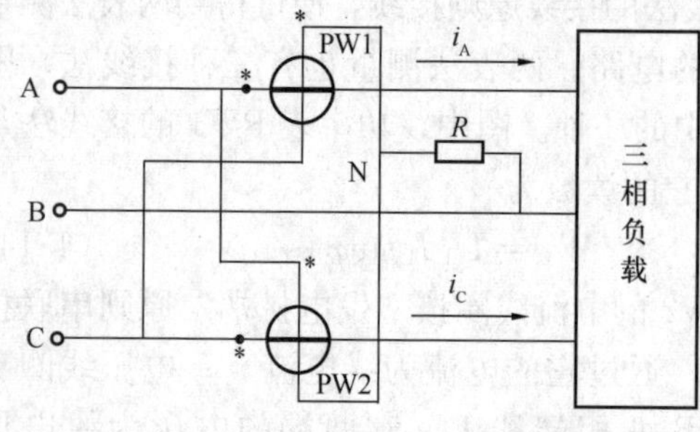

图 4-20 两表人工中点法测量接线

两表人工中点法可用于电源电压对称的所有三相三线制电路，包括负载对称与不对称以及负载作星形连接和作三角形连接。

三、三表跨相法

用三个功率表测量三相电路中总的无功功率的方法称为三表跨相法。

三表跨相法的接线原则是：将三个功率表的电流线圈分别串联接入 A、B、C 三相端线

中，它们的发电机端都接电源侧；每个功率表的电压线圈支路的发电机端，接在正相序 A—B—C 的后一相（相对于该功率表的电流线圈所在相）端线上，非发电机端接在前一相端线上。

图 4-21 所示是用三个功率表按以上接线原则接成的“三表跨相法”电路。图中，功率表 PW1、PW2 和 PW3 的电流线圈分别按“发电机端”原则串联接入 A、B、C 三相端线中，通过三个电流线圈的电流分别是线电流 i_A、i_B 和 i_C，PW1、PW2 和 PW3 三个功率表的电压线圈支路的发电机端，分别依次接在 B、C 相和 A 相的端线上，它们的非发电机端分别依次接在 C、A 相和 B 相端线上。于是三个功率表的电压线圈支路两端的电压分别是线电压 u_{BC}、u_{CA} 和 u_{AB}。

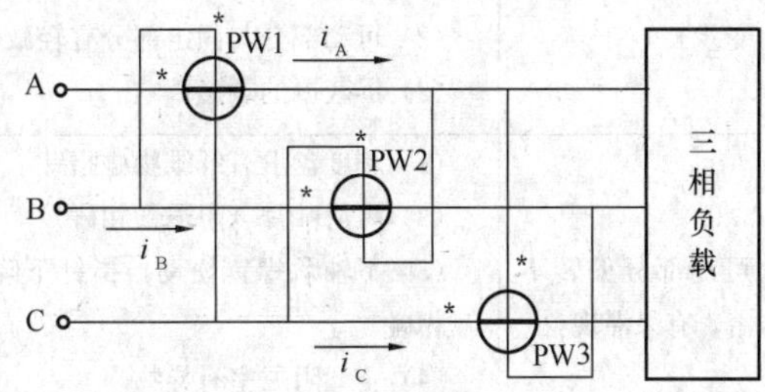

图 4-21　三表跨相法测量三相电路的无功功率

为了分析方便起见，假设三相电路为完全对称、负载作星形联结的三相三线制电路，且负载为电感性。由于电源电压对称，所以负载相电压等于相应相的电源相电压，相电压 u_A、u_B 和 u_C 也对称，且线电压与相电压有效值之间有 $\sqrt{3}$ 倍的关系，即

$$U_{BC}=\sqrt{3}\,U_A, U_{CA}=\sqrt{3}\,U_B, U_{AB}=\sqrt{3}\,U_C$$

三相负载总的无功功率为

$$Q=\frac{1}{\sqrt{3}}(W_1+W_2+W_3) \tag{4-19}$$

即将三个功率表读数之和除以 $\sqrt{3}$，就得到三相负载的总无功功率。这个结论对于负载作三角形联结时也是正确的。同时也可以证明，对于电源电压对称但负载不对称的三相三线制电路（负载接法不限）和负载不对称的三相四线制电路，上述结论也同样成立。

总之，“三表跨相法”的适用范围是：电源电压对称、负载也对称的各种三相电路以及电源电压对称、但负载不对称的三相三线制和三相四线制电路。

第五节　电动系仪表的常见故障及处理

电动系仪表常见故障的检查及处理，可以参照表 4-1 中所列的方法进行。

表 4-1　　电动系仪表常见故障及处理方法

常见故障	故障原因	处理方法
零位变动，指针呆滞，不回零位	（1）轴尖与轴承的间隙较紧 （2）轴尖或轴承磨损 （3）轴尖或轴承粘有脏物 （4）轴承松动 （5）轴尖生锈 （6）游丝弹性失效 （7）屏蔽罩有剩磁影响	（1）将上轴承螺钉旋松 （2）更换新轴尖与轴承 （3）清洗轴尖和轴承 （4）旋紧轴承螺钉 （5）清洗或抛光轴尖 （6）更换游丝 （7）可在交流下退磁

续表

常见故障	故障原因	处理方法
变差大	(1) 轴尖轴承磨损，有脏物 (2) 可动部分与固定部分有轻微摩擦 (3) 屏蔽罩的剩磁影响	(1) 清洗或更换轴尖和轴承 (2) 检查并消除摩擦部位 (3) 在交流下退磁或只作交流测量
可动部分偏转不自由，有呆滞现象	(1) 刻度盘上有纤维物碰指针 (2) 阻尼叶片与阻尼盒相碰 (3) 下轴承螺钉松动，指针下降与刻度盘相碰 (4) 空气阻尼室有异物 (5) 动圈的引出线与定圈相碰	(1) 取掉纤维物 (2) 调整阻尼片 (3) 调整下轴承至合适位置 (4) 取出异物 (5) 将引出线紧缠在转轴上
不平衡误差大	(1) 指针因严重过载冲击而弯曲 (2) 平衡锤位置移动 (3) 可动部分的组合件松动 (4) 轴承松动且变位	(1) 校直指针 (2) 重调平衡，并粘牢平衡锤 (3) 检查松动部分并紧固 (4) 重新调好并紧固
倾斜误差大	(1) 轴尖与轴承间隙过大 (2) 更换的轴承曲率半径过大	(1) 重新调整间隙 (2) 更换合适的轴承
仪表指针抖动	(1) 轴尖与轴承之间间隙大 (2) 可动部分固有频率与所测量电流的频率谐振	(1) 减小间隙 (2) 增减可动部分质量
仪表指示数值不稳定	(1) 量程开关因为长期磨损而接触不良 (2) 线路元件焊接不良出现虚焊 (3) 游丝焊片松动 (4) 游丝变形，内圈相碰 (5) 动圈引出头与焊接片接触不良	(1) 清洗，涂以中性凡士林 (2) 检查焊点并重新焊好 (3) 紧固游丝焊片 (4) 重整游丝，分开相碰处 (5) 重新处理焊头
通电后仪表指针不偏转	(1) 测量线路短路或断路 (2) 装配时有一个定圈装反 (3) 游丝焊片与动圈引出头之间脱焊	(1) 检查测量线路，消除故障点 (2) 检查线路，确认装反时应重新装好 (3) 重新清理，焊好
通以额定电流后，仪表指针偏转很小	(1) 定圈连接错误 (2) 定圈或动圈部分短路 (3) 分流电阻短路 (4) 游丝扭绞或碰圈	(1) 改正接线 (2) 检查短路点并消除 (3) 重新配置 (4) 重新予以调整或更换

思考与练习

4-1 试述电动系测量机构的基本结构。

4-2 电动系测量机构用于直流和交流测量时，其指针的偏转角分别与什么有关？

4-3 使用功率表时，应如何选择量程？

4-4 使用功率表时，应如何正确接线？

4-5　功率表有哪两种正确接线方式？它们各自的适用范围如何？

4-6　功率表如何正确读数？

4-7　测量功率时，如果功率表的指针出现反偏，应如何处理？

4-8　能否用普通的功率表测量 $\cos\varphi=0.1$ 的负载功率？为什么？

4-9　试述低功率因数功率表采用补偿线圈的补偿原理。采用补偿线圈的低功率因数功率表应如何接线？

4-10　低功率因数功率表如何读数？

4-11　使用低功率因数功率表时要注意什么问题？

4-12　如何测量对称三相四线制电路的有功功率？

4-13　如何测量不对称三相四线制电路的有功功率？

4-14　用两表法测量三相三线制电路的有功功率时，应如何接线？用两表法测量有功功率时，两个功率表的读数可能会出现哪几种情况？如果有一个功率表反转，应如何处理？

4-15　用一表法测量三相无功功率时，应如何接线？它的适用范围如何？如何根据功率表的读数确定被测的三相无功功率的数值？

4-16　两表跨相法测量三相无功功率的适用范围如何？如何根据功率表的读数确定被测三相无功功率的数值？

4-17　用三表跨相法测量三相无功功率时，应如何接线？它的适用范围如何？如何根据功率表的读数确定被测三相无功功率的数值？

第五章　感 应 系 仪 表

感应系仪表，一般在交流电路中测量功率或电能，最广泛的用途是测量电能，即用作电能表。电能表是用来测量某一时间内发电机发出多少电能或负载吸收多少电能的仪表，俗称电度表。

电能表在进行测量时，为了显示出不断增加的被测电能的值，显然不能采用指针读数的方式，而必须采用一种“积算机构”，将仪表可动部分的转数换算成被测电能的数值，并用数字显示出来。因此，电能表不属于指示仪表，而是一种积算仪表。

第一节　感 应 系 电 能 表

用于交流电能测量的电气机械式电能表是根据电磁感应原理制成的，故称它为感应系电能表。虽然各种感应系电能表的型号不同，但它们的基本结构都为感应系测量机构，工作原理相同。

一、基本结构

图 5-1 所示是单相电能表结构示意图。单相电能表主要由以下几个基本部分组成。

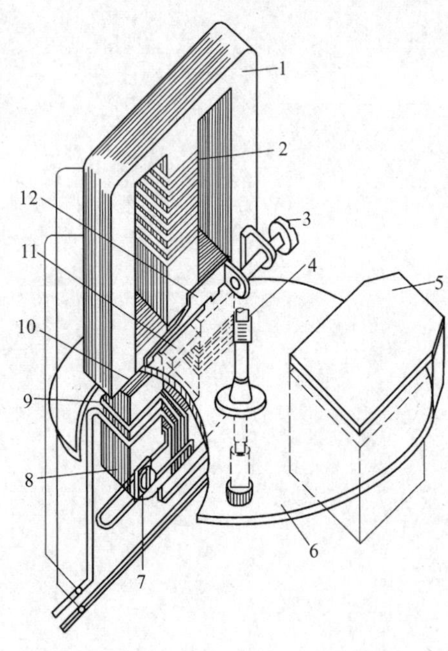

图 5-1　单相电能表结构示意图

1—电压铁心；2—电压线圈；3—轻载调整机构；4—转轴；5—永久磁铁；6—铝转盘；7—相角调整机构；8—电流铁心；9—电流线圈；10—磁温度补偿片；11—回磁板；12—滞角框片

1. 驱动元件

驱动元件又称电磁元件，它包括电流部件和电压部件。

(1) 电流部件。它由电流铁心和绕在铁心上面的电流线圈组成。电流线圈由横截面较大的粗绝缘导线绕制而成，它的匝数较少。使用时，电流线圈与负载串联，通过电流线圈的电流也就是负载电流。电流铁心是由硅钢片叠合而成的，有较大的气隙。整个电流部件位于铝转盘下方。

(2) 电压部件。它由电压铁心及绕在它上面的电压线圈组成。电压线圈是由匝数很多的细绝缘导线绕制而成的。其铁心也是由硅钢片叠合而成的，且也有较大的气隙。使用时，电压线圈和负载并联，它两端的电压为负载电压。整个电压部件位于铝转盘的上方。

驱动元件的作用是，当电流线圈及电压线圈接入交流电路中时，产生交变磁通，从而产生转动力矩，驱动电能表的转盘转动。

2. 转动元件

转动元件是感应系电能表的可动部分。它由铝转盘（简称转盘）和转轴组成，转轴上装有传递转数的蜗杆。转轴安装在上、下轴承里，可以自由转动。为了减小摩擦、提高灵敏度、延长电能表的使用寿命，通常采用宝石轴承，有的采用磁推轴承。转盘位于上述电磁元件磁铁的气隙之间。

3. 制动元件

用作制动元件的是永久磁铁。其作用是：在转盘转动时，转盘切割磁力线产生涡流，涡流在永久磁铁的磁场作用下产生反作用力矩（即制动力矩），使转盘的转速与负载的功率成正比。

4. 积算机构

积算机构用来计算电能表转盘的转数，以达到计算电能的目的。它由装在转轴上的蜗杆、蜗轮、齿轮和滚轮组成，如图 5-2 所示。

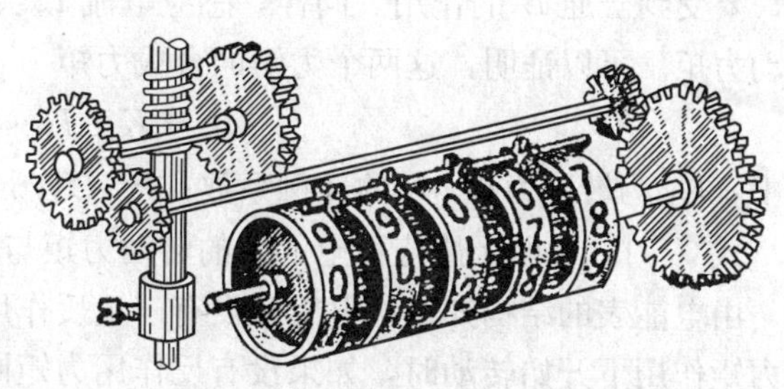

图 5-2　积算机构示意图

当转盘转动时，通过蜗杆、蜗轮及齿轮的传动，带动滚轮转动。五个滚轮的侧面都标有 0～9 的数字。每个滚轮都按十进制计数法进位，即低位滚轮转过一周，就带动高位滚轮转过一个数字，即进一位。五个滚轮并行排列，构成一个五位数，每个滚轮代表一个数位。这样，通过滚轮上的数字就可以反映出转盘的转数。不过，电能表积算器窗口所显示的数字，并不是转盘的转数，而是经累加了的被测电能的总“千瓦时数”。必须注意的是，五位数中左边的四个数位为整数位，从左到右分别为千位、百位、十位和个数，最右边的一位为小数位，通常用醒目的标志（如红线框）与整数位隔开。

二、工作原理

1. 磁路系统

电能表在测量时，电流线圈串联在被测电路中，通过它的电流 i_1 等于负载电流 i，即 $i_1=i$。电压线圈两端电压为负载电压 u，在电压 u 的作用下，电压线圈中产生电流 i_2。各电流都会产生相应的磁通，如图 5-3 所示。

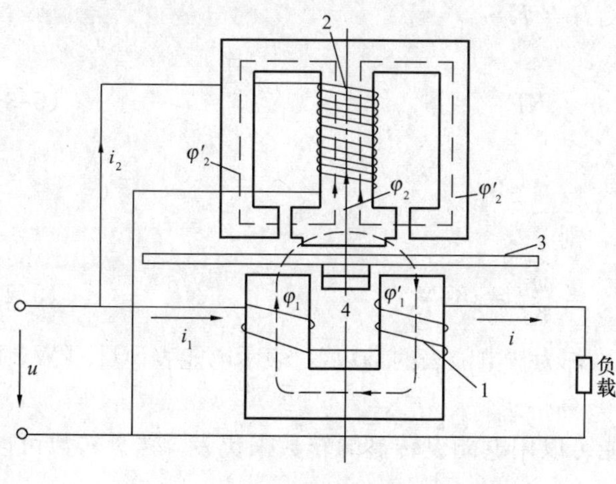

图 5-3　单相电能表磁通路径示意图

1—电流线圈；2—电压线圈；3—转盘；4—转盘下的回磁板

电流线圈中通过电流 i_1 时，产生磁通 φ_1，该磁通从上到下和从下到上各穿过转盘一次，并经电流铁心构成闭合磁路，如图中 φ_1 和 φ_1'。φ_1 和 φ_1' 实际上是一个磁通。

电压线圈中的电流 i_2 产生的磁通分为两部分：一部分经过转盘下面的回磁板，穿过转盘，回到电压铁心，构成通路，如图 5-3 中 φ_2，这部分磁通称为工作磁通；另一部分磁通不穿过转盘，而是经过铁心两旁，再回到铁心中间支路，如图 5-3 中 φ_2'，称为非工作磁通。

2. 转动原理

当电路接通时，电流线圈中通过电流 i_1，电压线圈中通过电流 i_2，它们在铁心及气隙中分别产生了交变磁通 φ_1 和 φ_2。穿过转盘的交变磁通在铝盘内产生感应电动势，并分别引起感应电流（也称涡流）I_{e1} 和 I_{e2}。

我们知道，电流在磁场中要受到电磁力的作用，感应电流 I_{e1} 在流经电磁铁的磁极之间时，要受到磁通 B_1 的作用。同样，感应电流 I_{e2} 会受到磁通 B 的作用。于是，就产生了两个转动力矩。可以证明，这两个力矩的合成力矩

$$M_1 = K_1 UI\cos\varphi = K_1 P \tag{5-1}$$

式中：K_1 为转动力矩 M_1 的比例系数；$P=UI\cos\varphi$ 是负载消耗的有功功率。

式（5-1）说明，感应系电能表的转动力矩与负载功率成正比。

由电能表的结构知道，电能表没有产生反作用力矩的游丝。当电能表的转盘在一定的转动力矩作用下开始转动时，如果没有反作用力矩同时作用在转盘上的话，转盘的转速会越来越快，以致无法进行测量。为了使转盘的转数能反映被测电能，电能表中装设了一个永久磁铁，用于产生制动力矩，即反作用力矩。

转动力矩 M_1 使得转盘旋转起来，当转盘通过永久磁铁的磁极之间时，转盘就切割磁力线而产生感应电动势 e_3，并在转盘内引起感应电流 i_{e3}，i_{e3} 与永久磁铁的磁通 φ_3 相互作用，就产生一个与转盘旋转方向相反的作用力矩 M_2。我们知道，永久磁铁的磁通 φ_3 是恒定不变的，转盘转得越快，切割磁力线的速度就越快，感应电流 i_{e3} 就越大，因而反作用力矩 M_2 就越大。由此可见，M_2 的大小和转盘的转速 n 成正比，即

$$M_2 = K_2 n \tag{5-2}$$

式中：K_2 为转动力矩 N_2 的比例系数。

当转动力矩 M_1 和反作用力矩 M_2 平衡时，转盘就以均匀的速度旋转。根据式（5-1）和式（5-2），可得到

$$K_1 P = K_2 n$$

或

$$n = KP \tag{5-3}$$

即铝盘转速与负载功率成正比。

3. 转盘转数 n 与被测电能 A 的关系

假设在时间 t 内负载消耗的电能为 A，则

$$A = Pt = \frac{n}{K}t = K'N \tag{5-4}$$

式中：$N=nt$ 是转盘在 t 时间内的总转数，称为“电能表的常数”，表示电能表计量 1kW・h 电能时，该电能表的转盘所转过的转数。

由式（5-4）可见，负载所消耗的电能可以用电能表转盘的转数来代表。转盘转数可以用积算器来累积计算。

电能表的平均转动力矩取决于加到电压线圈两端的电压、通过电流线圈的电流及二者的相位差。根据这个原理，电能表通过一定的线路连接方式也可以用来测量无功电能。

第二节 电能表的基本特性

一、电能表的分类

电能表按其结构、工作原理和测量对象等可以分为许多类，且分类方法也很多。

（1）按结构和工作原理可分为电气机械式电能表和数字式电能表两大类。

1）电气机械式电能表又分为电动系和感应系两类。

电动系电能表相当于把电动系功率表的游丝去掉，采用多个活动线圈，加上换向装置，让它的活动部分可以连续转动，从而进行电能测量。用来测量直流电能的电能表就是电动系电能表。由于电动系电能表结构复杂、造价高，所以对于需要量大、用来测量交流电能的电能表不宜采用电动系结构。

感应系电能表是用于交流电能测量的仪表，它的转动力矩较大，结构牢固，价格便宜，目前仍是国内外大量使用的一类交流电能表。

2）数字式电能表是随着电子技术的发展而出现的一种新型电能表。它的优点是没有转动部分，准确度高。例如国内市场上，已有0.02、0.05、0.1级和0.2级的数字式标准电能表；德国西门子公司生产的准确度为0.2级的7ECl021-1A型三相安装式数字电能表以及西纽姆伯格（Schlumberger）公司推出的SPA系列单相数字电能表等，就是这一类新型电能表。

（2）根据使用范围，电能表可以分为单相电能表和三相电能表。

（3）根据测量对象的不同，电能表可分为有功电能表和无功电能表两类。有功电能表用来测量有功电能，无功电能表用来测量无功电能。

（4）根据电能表的准确度不同，可分为一般电能表和用于校验一般电能表的标准电能表。

（5）按照用途不同，电能表可分为普通使用的电能表和作特殊使用的特种电能表。特种电能表有以下几种：

1）用来自动监视、控制用电单位的日用电量及电能计量控制的电力定量器。

2）附带有测量在一定积算周期内最大平均功率指示器的最大需量电能表。

3）测量线路损耗的铜损电能表，如DD14-2型电能表。

4）测量大型含铁心电器（如变压器）铁心损耗的铁损电能表，如DD14-1型电能表。

5）可分别测量高峰期、低谷期用电的双费率（或多费率）电能表。

二、感应系电能表的型号

电能表的型号有多个系列，每一个型号中的第一个字母代号D均表示电能表。

（1）DD系列：为单相电能表，第二个字母D表示单相，如DD1型、DD36型、DD101型等。

（2）DS系列：为三相三线有功电能表，如DS1型、DS2型、DS5型等。

（3）DX系列：为三相三线或三相四线无功电能表，如DX1型、DX2型、DX863-4型等是三相三线无功电能表，而DX13型、DX32型、DX861型等是三相四线无功电能表。

（4）DT系列：为三相四线有功电能表，如DT1型、DT2型、DT862型等。

(5) DB系列：为标准电能表。这一系列的电能表准确度较高，分别为0.1、0.2级和0.5级。如DDB7型单相标准电能表（0.2级）、DDB12型（0.1级），DB3型三相三线标准电能表（0.5级）及DBT25型三相四线标准电能表（0.5级）等。

(6) DJ系列：为直流电能表，如DJ1型。

三、电能表的技术特性

1. 标定电流 I_b

标定电流是计算负载的基数电流值。如5A电能表、10A电能表的标定电流分别是5A和10A。

2. 额定最大电流 I_{max}

额定最大电流使电能表能长期工作，且误差与温度均满足规定要求的最大负载电流。额定最大电流通常是标定电流的整数倍，这个整数倍数越大，说明该电能表的过载能力越强，性能越好。

在电能表表面上，标定电流数值后面括号内的数字就是额定最大电流。如某电能表的表面上标有“5（20A）”字样，其中5A为标定电流，而括号内的20A为额定最大电流，即标定电流为5A的电能表，允许把负载电流增大到不超过20A，这时仍能正常工作。这样，用户用电量增加（总的负载电流不超过20A）时，不必更换电能表。

3. 电能表常数 N

电能常数表示该电能表每计量1kW·h电能时，转盘的转数。根据这个常数，可以校验电能表。

以上三个性能指标，均作为铭牌标在电能表的表面上。另外，电能表铭牌上还标有额定电压和频率等。

4. 准确度等级

电能表的准确度有0.1、0.2、0.5、1.0、2.0、2.5级和3.0级7个级别。

根据我国计量检定规程JJG 307—2006《机电式交流电能表检定规程》的规定，在确定电能表的基本误差（用相对误差表示）时，除了要遵守规定的工作条件外，通过电能表的电流也应分别在所规定的范围内。

5. 灵敏度

灵敏度指电能表在额定电压、额定频率和 $\cos\varphi=1.0$（对有功电能表）或 $\sin\varphi=1.0$（对无功电能表）的条件下，当负载电流从零增加至转盘开始转动时的最小电流与标定电流的百分比。

6. 潜动

所谓潜动是指当负载电流等于零时，电能表转盘仍有转动的现象。按照规定，当电能表的电流线圈中无电流，而加于电压线圈上的电压为额定值的80%～110%时，电能表转盘的转动不应超过一整圈。

7. 功率消耗

当电能表的电流线圈中无电流时，在额定电压及额定频率下，电压线圈的功率消耗不应超过国家标准规定值。

第三节 单相电能的测量

在电力系统中，发电量和用电量都是以电能作为计算标准的，因此电能的测量必不可少。在测量发电机发出多少电能或负载吸收多少电能时，测量仪表不仅要反映出发电机发出多少功率或负载吸收多少功率，而且还要反映出功率延续的时间，即要反映出电能随时间积累的总和。

一、正确选择电能表

在选择电能表时，除了要考虑型式（单相、三相四线或三相三线），还必须根据负载的电压和电流，来选择电能表电压线圈和电流线圈的量程。电能表的额定电压和额定电流必须大于负载电压和负载电流。电能表的铭牌上标有额定电压和额定电流值，我们必须根据负载的电压和电流的额定数值来选择合适的电能表。

负载电流不超过电能表的额定最大电流时，电能表可以长期工作，但选择单相电能表的容量时，应按下面的原则来考虑：用户的负载电流为电能表额定电流的20%～120%，单相220V照明负载按每5A/kW来估算用户负载电流为宜。

电能表的额定电压应与负载的额定电压相符。需经电压互感器和电流互感器接入被测电路时，应选用额定电压为100V、额定电流为5A的电能表。

二、单相电能表的正确接线

利用感应系电能表测量电能，接线方法原则上和功率表相同，必须遵守“发电机端”原则，即电流线圈与负载串联接入端线（即相线）中，电压线圈和负载并联，它们的“发电机端”都应该接到电源侧相线上。单相电能表共有四个接线端，其中两个端接电源，另两个端接负载。根据负载电流的大小，单相电能表主要有两种接线法。

1. 小电流的直接接法

在低电压（380V或220V）、小电流（5A或10A以下）的单相交流电路中，电能表可以直接接在线路上，如图5-4所示。

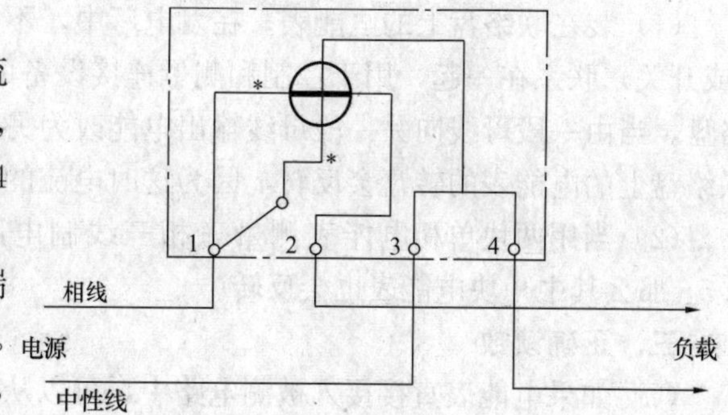

图5-4 单相电能表直接接入电路

单相电能表接线盒内的四个接线端子，从左向右编号分别为1、2、3、4。电压线圈的端子是1和3（4），1接相线，3（4）接中性线，使电压线圈按“发电机端”原则接在220V电压上。电流线圈的接线端子是1和2，端子1接电源侧相线，2接负载侧相线。所以小电流的直接接法可记作“火线（相线）1进2出，中线（中性线）3进4出”。

该接法的几种错误接线及其结果如下。

（1）将相线误接成2进1出，致使电流线圈反接，电能表会出现反转现象。

（2）将相线和中性线分别误接在1和2端，会烧坏电能表；或分别误接在3端和4端，将造成短路事故。

（3）在端子1旁附有与其相连的电压线圈连接片，它是电压线圈的“发电机端”与电源侧相线相接的连接片，如果断开了这个连接片，相当于断开了电压线圈，电能表将停转。

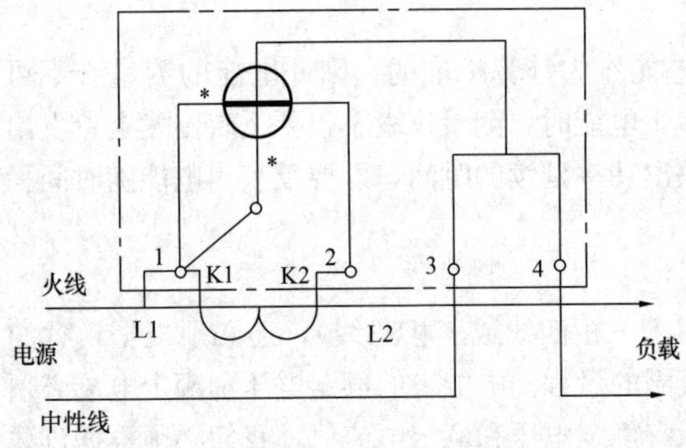

图 5-5 单相电能表经电流互感器接入

2. 大电流经电流互感器的接法

如果负载电流超过电能表电流线圈的额定值，则需经过电流互感器接入电路，如图 5-5 所示。采用电流互感器接线时，一定要注意电流互感器接线端的极性，其中 L1 和 K1 对应，接相线的电源侧；L2 和 K2 对应，接相线的负载侧。这种接线中，电流互感器二次侧端子 K2 不能接地，否则会造成短路故障。

该接法的几种错误接线及其后果如下：

(1) 当电流互感器的极性接反时，电能表反转。

(2) 电压线圈未接通，或电压线圈连接片与端子 1 未连接时，电能表不转。

(3) 将电流互感器二次侧误接到 3 和 4 上时，电流线圈中无电流，电能表不转。

因高压供电极少使用单相电源，故很少使用该接线法。

电能表的接线比较复杂，容易接错，在接线时，应根据说明书上的要求和接线图，把进线和出线依次对号接在电能表的出线头上；接线后经反复查对无误时，才能合闸使用。当电路在额定电压下空载时，电能表的转盘应该静止不动，否则必须检查线路，找出原因。

当发现电能表的转盘反转时，必须进行具体分析，有可能是由于接线错误，但不能认为凡是反转都是接线错误。在下列情况下，转盘反转是正常的。

(1) 装在联络盘上的电能表。在发电厂中，不同电压（或相同电压）母线之间用变压器（或开关）联系在一起，用于控制和测量连接设备的开关和仪表装在一块控制盘上，叫做联络盘。当由一段母线向另一段母线输出电能改为另一段母线向这一段母线输出电能时，装在联络盘上的电能表的转盘会反转，因为这时电流的相位发生了 180°的变化。

(2) 当用两块单相电能表测量三相三线制电路的电能时，如果负载功率因数 $\cos\varphi < 0.5$，那么其中一块电能表也会反转。

三、正确读数

(1) 如果电能表直接接入被测电路中，可以从电能表上直接读得实际的用电千瓦时数。

(2) 如果电能表经电流互感器接入被测电路，则实际电能量为

$$W = KW_0 \tag{5-5}$$

式中：W_0 为电能表的读数，kW·h；K 为电流互感器的变比。

有些电能表上标有“10×千瓦时”“100×千瓦时”字样，表示应将电能表的读数乘以 10 或 100 才是实际测得的电能。

四、单相电能表的简易校验

电能表运行情况是否正常，直接影响电能表的计量和收费。家庭用户中，可用实际测试的时间和理论计算的时间相比较的办法，来判断电能表的准确性。

根据电能表的常数，可以算出转盘转一周所需的时间 t_1，即

$$t_1 = \frac{36 \times 10^5}{PN} \tag{5-6}$$

式中：t_1为理论计算出的转盘转一周所需时间，s/r；P 为测试时的负载功率，W；N 为电能表的常数，r/(kW·h)。

测试时，找一块秒表（或电子表的秒显示），将电能表所接的其他负载断开，只留下某一功率较标准的用电器（如 220V、100W 的白炽灯）。测试前，让电能表转盘边缘带红色（或黑色）标记的地方停于正前方。接通标准用电器的同时开始计时，当转盘转到 10 周时，记下时间，由此折算出转盘转动一周所需的实际时间 t，并与理论计算转盘转动一周所需的时间 t_1比较。

（1）当 $\left|\frac{t-t_1}{t_1}\right|<2\%$时，可认为该电能表基本准确。

（2）当 $t>t_1$时，说明该电能表走得慢。

（3）当 $t<t_2$时，说明该电能表走得快。

测试时，要求负载电压与额定值相符，这样可使测试结果更趋准确。

第四节 三相有功电能表

理论上说，本书第四章中所介绍的测量三相电路有功功率的方法，除人工中性点法外的一表法、两表法及三表法，对于三相有功电能的测量同样适用。

但实际上，完全对称的三相电路很少，用一只单相电能表测量三相有功电能的所谓一表法很少用；而用两只单相电能表的两表法及用三只单相电能表的三表法测量三相有功电能时，由于表的数目较多，又需将各表的读数相加，既不经济，又不方便。所以工程上广泛采用三相有功电能表来测量三相负载的有功电能。

由于三相电路的接线形式不同，三相有功电能表有三相四线有功电能表和三相三线有功电能表两种。

一、三相四线有功电能表

1. 基本结构

三相四线有功电能表是按三表法的测量原理构成的。在结构上与单相电能表不同的是，它有三组电磁元件。依据型号的不同，它可能有一个、两个或三个转盘。整个仪表只有一个积算机构，它的读数直接反映了三相负载的有功电能。

采用单个转盘（如 DT2 型）的结构中，产生转动力矩的三个电磁元件合用一个转盘，转盘的转速由三个电磁元件产生的合成转矩决定。单个转盘结构的优点是可动部分质量轻，磨损小，整个仪表的体积小。它的缺点是各组电磁元件产生的涡流会相互作用，彼此干扰。为此，必须采取补偿措施，尽可能加大每组电磁元件之间的距离，致使转盘的直径相应地大些。

在双转盘结构中，三组电磁元件的两组安装在主架的左右两边，作用于一个转盘；另一组电磁元件装在主架底部，作用于另一个转盘。两个转盘装在同一转轴上，转盘的转速也是由三组电磁元件的合成转矩决定。双转盘结构中，各电磁元件产生的涡流相互干扰相对小些。

DT1 型三相四线制有功电能表采用的是三转盘结构，三个转盘装在同一转轴上。它的三个电磁元件分别作用于一个转盘，各电磁元件产生的感应电流相互干扰最小。三转盘结构的缺点是体积较大。

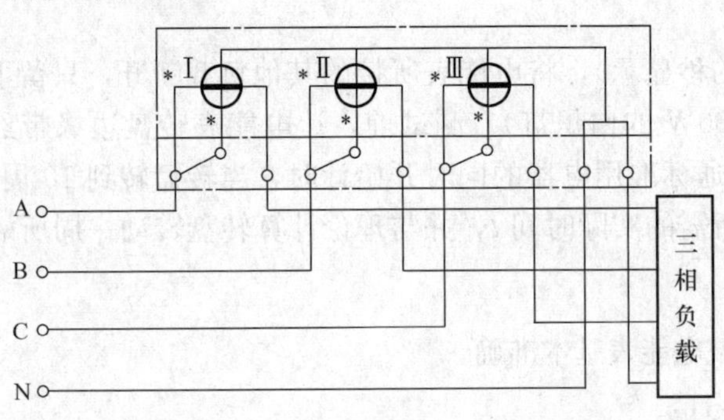

图 5-6　三相四线有功电能表直接接入被测电路

2. 正确接线

三相四线有功电能表接入被测电路时，其接线原则和三表法测量功率的接线原则相同，并遵守“发电机端”原则。为了避免错误，各组电磁元件的电流线圈和电压线圈的“发电机端”“非发电机端”都已在电能表的接线盒内排列和连接好了。在安装接线前，应认真阅读电能表的说明书，并根据说明书上的要求和接线图把各进线和出线“对号入座”，接在接线盒的端钮上。接线时要注意电源的相序。图 5-6 所示为三相四线有功电能表直接接入被测电路的接线图。

假设从左到右三组电磁元件的标号分别为Ⅰ、Ⅱ、Ⅲ，则所接相序依次为 A—B—C 相。三组电磁元件的电压线圈的“非发电机端”接在一起（中性点），并与中性线相接。负载电流较大时，电能表也应经电流互感器接入被测电路。

3. 几种错误接线及其后果

(1) 任何一组（或两组）电磁元件的电压线圈断开，则电能表走得慢；如果三组电压线圈都断开，则电能表停走。

(2) 任何一组（如Ⅱ组）电磁元件的电压线圈短接，使另一组（如Ⅰ组）的电压线圈承受线电压作用，则烧坏该电压线圈，造成测量不准确。

(3) 任意两组电压线圈的“发电机端”接线对调，则电能表停走。

(4) 在负载不对称的三相电路中，如果电压线圈的中性点与中性线未接或断开，则会引起测量误差。

二、三相三线有功电能表

1. 基本结构

工程上测量三相三线制电路的有功电能是用三相三线有功电能表。这种电能表是根据两表法的测量原理构成的，所以它只有两组电磁元件。依据型号的不同，它也有单转盘和双转盘两种结构形式。

单转盘（如 DS2 型）结构中，两组电磁元件位于主架的左右两旁，共同作用在同一转盘上，其转速由两组电磁元件的合成转矩决定。这种结构形式比较紧凑，但两组电磁元件产生的涡流也会相互干扰。

双转盘结构（如 DS18 型）实际上是两只单相电能表的组合，两个转盘装在同一转轴上。作用在转轴上的总转矩为两组电磁元件产生的转矩之和，并与三相负载的有功功率成正比。它只有一个总的积算机构，转盘的转数反映三相有功电能的大小，并通过积算机构直接将其数值显示出来。

2. 正确接线

三相三线有功电能表接入被测电路时，其接线原则与两表法测量三相有功功率的接线原则相同。图 5-7 所示是三相三线有功电能表直接接入被测电路的接线图。

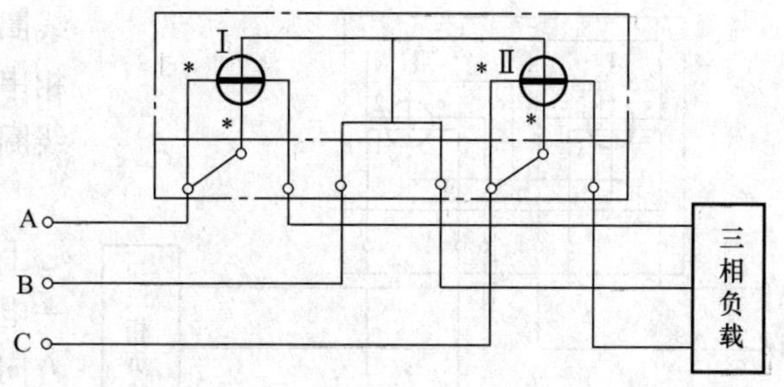

图 5-7 三相三线有功电能表直接接入被测电路

假设两组电磁元件的标号分别为Ⅰ、Ⅱ。接线时所必须遵守的原则是：两电磁元件的电流线圈应分别串联在 A、C 相相线中，“发电机端”接电源侧；两电压线圈的“发电机端”也应接电源侧，其中Ⅰ元件的电压线圈接线电压 U_{AB}，而Ⅱ元件的电压线圈接线电压 U_{CB}。

各组电磁元件的电流线圈和电压线圈的“发电机端”和“非发电机端”都已在接线盒中排列并接在相应端钮上。安装接线时，只需按说明书提供的接线图，将各进线和出线对号接在接线盒的相应端钮上。

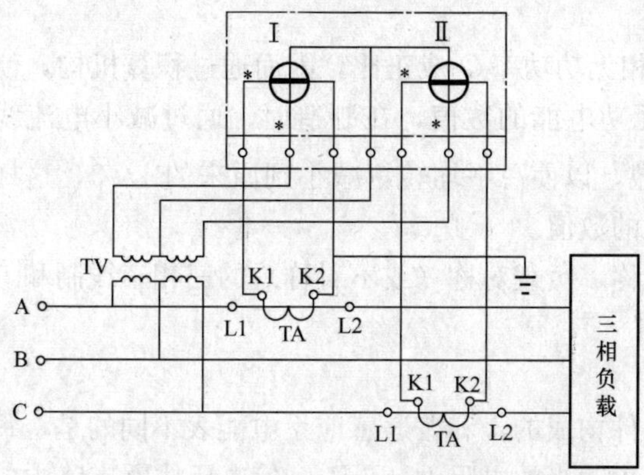

图 5-8 二元件三相电能表经互感器接入被测电路

凡不是按上述原则的接线均是错误的接线。三相三线有功电能表接线时，可能出现的错误接线情况有几十种，在实际工作中都应该避免。

当负载电流大时，电能表应通过电流互感器接入电路。在高电压三相电路中，电能表必须经电流互感器和电压互感器接入电路，如图 5-8 所示。

第五节 三相无功电能表

在发配电过程中，为了了解设备的运行情况以改善电能质量、提高设备的利用率和降低线路损耗，需要安装无功电能表，以对无功电能进行测量。

电力工程中，单相无功电能表很少应用，大量使用的是三相无功电能表。三相无功电能表主要有采用附加电流线圈的三相无功电能表（DX1 型）和具有 60°相位差的三相无功电能表（DX2 型）两种。

一、采用附加电流线圈的三相无功电能表

这种三相无功电能表的结构与二元件三相有功电能表基本相同，不同的地方仅在于每个电磁元件的电流铁心上，除了绕有基本电流线圈 1 外，还绕有与基本电流线圈匝数相等的附加电流线圈 2。

图 5-9 所示为采用附加电流线圈的三相无功电能表直接接入被测电路的接线图。图中，每一组电磁元件的基本电流线圈和电压线圈的接线原则，和两表跨相法测量三相无功功率相同，即两组电磁元件的电流线圈分别按“发电机端”原则串联接入 A、C 相相线中，通过它们的电流分别为 i_A 和 i_C；Ⅰ组电磁元件的电压线圈两端电压为 U_{BC}，Ⅱ组电磁元件的电压

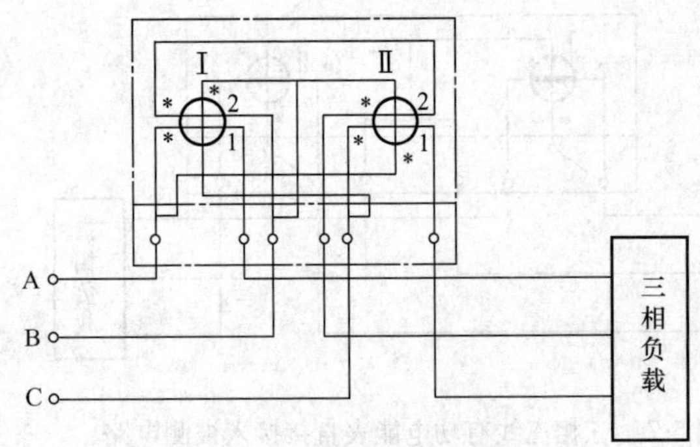

图 5-9　采用附加电流线圈的三相无功电能表直接接入被测电路

线圈两端电压为 U_{AB}；两个附加电流线圈互相串联起来，然后串联接入没有接基本电流线圈的 B 相相线中。

每个附加电流线圈的接法与同一电流铁心上的基本电流线圈的极性应相反，以使同一电流铁心上的这两个电流线圈产生的磁通方向相反，所以每个电流元件所反映的电流分别是 $i_A - i_B$ 和 $i_C - i_B$。

可以证明，当三相电源电压对称时，两组电磁元件产生的总平均转矩为

$$M = C_1 \sqrt{3} Q \tag{5-7}$$

式中：C_1 为比例系数。

由式（5-7）可见，总平均转矩 M 和三相无功功率 Q 成正比，因而通过积算机构，便可测出三相无功电能。为了能直接读出三相无功电能的数值，在制造时，通过减小电流线圈（包括基本电流线圈和附加电流线圈）的匝数，以使总平均转矩减小到原来的 $1/\sqrt{3}$，这样就可以直接从电能表中读出被测三相无功电能的数值。

这种三相无功电能表适用于电源电压对称，负载对称（或不对称）的三相三线制和三相四线制电路。

二、具有 60°相位差的三相无功电能表

这种三相无功电能表也是由两组电磁元件构成的，和普通感应系电能表不同的是，每组电磁元件的电压线圈支路中，分别串联接入了适当的电阻 R_1 和 R_2，使电压线圈支路中的电流在相位上不再比端电压落后 90°，而是落后 60°。

接线时，仍要遵守“发电机端”原则。如图 5-10 所示，一组电磁元件的电流线圈串联接入 A 相相线，通过的电流为 i_A，其电压线圈并接在 B、C 相间，两端电压为 U_{BC}；另一组电磁元件的电流线圈串联接入 C 相相线，通过的电流为 i_C，其电压线圈并接在 A、C 相间，两端电压为 U_{AC}。

可以看出，这种三相无功电能表的外部接线和三相有功电能表一样，比较简单。实际安装时，可参照说明书对号接线。

可以证明，具有 60°相位差的三相无功电能表总平均转矩为

$$M = C_2 Q \tag{5-8}$$

式中：C_2 为比例系数。

由式（5-8）可见，电能表的总平均转矩与三相无功功率成正比，因而通过积算机构，便可测量出三相无功电能。

这种三相无功电能表适用于负载对称或不对称的三相三线制电路。

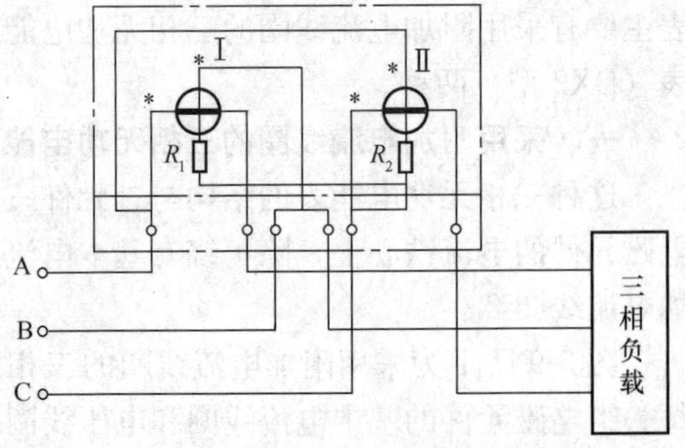

图 5-10　具有 60°相位差的三相无功电能表直接接入被测电路

三、电能计量监督管理

电能计量装置应满足发电、供电、用电三方面准确计量的要求，以作为考核电力系统技术经济指标和合理计费的依据。因此，电能表的准确度等级应按以下原则选用：

(1) 以下回路采用 0.5 级有功电能表和 0.2 级无功电能表：

1) 100 MW 及以上发电机；

2) 发电机-变压器组扩大单元接线及容量为 50～100MW 的水轮发电机；

3) 电力系统间的联络线路和月平均用电量 10^6kW・h 及以上（相当于负载容量为 2000kVA 及以上）的用户线路。

(2) 以下回路应采用 1.0 级有功电能表和 2.0 级无功电能表：

1) 10～100MW 以下的发电机；

2) 12500kV・A 及以上的主变压器；

3) 电力系统内的联络线路和输配电线路；

4) 月平均用电量 10^5kW・h 以上至 10^6kW・h 以下的用户线路；

5) 根据供电部门对电能管理和合理计费有特殊要求的月平均用电量 10^5kW・h 以下的用户线路。

(3) 同步调相机或无功补偿装置应采用 2.0 级无功电能表。

(4) 厂用高压电源回路（包括厂用工作和备用电源）应采用 1.0 级无功电能表。

(5) 仅作为企业内部技术分析、考核而不计费的回路，可采用 2.0 级有功电能表和 3.0 级无功电能表。

(6) 最大需量电能表、电力定量器的准确度等级，可按所接入回路采用的电能表准确度等级确定。

(7) 互感器的准确度等级：

1) 0.5 级有功电能表，应配用 0.2 级互感器；

2) 1.0 级有功电能表和 2.0 级无功电能表，应配用 0.5 级互感器；

3) 2.0 级有功电能表和 3.0 级无功电能表，可配用 1.0 级互感器。

对于双向送、受电的回路，应分别计量送、受电量；对于有可能进相、滞相运行的同步调相机（发电机）或无功补偿装置，应分别计量进相、滞相运行时的无功电能。

思考与练习

5-1 电能表是一种什么仪表？有哪些类型的电能表？

5-2 分别说出下列型号各是什么电能表：DD1 型、DS5 型、DX2 型、DX13 型、DT862 型、DDB7 型及 DJ1 型。

5-3 什么是标定电流？什么是电能表常数？

5-4 感应系单相电能表由哪几个基本部分组成？

5-5 感应系电能表中有哪几种磁通？

5-6 电能表的转盘为什么会转动？它的转数与被测电量之间有什么关系？

5-7 如何正确选择单相电能表？

5-8 试分别画出单相电能表直接接入和经电流互感器接入被测电路的接线图。

5-9 若将单相电能表的电流线圈接反，会产生什么后果?

5-10 三相四线有功电能表的结构如何?

5-11 画出三相四线有功电能表直接接入被测电路的接线图。

5-12 三相三线有功电能表的结构如何?

5-13 画出三相三线有功电能表直接接入被测电路的接线图。

5-14 采用附加电流线圈的三相无功电能表在结构上有什么特点?

5-15 画出采用附加电流线圈的三相无功电能表直接接入被测电路的接线图。

5-16 具有 60°相位差的三相无功电能表在结构上有什么特点?

5-17 画出具有 60°相位差的三相无功电能表直接接入被测电路的接线图。

第六章 万 用 表

万用表是一种多用途、广量程和使用方便的测量仪表，是电工测量技术中最常用的测量工具。它可以用来测量直流电流、直流电压、交流电压和电阻，中高档的万用表还可以测量交流电流和电容器、电感线圈、晶体管的主要参数等。万用表集电压表、电流表和欧姆表等仪表于一体，具有用途广泛、操作简单、价格低廉和携带方便等优点，现在已经成为电气工程技术人员和无线电通信人员在测试和维修工作中必备的仪表。

常见的万用表有指针式万用表和数字式万用表两种。

第一节 指针式万用表的结构和原理

指针式万用表是以表头为核心部件的多功能测量仪表，测量值由表头指针指示读取，易于反映信号变化倾向和信号与满刻度值之差，其测量结果一般表现为指针沿刻度线的位移，属于模拟指示电测量仪表。指针式万用表已经有一百多年的历史，它具有结构简单、读数方便、可靠性高和价格便宜等优点，至今仍得到广泛的应用。

一、万用表的组成

指针式万用表型号很多、外形各异，但其基本结构和使用方法是相同的。

（一）表头及面板布置

表头用来指示被测量的数值。万用表通常采用具有高灵敏度的磁电系测量机构作为表头，其满刻度偏转电流较小，一般仅为几微安至几百微安。满偏电流越小，表头的灵敏度越高，测量电压时的内阻也就越大。

万用表的面板上具有带有对应于不同测量对象的多条标尺的刻度盘，每一条标尺上都标有被测量的标志符号，例如被测量为电压，则标尺上标有“V”符号。同时，万用表面板上还有机械调零旋钮、量程选择开关、欧姆调零旋钮和表笔插孔等。500型万用表面板图如图 6-1 所示。

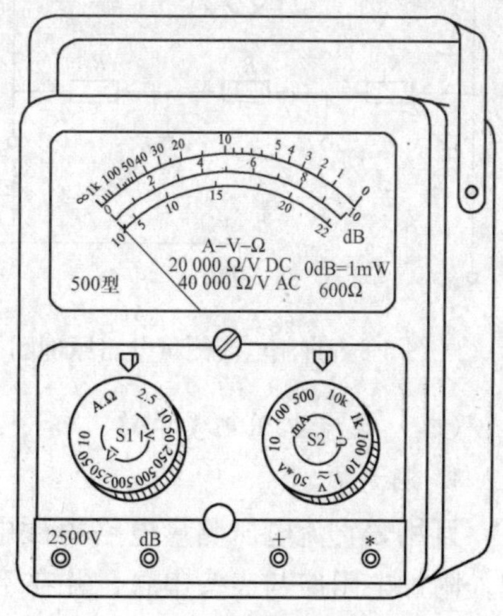

图 6-1　500 型万用表面板图
S1、S2—转换开关

（二）测量电路

测量电路是万用表用来实现多种电量和多种量程测量的主要环节。它实质上由多量程直流电流表、多量程直流电压表、多量程整流系交流电压表以及多量程欧姆表等几种测量电路组合而成。

（三）转换开关

转换开关的作用是把测量线路转换为所需要的测量种类和量程。机械接触式转换开关由许多固定触点（通常称为“掷”）和可动触点（通常称为“刀”）组成，各“刀”之间是同步联动的。当转动转换开关旋

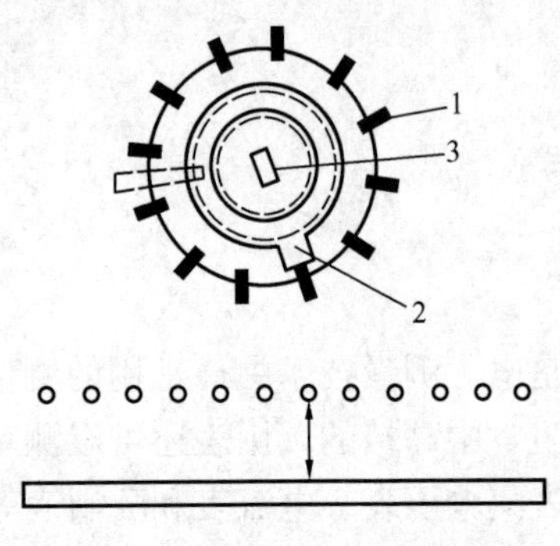

图 6-2 转换开关结构示意图

1—掷；2—刀；3—转轴

注：虚线为反面的触片及触点

钮时，各“刀”跟着旋转，在某一位置上与相应的“掷”闭合，使相应的测量电路与表头和输入端钮（或插孔）接通，构成不同的仪表。500 型万用表面板上有左右两只转换开关旋钮，根据测量种类的不同，分别为电量种类选择转换开关和量程转换开关。左边的转换开关 S1 采用双层 3 刀 12 掷开关，共 12 个挡位；右边的转换开关 S2 采用双层 2 刀 12 掷开关，也是 12 个挡位。图 6-2 为多层转换开关中其中一层的结构示意图。

二、测量原理

（一）直流电流测量电路

1. 测量原理

万用表直流电流测量电路实质上是由磁电系测量机构和一个多量程分流器构成的。利用分流电阻的切换得到不同的分流作用，从而获得不同的电流量程，其基本原理已在第二章多量程磁电系电流表中予以说明。

万用表通常采用闭路式多量程分流器，并利用转换开关来实现分流电阻和量程的切换，其原理电路如图 6-3 所示。图中 R_1、R_2 和 R_3 构成闭路式分流器，转换开关 S 的三个挡位对应于三个电流量程 I_1、I_2 和 I_3，显然，量程 $I_1>I_2>I_3$。

2. 测量电路举例

将 500 型万用表左边电量种类选择转换开关 S1 置于“A”挡，右边量程转换开关 S2 置于任意一个电流挡，就组成如图 6-4 所示的直流电流测量电路（此量程为 50μA）。图中，与表头串联的 1kΩ 电阻与 1.4kΩ 电阻起温度补偿作用，其余电阻根据量程的不同，一部分作为分流电阻，另一部分作为表头内阻。当将转换开关置于不同的挡位时，即可改变量程。需要指出的是，由于电压挡和电阻挡等都是在 50μA 电流挡的基础上扩展而成的，所以可以把 50μA 的电流挡等效看成一个满偏电流为 50μA 的磁电系测量机构。

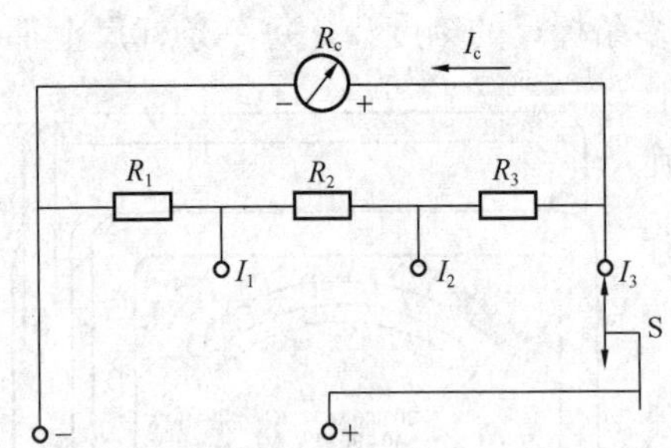

图 6-3 直流电流测量电路原理图

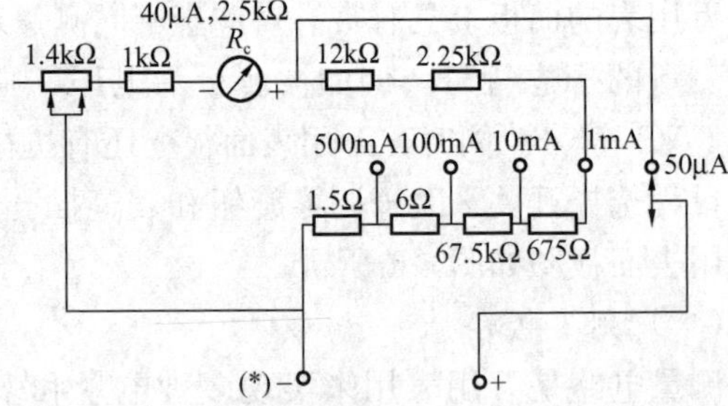

图 6-4 500 型万用表直流电流测量电路原理图

（二）直流电压测量电路

1. 测量原理

万用表直流电压测量电路由磁电系测量机构和不同的附加电阻组成。根据电压表的原理，附加电阻应与表头串联，并在不同的量程下接入数值不同的附加电阻。常见的万用表直流电压测量电路一般采用共用式附加电阻接入方式，如图 6-5 所示。

其特点是较高量程的附加电阻共用了较低量程的附加电阻。图 6-5 中对应量程 U_1 的附

加电阻为 R_1，对应量程 U_2 的附加电阻为 R_1+R_2，对应量程 U_3 的附加电阻为 $R_1+R_2+R_3$。由于 $(R_1+R_2+R_3)>(R_1+R_2)>R_1$，因此量程 $U_3>U_2>U_1$。

2. 测量电路举例

将 500 型万用表右边的电量种类选择转换开关 S2 置于"V"位置，左边量程转换开关 S1 置于直流电压的任意挡位，就组成如图 6-6 所示的直流电压测量电路（此量程为 2.5V 挡）。由图 6-6 可知，在测量直流电压时，其电路也是在 50μA 电流挡的基础上组成的。

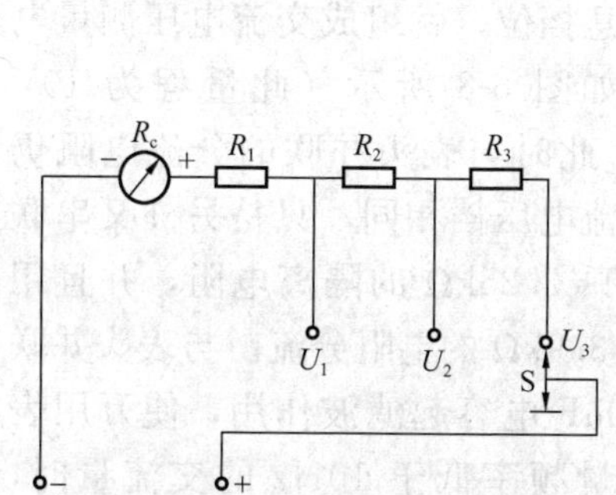

图 6-5　直流电压测量电路原理图

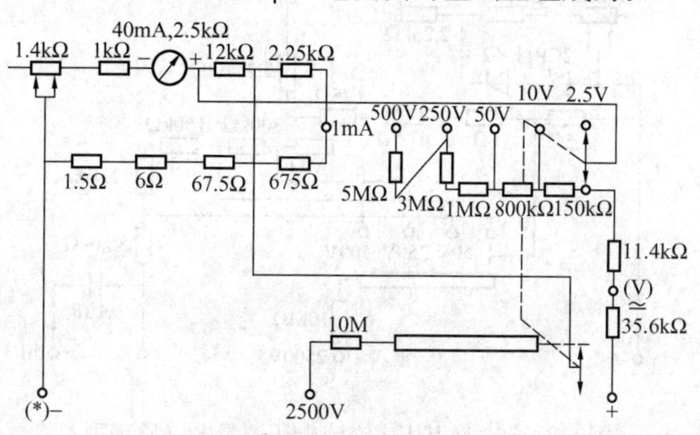

图 6-6　500 型万用表直流电压测量电路原理图

（三）交流电压测量电路

1. 测量原理

磁电系测量机构和半导体整流元件相配合的仪表称为整流系仪表。由于整流元件的非线性特性，其性能易随温度变化，故整流系仪表的准确度一般低于 1.0 级，不过它的功耗较小，所以常用于万用表电路中，以实现对交流电压的测量。

500 型万用表常用的整流方式是半波整流，半波整流电路如图 6-7（a）所示。半波整流电路原理在本文第二章已经作过介绍，此处不再重复。

采用整流电路后，表头中的电流还不是真正的直流电流，而是一种方向不变但大小却不断变化的周期性脉动电流。因此，在测量机构中，形成的转矩也是一个方向不变而大小随时间变化的力矩。由于可动部分的惯性，仪表不能反映瞬时转矩的变化，其偏转角 α 只能由一个周期内的平均转矩来决定。通过分析（从略）可知平均转矩和整流电路电流的平均值 I_{av} 成正比。又从电工理论可知，对半波整流电流而言，交流电流的有效值 I 和整流后流入表头电流的平均值 I_{av} 具有如下关系

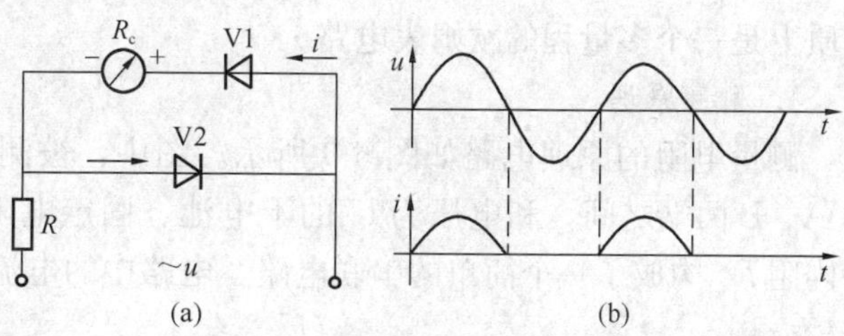

图 6-7　半波整流电路和波形图

（a）半波整流电路；（b）波形图

$$I = 2.22 I_{av} \tag{6-1}$$

既然仪表的偏转角 α 与电流的平均值成正比，根据式（6-1）的关系可知，偏转角也就和交流电流的有效值成正比，因此，整流系仪表的标尺可以直接按照正弦交流量的有效值来刻度。

整流系仪表的标尺是按正弦电流的有效值来刻度的，所以当被测电流不是正弦变化时，势必由于表头电流的平均值与交流电流的有效值之间的关系不同，而产生波形误差，这也是整流系仪表的一个重要缺点。

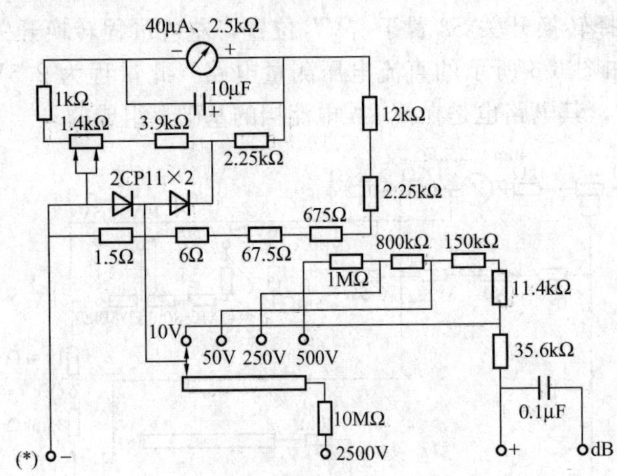

图 6-8 500 型万用表交流电压测量电路原理图

2. 测量电路举例

将 500 型万用表右边的电量种类选择转换开关 S2 置于“$\underset{\simeq}{\mathrm{V}}$”位置，左边量程的转换开关 S1 置于交流电压的任意挡位，就组成交流电压测量电路，如图 6-8 所示（此量程为 10V 挡）。此时与表头并联的分流电阻仍与直流电压挡相同，只是另外又串联了一只 2.25kΩ 的隔离电阻，并且用一只 3.9kΩ 的电阻分流。与表头并联的 10μF 电容起滤波作用，使万用表在测量频率低于 10Hz 的交流量时，指针不会抖动。

测量 2500V 交、直流电压时，要用专用的 10MΩ 分压电阻，两表笔分别与“2500V”和“＊”两插孔相接，量程转换开关可置于 10～500V 中任意一挡。

此外，由于受整流元件非线性的影响，被测电压小于 10V 时，测量误差较大，因此，交流 10V 挡要用专用的一根标尺，不能与其他标尺混用。

测量音频电平是直接利用交流电压的测量电路，被测电压由“dB”和“＊”端接入，串接 0.1μF 电容是为了隔断直流量。

（四）电阻测量电路

用来测量电阻的仪表，称为欧姆表。万用表的电阻测量线路实质上是一个多量程的欧姆表电路。

1. 测量原理

测量电阻的原理电路如图 6-9 所示。图中，被测电阻 R_x 接于 A、B 两端之间，和电压为 U 的干电池、固定电阻 R 以及表头内阻 R_c 构成了一个简单的串联电路。电路中的电流 I 为

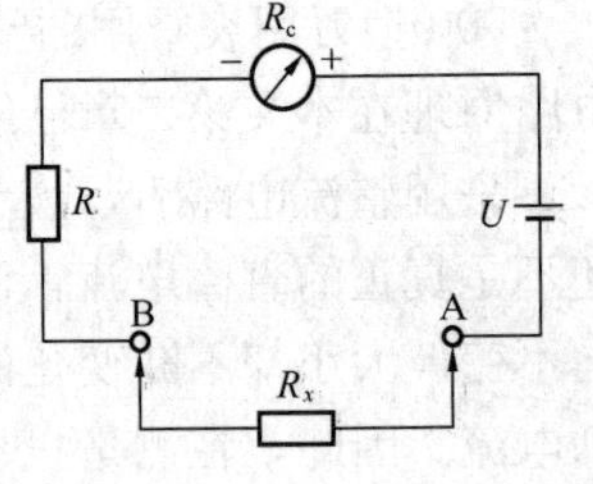

图 6-9 欧姆表的原理接线图

$$I=\frac{U}{R_c+R+R_x} \tag{6-2}$$

当电池电压 U、电阻 R_c 及 R 一定时，电路中的电流将随被测量电阻 R_x 的大小而发生改变，从而达到测量的目的。

由式（6-2）可见，当 $R_x=0$ 即 A、B 两端钮短接时，电流为

$$I=\frac{U}{R_c+R}$$

这时，表头中的电流 I 达到最大值，指针达到满刻度偏转。

当 $R_x=\infty$时，即 A、B 两端钮开路时，电流 $I=0$，因而偏转角 $\alpha=0$，指针停在机械零位。由此可见，欧姆标尺刻度是反向且不均匀的，偏转角 α 越大，对应的被测电阻越小；反

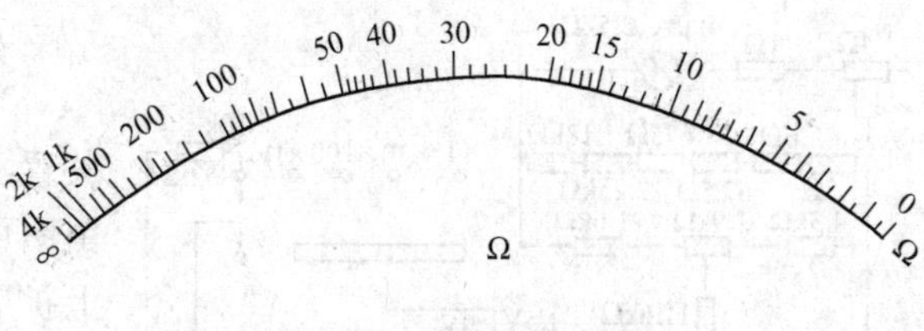

图 6-10　欧姆标尺刻度

之，则对应的电阻越大，如图 6-10 所示。

2. 零欧姆调节器

与欧姆表相同，万用表中也装有零欧姆调节器。其原理在第二章中已有，此处不再介绍。

3. 欧姆中心值的意义

当万用表欧姆标尺的指针位于满刻度的 1/2 处（即指在标尺的中心位置）时，所指示的欧姆值称为欧姆中心值。可以证明欧姆中心值等于该量程欧姆表的总内阻值。由于欧姆标尺的不均匀性，使用万用表时，应尽量让指针指在标尺的中心部分（一般为欧姆中心值的 0.1～10 倍的范围内），以保证读数的准确性。

4. 欧姆挡量程的扩大

万用表电阻测量线路都是做成多量程的，由于只有一个欧姆标尺刻度，为便于读数，一般都以标准挡 $R\times1$ 为基础按 10 倍数来扩大量程，如 $R\times10$、$R\times100$ 和 $R\times1\text{k}$ 等。在测量时，仪表指针在欧姆标尺上的读数乘以量程数，就是被测电阻 R_x 的阻值。如指针读数为 30Ω，量程选择在 $R\times100$ 挡，则被测电阻 $R_x=30\times100=3(\text{k}\Omega)$。

随着量程的扩大，仪表的内阻和被测电阻都会显著增加。这势必引起表头电流的减小，造成表头灵敏度降低。因此，在扩大量程的同时还必须设法增加表头电流，为解决这个问题，在万用表中常采用以下两种方法。

（1）改变分流电阻值。如图 6-11 所示，通过量程转换开关 S 的切换，改变表头的分流电阻值，使对应于低阻挡时，表头的分流电阻较小，而高阻挡的分流电阻较大。这样保证了在用高阻挡测电阻时，虽然电路的总电流小了，但通过表头的电流依然较大，从而保证了仪表的灵敏度。

（2）提高电池电压。如图 6-12 所示，图中 $E_2>E_1$，所以转换开关置于 2 的位置时，电阻的量程较大。

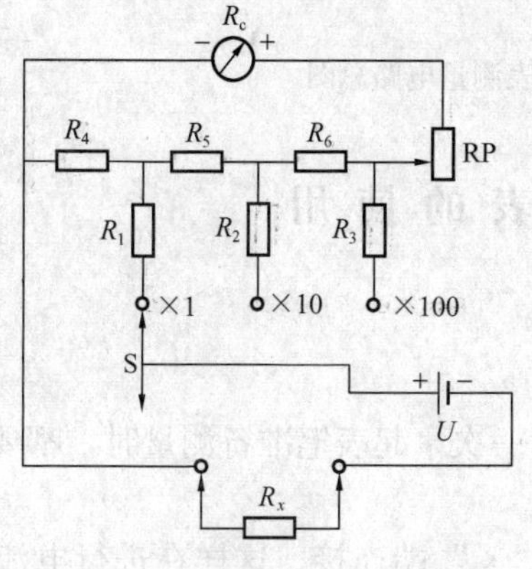

图 6-11　改变分流电阻值扩大电阻量程的电路

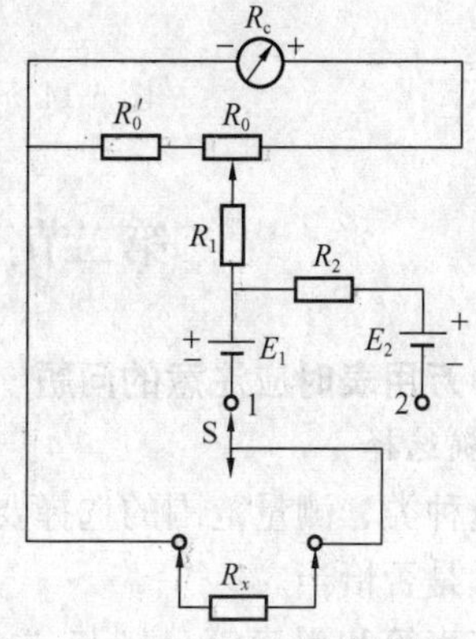

图 6-12　提高电池电压扩大电阻量程的电路

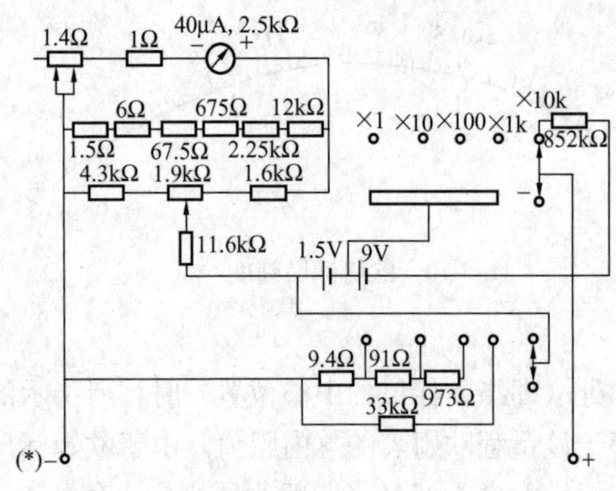

图 6-13　500 型万用表电阻测量电路

5. 测量电路举例

当用 500 型万用表测量电阻时，其转换开关置于欧姆挡时，电路组成如图 6-13 所示。由图可知，欧姆挡也是在直流 50μA 挡的基础上扩展而成的。电阻 4.3、1.6kΩ 和可调电阻 1.9kΩ 共同组成分压式欧姆调零电路，1.9kΩ 可调电阻为欧姆调零器。一般情况下，只要表内电源电压不低于 1.3V，当 $R_x=0$ 时，调节欧姆调零器总能使指针指在欧姆标尺的“0”位置上（$R\times10$k 除外）。

在 $R\times1$～$R\times1$k 各电阻挡，电池电压约为 1.5V，采用改变分流电阻的方法扩大量程，各挡的欧姆中心值分别为 10Ω、100Ω、1kΩ、10kΩ。在 $R\times10$k 挡，电池电压约为 1.5＋9＝10.5（V），同时去掉了分流电阻，再串联一只 85.2kΩ 的限流电阻，使其欧姆中心值达到 100kΩ。

图 6-14 所示为 500 型万用表测量电路总图。

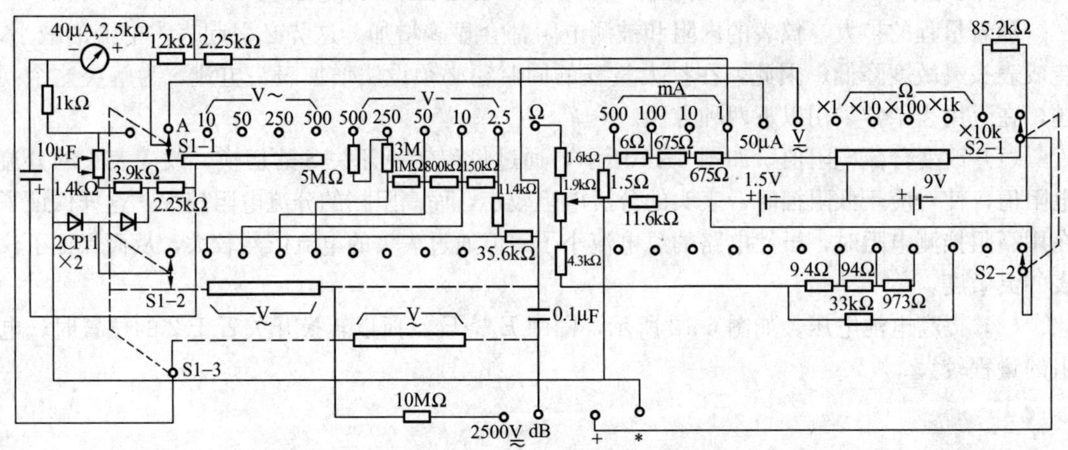

图 6-14　500 型万用表测量电路总图

第二节　万用表的使用

一、使用万用表时应注意的问题

（一）正确选择

（1）测量种类、测量范围的选择要慎重。每一次拿起表笔准备测量时，都要复查一下转换开关的位置是否恰当。

（2）将红表笔和黑表笔分别与“＋”端和“＊”端连接。这样在进行电流和电压测量时，通过色标可使红表笔始终与被测对象正极或高电位接触，避免指针出现反偏。

（二）正确读数

（1）表盘刻度尺分格对应的量值要分清，标尺与量程开关的示值要对应。

500 型万用表的标尺刻度盘由上而下依此排列有 Ω、≌、10V、dB 4 条标度线。“≌”为交直流公共标度线，其分格间距是均匀的。标度线下 0～50 和 0～250 两组对应数字覆盖了交直流电压及直流电流全部量程。使用 50V 和 250V 这两挡时，可以从标度线上直接读数，选择其他挡时则要进行换算。如选择 2.5V 挡时，由于 $2.5=250\times\frac{1}{100}$，所以标度线上 50～250 这组数字相应变为 0.5～2.5，因此，只要将读数乘以$\frac{1}{100}$，就可以测量出数据了。

“Ω”挡标度分格是不均匀的，而且只有一组数字。选择 $R\times1$ 挡时，可以直接从标度线上读数；选择其他挡时，应乘以相应的倍率。

(2) 进行电流和电压测量时，应使万用表指针指示在满偏值的 2/3 以上。否则，应改变测量量程，使被测量的读数误差最小。

(3) 进行直流电阻测量时，应使万用表指针指示在 0.1～10 倍欧姆中心值（标尺的几何中心线）的刻度范围内，否则应改变测量量程。

(三) 正确测量

1. 测量电阻

(1) 每次测量前必须调零，更换量程后也要调零。

(2) 严禁带电测量被测电阻，如被测电路有电容器，应先将电容器充分放电后方能进行测量。

(3) 测量高阻值电阻时，不能用手接触导电部分，以免人体电阻的引入而带来测量误差。

(4) 测量晶体管和电解电容器等有极性元器件的等效电阻时，要注意万用表中的电流是从“*”端流出的，即“*”端（黑表笔）为万用表内附电池的正极，“+”端（红表笔）为内附电池的负极。同时，应将量程选择开关放在 $R\times100$、$R\times1\text{k}$ 挡。量程太小，则电流过大可能会烧毁晶体管；量程太大（如 $R\times10\text{k}$ 挡），则电压过高可能会击穿晶体管。

(5) 不允许用万用表 $R\times1$、$R\times10$ 挡测量微安表、检流计以及标准电池的内阻，以免烧毁可动线圈或打弯指针。

(6) 测量间歇中，应防止两表笔短接，以免浪费电池能量。

2. 测量电流和电压

(1) 测量电流时，应将万用表串入电路，红表笔接被测对象的正极，黑表笔接被测对象的负极。

(2) 测量电压时，应将万用表并入电路，红表笔接被测对象的高电位，黑表笔接被测对象的低电位。

(3) 在高压测试中需改变转换开关量程时，表笔应离开测试点，以免量程转换开关接触打火，烧毁量程转换开关。

(4) 若不知被测对象数值大小，应先将万用表放置在最大量程，然后视指针偏转情况逐步减小量程。

(5) 在测量 100V 以上的电压时，宜养成单手操作的习惯，先将黑表笔置零电位处，再用单手将红表笔去碰触被测端。

(6) 若被测对象的波形为非正弦波，测量结果会产生波形误差，需要进行校正，否则读数会产生很大偏差。

(7) 测量完毕后，应将万用表的量程转换开关放至交流电压最高挡或“*”挡。

(8) 长期不用的万用表，应将电池取出，以免电池存放过久而变质，漏出的电解液腐蚀电路板。

3. 电平的测量

万用表只适合测量音频电平。其电平测量刻度是利用交流 10V 挡，并按照 600Ω 负载设计的。这是因为我国通信线路普遍采用特性阻抗为 600Ω 的架空明线，通信终端设备及测量仪表的输入和输出阻抗也是按 600Ω 设计的。零电平表示在 600Ω 阻抗上产生 1mW 的电功率，它所对应的电压为 0.775V。电平的测量与测交流电压的原理相同。如果被测的负载 Z 不等于 600Ω，应进行如下修正

$$\text{实际值} = \text{万用表读数(dB)} + \frac{10\lg 600}{Z} \tag{6-3}$$

二、万用表使用实例

(一) 寻找交流电源的相线

在检修 220V 交流电源以及安装照明线路时，经常需要寻找出电源的相线和零线（零线接地，也叫地线）。如果身边无验电器的话，利用一块万用表也可以迅速、准确、安全地找到相线。具体操作方法如下：

将万用表拨到交流 250V 或 500V 挡，第一支表笔接电源的一端，第二支表笔接大地。如果接地良好（如直接连到水管、暖气片和机床等上面，或者接到比较潮湿的地面上），那么当万用表读数为 220V 左右时，第一支表笔接的就是电源的相线；如果仪表指针不动，说明第一支表笔接的是零线。即使接地表笔对地的接触电阻较大，用另一支表笔接触相线时，指针也会有明显地偏转，据此也能确定相线。

(二) 判断电解电容器的极性和电容器的好坏

将万用表转换开关置于欧姆挡 $R\times1\text{k}$ 或 $R\times10\text{k}$ 位置，进行欧姆调零后，用两表笔分别接触电容器的两端（测量电解电容器时，黑表笔应接电容器的“+”极，红表笔应接电容器的“−”极）。

(1) 判断电解电容器的极性。首先测一次电容器的电阻值，然后将电容器短路，释放掉所充电荷，将两表笔对调后再测一次电阻值。根据电解电容器的正向漏电电阻比反向漏电电阻大这一特点可知，测量阻值大时，黑表笔所接为电解电容器的正极，红表笔所接为电容器的负极，如图 6-15 所示。

(2) 判断电容器的好坏。用欧姆挡测量电容器的电阻时，如果电容器容量在 1μF 以上，则万用表的指针会先很快按顺时针方向（$R=0$ 的方向）摆动一下，然后按逆时针方向逐步退回 $R=\infty$ 处。如果指针回不到“∞”位置，则指针所指阻值就是电容器的漏电阻。一般电容的漏电阻很大，从几十兆欧到几百兆欧，即使是电解电容器也有几兆欧。如果测量结果比上述数值小得多，则说明该电容器漏电严重，不能使用。

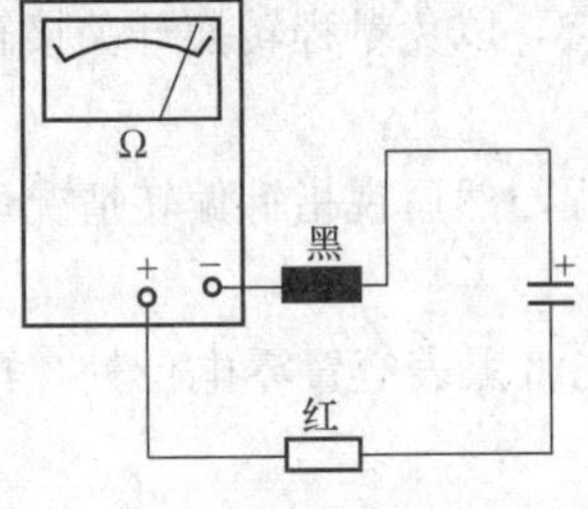

图 6-15 用万用表判断电解电容器的极性

在上述测量过程中，万用表的指针摆动幅度越大，说明电容量越大，有时指针甚至会摆过零位。如果接通时指针根本不动，说明该电容器内部开路；如果指针摆到零位后不再返回，则说明该电容器已被击穿。

对于电容量较小（如小于 0.01μF）的电容器，一般不能用万用表判断其好坏，而对于电容量较大（如大于 10μF）的电容器，应将电容器先放电然后再测量，以防止过大的放电电流损坏表头指针。

（三）判断二极管的正负极

二极管具有单向导电的特性，其反向电阻远大于正向电阻。利用万用表 $R\times1k$ 挡，可判断其正负极。测量时用两支表笔分别接二极管两极，依次测出其正向电阻和反向电阻。如图 6-16 所示，VD 表示被测二极管。

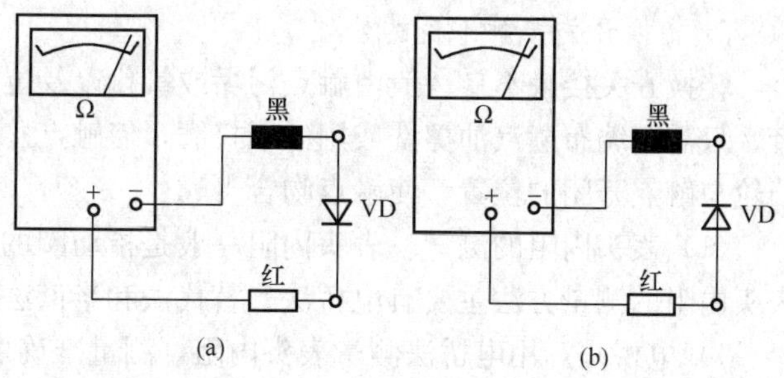

图 6-16 判断二极管的正负极性

（a）测正向电阻；（b）测反向电阻

若测出的电阻值为几百欧到几千欧（对于锗二极管为 100Ω～1kΩ），说明是正向电阻，这时黑表笔接的是二极管正极，红表笔接的是二极管负极。若测出的电阻值在几十千欧到几百千欧以上即为反向电阻，此时，红表笔接的是二极管正极，黑表笔接的是二极管负极。

第三节 万用表的常见故障及处理

万用表使用比较频繁，且使用场所经常变化，常常会由于测量或操作上的失误发生一些故障。这些故障主要表现为指针不回零、可动部分机械平衡差、卡针、无指示值和超差等。万用表的故障主要可以归纳为电气故障和机构故障两大类，其中常见故障及其处理检修方法将在本节予以介绍。

一、直流电流测量电路故障的检查与处理

对万用表故障的检查，一般应先从直流测量电路着手，因为它是构成其他测量电路的基础。以图 6-17 为例，介绍直流电流测量电路常见故障的分析及处理。

（一）各挡均无指示

各挡均无指示可能产生的原因和发生故障的部位有表头动圈断线，线绕变阻器 RP1、电位器 RP2 和线绕电阻 R_5、R_6 断线，与表头串联的各转换开关及其连线断线或接触不良等。修理的方法如下：

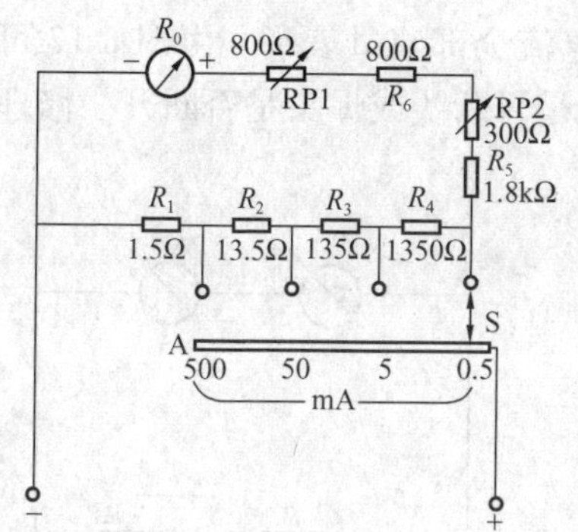

图 6-17 万用表直流电流测量电路

1. 表头动圈断线的处理

表头动圈比较脆弱，发生断线而损坏的机会较多，在一般情况下不易修复，如有备件，直接进行更换即可。换用以后经过对动圈的上下间隙和机构平衡的调整，最后需对表头参数进行测量，以便按电路要求准确地调整表头回路的阻值。需要测量的表头参数主要是表头内阻 R_c 和表头灵敏度 K。

2. 线绕变阻器断线的处理

烧断、霉断的线绕变阻器，属不可修复的范围，应更换同类型及同规格的线绕变阻器。

对于机械损伤或折断的线绕变阻器，如果所用阻值不大，小于总电阻的1/2时，可以采用换位法进行调整，即将损坏的一端换位，将连线焊在好的一端；如果两端都已损坏，则换用相同规格的变阻器。

3. 转换开关接触不良的处理

转换开关接触不良一般由触点污垢或氧化以及位置偏移，使触点吻合不够引起。对于前者，只需用绸布蘸汽油擦洗或用砂纸打磨，使触点接触良好即可；对于后者，应细心地调整凸轮与触点开闭的位置，使触点吻合可靠。

(1) 表头内阻的测量。表头内阻一般是指动圈的直流电阻和游丝及连接线的直流电阻，表头内阻的测量方法主要有电桥法、替代法和半值法三种。下面简单介绍电桥法和替代法。

1) 电桥法。用电桥法测量表头内阻，测量准确度高，但需要在电桥的电源回路中进行限流，通常是将一个30kΩ的电位器RP串接在电桥的电源回路中，以免电源的电流过大损坏表头。测量前，RP的阻值应放置最大位置，然后合上电桥电源进行测量，逐渐减小RP的阻值，使万用表的指示不超过满刻度。然后根据电桥平衡条件，求出万用表表头内阻。

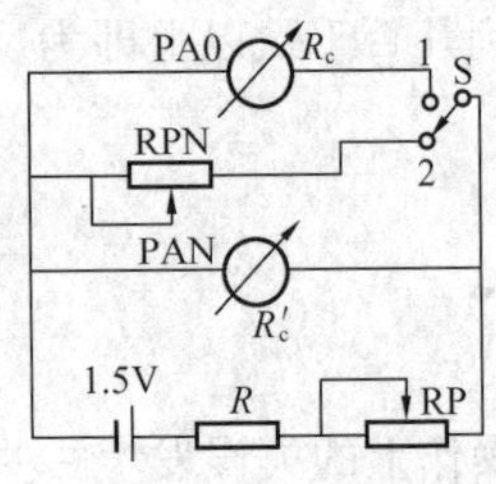

图6-18　替代法测量表头内阻接线

2) 替代法。替代法测量万用表表头内阻时，按图6-18所示的方法接线。测量时，先将开关S置“1”处，调节RP使标准电流表PAN示值在标度尺2/3以上的某点，并记录读数；切断电源将开关S切换于“2”处，再接通电源，调节原先处在较小阻值上的标准电阻箱的电阻RPN，使标准电流表PAN准确地指示在第一次记取的数值上。此时RPN替代了被测表内阻R_c，即可以从标准电阻箱RPN的数值上直接得到被测表头的内阻。

(2) 表头灵敏度的测量。表头灵敏度常用被检修万用表的表头满刻度电流值的大小来确定。这个电流值越小，表明表头灵敏度越高。

测量万用表表头灵敏度最简单的方法是标准表法。图6-19是用标准表法测量表头灵敏度的接线。图中，与被测表满刻度电流差不多的标准电流表和被测表串联接入测量电路，调节RP使被测表头G_x的指针指示到满刻度，此时标准电流表PAN的读数就是被测表头的灵敏度。万用表灵敏度的调整一般采用充磁或调整分磁片的方法。

(二) 各挡示值偏转50%以上的情况

产生这种故障的原因可能是分流回路不起作用，致使电流全部流过表头。由图6-17可知，分流回路由R_1、R_2、R_3、R_4构成，故可查这4个电阻是否断线或焊头是否断开。修理的方法是更换断线的绕线电阻，焊接断头焊点。

(三) 各量程误差不一致，有大有小

产生此类故障的可能原因：

(1) 某挡分流电阻阻值变化或焊点接触不良；

(2) 转换开关接触不良。

处理的方法：

(1) 重新调整分流电阻或检查焊点并重新进行焊接；

(2) 检查转换开关触点位置，或用擦洗的方法清除触点污垢，使之接触良好。

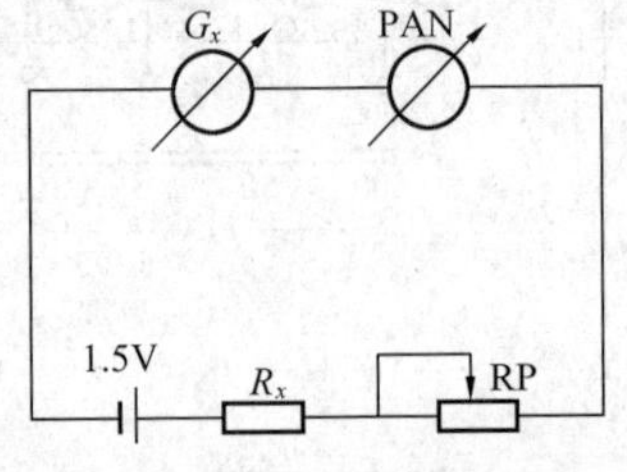

图6-19　标准表法测量万用表头灵敏度接线图

（四）各挡误差均偏正

故障可能原因：

（1）表头灵敏度下降；

（2）与表头串联的电阻 RP1、R_6、RP2、R_5 阻值变大；

（3）转换开关接触不良。

处理方法：

（1）充磁，提高表头灵敏度至标称值；

（2）调整 R_5 和 R_6 阻值；

（3）检查转换开关触点位置，并调整好，或用擦洗的方法清洗触点污垢。

二、直流电压测量电路故障的检查与处理

在确定直流电流测量电路全部正常后，方可对直流电压测量电路是否存在故障进行检查。下面给出直流电压测量电路常见故障及处理方法。

（一）某量程误差偏大

故障原因为该量程附加电阻的阻值发生了变化。

处理方法是重新调整或更换该量程的附加电阻。

（二）某量程无指示，其余量程工作正常

产生故障的可能原因：

（1）该挡转换开关与连线接触不良或脱焊；

（2）该挡附加电阻烧坏或脱焊。

处理方法：

（1）处理开关，重新焊接连线；

（2）更换该挡附加电阻或焊好断线处和脱焊点。

（三）仪表通电时无指示

产生故障的可能原因：

（1）转换开关电压回路部分公共触点接触不良或断线；

（2）公用附加电阻断路。

处理方法：

（1）处理触点，消除接触不良的现象，焊好断线；

（2）更换电阻。

三、交流电压测量电路故障的检查及处理

在一般情况下，万用表交直流电压回路大多公用一套附加电阻，所以一般在调整好直流电压测量电路的基础上，再修复交流电压测量电路的故障。交流电压测量电路的故障常发生在整流电路、附加电阻及交流调整电位器上。下面给出交流电压测量电路常见故障及处理方法。

（一）仪表误差较大，有时可达 50%

故障原因为全波整流器中有一只整流二极管被击穿。

处理方法是检查整流二极管，并按相同规格和参数更换被击穿的整流二极管。

（二）通电时仪表读数很小或指针只有轻微摆动

故障可能原因：

(1) 整流器二极管工作不正常;

(2) 转换开关接触不良。

处理方法:

(1) 检查整流器二极管，并更换被击穿整流二极管;

(2) 调整转换开关位置并进行清洗。

(三) 低量程时误差较大，量程增大时误差减小

故障原因为该挡附加电阻阻值发生变化。

处理方法是重新调整该挡的附加电阻值。

(四) 各量程指示普遍偏低(误差偏负)

故障原因为整流器工作特性变坏，反向电阻减小。

处理方法:

(1) 更换整流器;

(2) 调整电位器阻值。

(五) 某挡误差较大

故障原因为该挡附加电阻变值。

处理方法是更换该挡的附加电阻。

四、电阻测量电路故障的检查及处理

万用表的电阻测量电路，是由直流电流测量电路加上若干分流和限流电阻及干电池组成，所以其故障的检查与处理也应先确定直流电流测量电路确无故障存在。只有当直流电流测量电路部分工作正常后，才能检查并处理电阻测量电路的故障。下面给出万用表电阻测量电路常见故障、故障原因及处理方法。

(一) 当测试棒短接时，指针调不到零位

故障可能原因:

(1) 电池容量不足;

(2) 转换开关接触不良。

处理办法:

(1) 更换电池;

(2) 清洗调整转换开关。

(二) 转动零欧姆调整器时，指针跳跃不定

故障原因为零欧姆调整器使用日久严重磨损，致使接触不良。

处理办法是清洗滑动片，或予以更换。

(三) 当测试棒短接时，指针不动

故障原因:

(1) 转动开关的公共接触点断开;

(2) 干电池无电压输出或断线;

(3) 电池无电压输出或电源接线断线。

处理办法:

(1) 处理转换开关接触点并压紧簧片;

(2) 更换电池，焊好电源引线。

（四）个别量程误差偏大

故障原因：

（1）该量程分流电阻阻值变化或烧坏；

（2）该量程转换开关接触不良。

处理办法：

（1）更换该量程分流电阻；

（2）清洗并处理好转换开关触点，压紧接触点。

在实际的工作中，万用表故障产生的原因是多方面的，也有几种故障同时出现的可能，这时应该将相应的测量电路，结合实际的电路进行综合分析，参照上述分析和检查的方法逐点排除故障。

思考与练习

6-1 万用表一般由哪几部分组成？各部分的作用是什么？

6-2 为何用万用表的交流电压挡测量非正弦电量会出现波形误差？

6-3 欧姆表的标尺刻度有什么特点？

6-4 在测量电阻时为何每更换一个量程都必须进行欧姆调零？如何调整？

6-5 万用表的欧姆中心值有什么意义？

6-6 如何提高欧姆表的灵敏度？

6-7 使用万用表时如何正确选择量程？

6-8 如何使用万用表正确测量电阻？

6-9 如何使用万用表正确判断电容器极性和好坏？

6-10 如何使用万用表正确测量二极管的极性？

6-11 万用表各挡均无指示可能产生的原因和发生故障的部位有哪些？

6-12 请说明直流电压测量电路某量程无指示的故障原因及处理方法。

6-13 请指出当万用表测试棒短接时，指针不动的故障原因。

第七章 电阻的测量

第一节 电阻的测量概述

电阻是基本的电参数之一，通常在直流条件下对其进行测量，也可在交流条件下进行测量。实测中所需测量的电阻的数值范围很宽，约 10^{-5}～10^{8}Ω，甚至更宽。电阻按阻值大小分为三类：①低值电阻（1Ω 以下），通常是指短导体自身电阻（如匝数少的粗绕组或连接线）和导体间接触电阻；②中值电阻（1Ω～1MΩ），是指电阻器和长导体自身电阻（如匝数较多的细线圈或远程输电线路）；③高值电阻（1MΩ 以上），是指电气设备的绝缘电阻。电阻的测量方法很多，各有其特点，分别适用于不同阻值的测量范围，测量的准确度也不大相同。因此，需要根据被测对象的特点和具体要求，选择不同的测量方法。

虽然电阻的测量方法很多，但就其测量原理而言，可分为直接测量和间接测量两大类。

1. 直接测量

直接测量是一种利用专门测量电阻的电工仪表对电阻进行直接测量的方法。这种方法适用于测量中值以上的电阻。例如利用电阻表（其原理与万用表欧姆挡一样）可以测量几欧至几十兆欧的电阻，利用绝缘电阻表则可以测量 10^3MΩ 以下的绝缘电阻，而用绝缘电阻表则可以测量微欧（μΩ）级的电阻。利用电工仪表直接测量电阻时的准确度不高，但却方便实用，因此多用于工程测量。此外，直流电桥作为一种比较式测量电阻的仪器，可以直接将被测电阻与标准电阻进行比较，从而得出被测电阻的大小，采用这种方法可以获得很高的准确度。

2. 间接测量

这是一种通过测量与电阻有关的电量，根据这些电量与电阻的关系计算出被测电阻，从而达到测量目的的方法。显然，这种方法的准确度取决于所使用仪表的准确度、被测电量与被测电阻的关系及计算过程等因素。例如，伏安法测电阻，就是按一定的方法连接电源、电压表、电流表和被测电阻，先读出电压表和电流表的示值，通过计算再得到被测电阻的值。

为能准确实用地测量电阻值，不同电阻采用的测量方法和使用的测量仪表是不同的，从而各种测量方法的特点也就不同。表 7-1 中对电阻各种测量方法进行了比较。

表 7-1　　电阻各种测量方法的比较

被测电阻阻值范围	测量方法	优　点	缺　点	为确保足够准确应采取的措施
低值电阻 （10^{-5}～1Ω）	双臂电桥	测量准确度高，灵敏度高	操作麻烦	注意电流端钮和电位端钮应正确连线，以排除接线电阻和接触电阻的影响
中值电阻 （1Ω～1MΩ）	万用表欧姆挡	直接读数，使用方便	测量误差较大	（1）零欧姆调整； （2）选择量程使读数接近欧姆中心值
	伏安法	能测工作状态的电阻（尤其是非线性电阻）	测量结果需要计算，且准确度不高	注意排除方法误差，选择准确度、灵敏度和量程合适的仪表
	单臂电桥	准确度高	操作不太方便	
高值电阻 （大于 1MΩ）	绝缘电阻表	直接读数，使用方便	测量误差大	排除表面泄漏电流的影响

第二节　伏　安　法

一、伏安法的测量原理

伏安法测电阻是在直流下进行的，属于间接测量。也就是说，先读出电压表和电流表的示值，再通过计算得到被测电阻的值，因此其测量准确度不是很高。但这种测量电阻的方法很有实际意义，因为它是在通电的工作状态下进行的，非常适用于非线性电阻和处于工作状态下的电机、变压器以及互感器等绕组电阻的测量。

伏安法测电阻的范围是中值电阻，一般为导体的电阻值和电阻器的阻值。导体电阻通常是指导线和线圈绕组在直流状态下的电阻值，一般在 100Ω 以下。

伏安法是电压表—电流表法的简称，其测量的工作原理是利用电压表测得 U_x 和电流表测得 I_x，得到被测电阻 $R_x=\dfrac{U_x}{I_x}$。

二、伏安法测量中电压表两种接线方式的选择

伏安法测电阻有电压表前接和电压表后接两种方式，应根据被测电阻值的不同进行合理选择，从而减小测量误差，提高测量准确度。

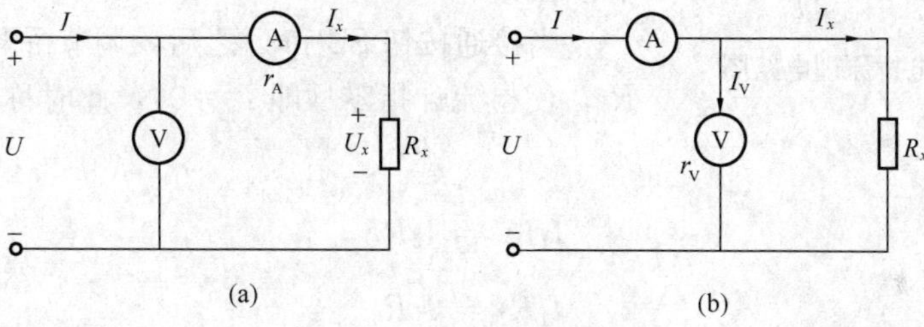

图 7-1　伏安法测电阻

(a) 电压表前接；(b) 电压表后接

图 7-1（a）为电压表前接的电路，在此电路中，电流表的读数 I 等于 I_x，但电压表的读数 U 为 U_x 和电流表内阻压降 $I_x r_A$ 之和，即 $U=U_x-I_x r_A$。以两表读数来计算电阻时为

$$R=\frac{U}{I}=\frac{U_x+I_x r_A}{I_x}=R_x+r_A$$

所得电阻 R 中多包含了电流表的内阻 r_A 。

图 7-1（b）为电压表后接电路，电压表的读数 U 等于 U_x ，但电流表的读数 I 中多包含了电压表中的电流 I_V，即 $I=I_x+I_V$。用两表读数来计算电阻时，为

$$R=\frac{U}{I}=\frac{U_x}{I_x+I_V}=\frac{1}{\dfrac{I_x}{U_x}+\dfrac{I_V}{U_V}}=\frac{1}{\dfrac{1}{R_x}+\dfrac{1}{r_V}}=\frac{R_x r_V}{R_x+r_V}$$

所得电阻为被测电阻 R_x 和电压表内阻 r_V 并联的等效电阻。

可见，电压表前接的方式适用于 $R_x \gg r_A$ 的情形，电压表后接的方式适用于 $R_x \ll r_V$ 的情形。

伏安法测电阻虽属于间接测量法，但只要所选电压表和电流表的准确度等级足够高，方法得当，测量结果仍然较为准确。伏安法的一个突出特点是适用于测量大电感线圈（如大容量变压器绕阻）的直流电阻，测量时稳定较快，便于读数。

第三节 直流单臂电桥

直流电桥是一种比较式测量电阻的仪器。根据工作原理的不同，直流电桥分为单臂电桥（又称惠斯登电桥）和双臂电桥（又称开尔文电桥）。

一、直流单臂电桥工作原理

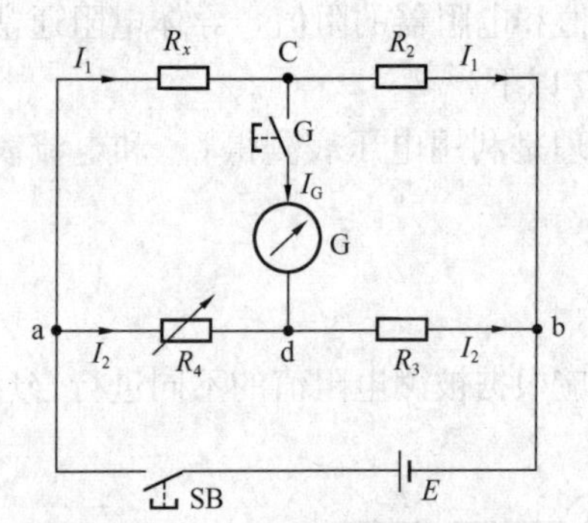

图 7-2　单臂电桥原理电路图

直流单臂电桥可用于精确测量中值电阻。直流单臂电桥的原理电路如图 7-2 所示。图中，连成四边形的四条支路 ac、cb、bd 和 da，称为电桥的四个臂，其中 ac 接有被测电阻 R_x，其余三个臂为标准电阻或可变的标准电阻。在四边形的两个顶点 a、b 之间连接直流电源 E 和按钮 SB，在另两个顶点 cd 之间连接指零仪表（检流计）和按钮 G。

当接通按钮 SB 和 G 之后，调节桥臂电阻 R_2、R_3 和 R_4，使检流计指零（即 $I_G=0$），此时称为电桥平衡。平衡时，有

$$I_1R_x = I_2R_4$$

$$I_1R_2 = I_2R_3$$

可得

$$\frac{R_x}{R_2} = \frac{R_4}{R_3} \tag{7-1}$$

或

$$R_xR_3 = R_2R_4 \tag{7-2}$$

式（7-1）和式（7-2）是电桥平衡的条件。电桥平衡与所加电压无关，而仅决定于四个电阻的相互关系，即相邻桥臂电阻必须成比例或相对桥臂电阻的乘积必须相等。由电桥平衡条件可得

$$R_x = \frac{R_2}{R_3}R_4 \tag{7-3}$$

在制造直流单臂电桥时，应使 $\frac{R_2}{R_3}$ 的值为可调十进倍数的比率，如 0.01、0.1、1、10、100 等，这样，R_x 就是已知电阻 R_4 的十进倍数，以便于读取被测电阻值。电阻 R_2 和 R_3 称为电桥的比例臂，电阻 R_4 称为电桥的比较臂。

直流单臂电桥具有很高的准确度，因为标准电阻 R_2、R_3 和 R_4 的准确度可达 10^{-3} 以上，且检流计的灵敏度很高，可以保证电桥处于精确的平衡状态。比较臂 R_4 的位数就是被测电

阻 R_x 有效数字的位数，这与电桥的准确度相适应。一般地说若准确度为 10^{-n}，则 R_4 读数应为 $n+1$ 位。

电桥的平衡条件虽不受电源电压的影响，但为了保证电桥足够灵敏，电源电压不能过低或不稳，应用电池或直流稳压电源供电。

二、QJ23 型直流单臂电桥

1. 结构

各种直流单臂电桥的原理电路都相同。图 7-3 是准确度等级为 0.2 级的国产 QJ23 型直流单臂电桥的面板图。QJ23 型直流单臂电桥比例臂 $\frac{R_2}{R_3}$ 由 8 个电阻组成，分成 10^{-3}、10^{-2}、10^{-1}、1、10、10^2、10^3 共 7 个挡，由转换开关换接。比例臂 $\frac{R_2}{R_3}$ 的值（称为倍率）示于面板左上方的读数盘 1 上。比较臂 R_4 由 4 个可调电阻箱串联组成，这 4 个电阻箱分别由 9 个 1Ω、9 个 10Ω、9 个 100Ω 和 9 个 1000Ω 电阻组成，可得到在 0～9999Ω 范围内变动的电阻值。比较臂 R_4 的值由面板上 4 个形状相同的读数盘 2 所示的电阻值相加而得。

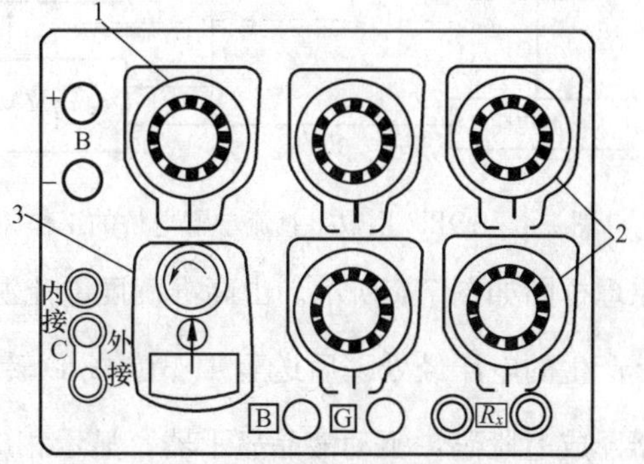

图 7-3　QJ23 型直流单臂电桥面板图

1、2—读数盘；3—检流计

面板的右下方有一对接线柱，标有“R_x”，用以连接被测电阻，作为一个桥臂。

示于面板左下方的 3 为电桥内附检流计，检流计支路上装有按钮，也可外接检流计。在面板检流计左侧有三个接线柱，使用内接检流计时，用接线柱上的金属片将下面两个接线柱短接。检流计上装有锁扣，能将可动部分锁住，以免搬动时损坏悬丝。需要外接检流计时，用金属片将上面两个接线柱短接（即将内附检流计短接），并将外接检流计接在下面两个接线柱上。

电桥内接电源，需装入 1 号电池三节，需要时（如测量大电阻时），也可外接电源。面板左上方有一对接线柱，标有“＋”“－”符号，供外接电源用。

面板中下方有两个按钮，其中“G”为检流计支路的开关G，“B”为电源支路的开关SB。

2. 使用步骤

（1）先打开检流计锁扣，再调节调零器使指针位于零点。

（2）被测电阻 R_x 接到标有“R_x”的两个接线柱之间，根据被测电阻 R_x 的近似值（可先用万用表来测量），选择合适的比率臂倍率，以比较臂的四个电阻全部用上为准，以提高读数的准确度。如 R_x 约等于 5Ω，则可选择倍率为 0.001，若此时电桥平衡时比较臂读数为 5123Ω，则被测电阻

$$R_x = 倍率 \times 比较臂的读数 = 0.001 \times 5123 = 5.123\ (\Omega)$$

可读得四位有效数字。如选择倍率为 1，则比较臂的前三个电阻都无法用上，只能测得 $R_x = 1 \times 5 = 5\ (\Omega)$，只有一位有效数值。

（3）测量时，应先按电源按钮“B”，再按检流计按钮“G”。若检流计指针向“＋”偏

转，表示应加大比较臂电阻；若指针向“－”偏转，则应减小比较臂电阻。反复调节比较臂电阻，使指针趋于零位，电桥即达到平衡。调节开始时，电桥离平衡状态较远，流过检流计的电流可能很大，使指针剧烈偏转，故先不要将“G”按钮按下，只能调节一次比较臂电阻，然后按一下“G”，至指针偏转较小时，才可锁住“G”按钮。

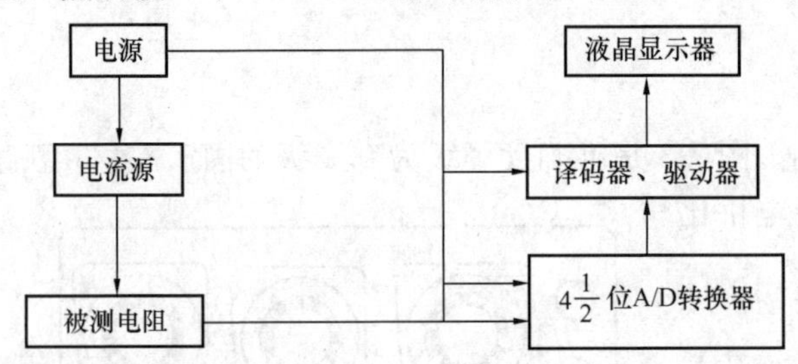

图 7-4 SQJ23 型数字直流单臂电桥的工作原理框图

(4) 测量结束，应先松开“G”按钮，再松开“B”按钮。否则，在测量具有较大电感的电阻时，会因断开电源而产生自感电动势导致检流计损坏。电桥不用时，应将检流计用锁扣锁住，以免搬动时震坏悬丝。

三、SQJ23 型数字直流单臂电桥

SQJ23 型数字直流单臂电桥的工作原理框图如图 7-4 所示。由高准确度电流源产生一个稳定的电流流经被测电阻，在被测电阻上产生的电压经处理后送至 $4\frac{1}{2}$位 A/D 转换器转换成相应的数字量，该数字量再经过译码器译成七段码，驱动液晶显示器，显示相应的电阻值。

图 7-5 所示为 SQJ23 型数字直流单臂电桥的面板图。

具体操作步骤：

(1) 按下电源按钮，接通电源，预热 5min。接通电源后，液晶显示器相应量程的小数点和数码管应点亮，同时显示“－1”或显示某一随机数字。这是正常状态。

(2) 测量时接好测量线，先将测量夹短接，将量程选择开关旋至选定量程，此时按下测量按钮，调节调零旋钮，使显示为“0000”。为保证测量值准确，一般每换一次量程都应重复此过程。

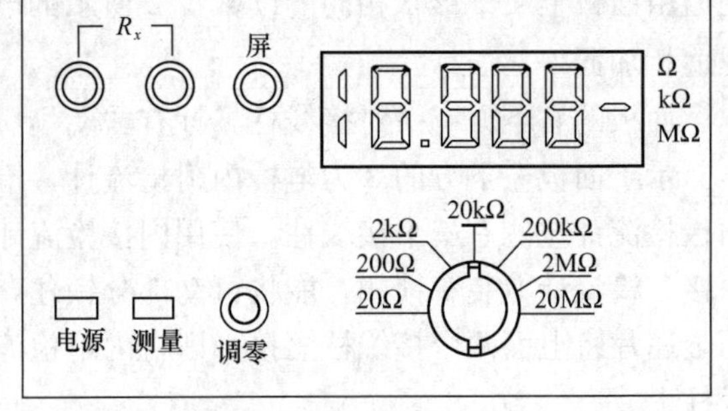

图 7-5 SQJ23 型数字直流单臂电桥的面板图

(3) 接好被测电阻后，按下测量按钮，即可显示测量结果。待示值稳定后，按测量按钮使之弹起释放，这时测量结果将保持不变，直到再次按下测量按钮。

(4) 测量 200kΩ 以下电阻时，可不接屏蔽端钮。在测量 200kΩ 以上电阻或现场干扰较大时，应连接屏蔽端钮。可将被测电阻连同测量夹放入一金属盒中，测量夹及电阻导线勿触碰到金属盒，屏蔽端夹子夹在金属盒上，另一头接在仪器面板的屏蔽端钮上。此时应能显示一个稳定读数。测高阻所需时间较长，应待示值稳定后再释放测量按钮，使读数保持稳定。

使用注意事项：

(1) 使用时如果不连续测量，每次测量完毕（特别是在 20Ω 挡时），应及时释放电源开关，以节省电能，延长电池使用寿命。

(2) 屏蔽端子在内部已与仪器外壳及测量电路的地线接通，使用时测量端钮不得再与外壳连接。

第四节 直流双臂电桥

直流双臂电桥是从单臂电桥演变成的一种专门测量小电阻的比较式仪器。由式（7-1）可以看出，当被测电阻 R_x 很小时，R_2 或 R_4 中也必须有一个是小电阻，例如，将 R_4 做成小电阻，此时必须避免接头处的接触电阻和连接导线的电阻所造成的误差。消除此误差的方法是采用双对接头，即一对电流接头和一对电位接头。图 7-6 是双臂电桥的测量接线图。R_x 是被测的小电阻，两对接头：P1 和 P2 是电位接头，它们之间的电阻数值为待测量的电阻 R_x；C1 和 C2 是它的电流接头。

图 7-7 是国产 QJ103 型直流双臂电桥的面板图。图中，1 为比（倍）率旋钮，分成 0.01、0.1、1、10、100 五个挡；2 为标准电阻读数盘，由一个标准的滑动电阻器构成，可在 0.01～0.11 之间变动；3 为检流计；面板中下方有两个按钮，其中“G”为检流计的开关，“B”为电源的开关；面板右上角的“B”是一对接线柱，标有“＋”“－”符号，供接外电源；面板左边是被测电阻“R_x”的电流接线端 C1、C2 和电位接线端 P1、P2。

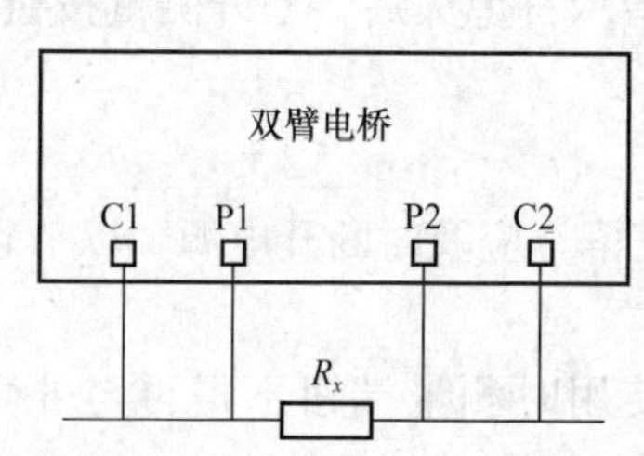

图 7-6 双臂电桥测量的测量接线图

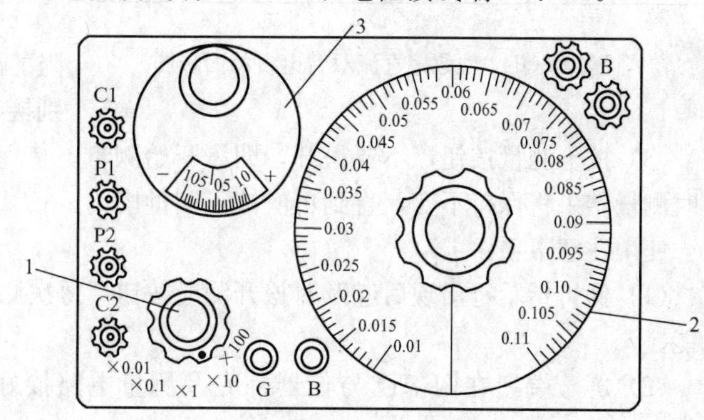

图 7-7 QJ103 型直流双臂电桥的面板图

测量时，调节比（倍）率旋钮和标准电阻，使检流计指零，电桥平衡，则

$$被测电阻\ R_x=比(倍)率读数\times标准电阻读数$$

国产 QJ103 型直流双臂电桥能测量的电阻值范围为 0.0001～11Ω，且测量误差仅有 ±0.2%，可谓相当准确。

直流双臂电桥与直流单臂电桥的使用步骤基本相同。但是，由于双桥比单桥工作电流大，测量时动作应该尽量迅速。另外，被测电阻 R_x 的电流接线端 C1、C2 和电位接线端 P1、P2 务必按图 7-6 所示要求连接，否则会造成难以避免的测量误差。

SQJ44 型数字直流双臂电桥的工作原理与 SQJ23 型数字直流单臂电桥的工作原理相似，其测量范围及分辨力见表 7-2。该电桥的特点是精确度高，功耗低，操作简便。

表 7-2 **SQJ44 型数字直流双电桥的测量范围及分辨力**

量程（mΩ）	有效测量范围（mΩ）	分辨力（μΩ）	基本误差
2	0.1～1.9999	1	±(0.5%读数＋0.05%满度)
20	2～19.999	1	±(0.2%读数＋0.05%满度)

续表

量程(mΩ)	有效测量范围(mΩ)	分辨力	基 本 误 差
200	20～199.99	10μΩ	±(0.1%读数+0.02%满度)
2Ω	0.2～1.5999	0.1mΩ	±(0.1%读数+0.02%满度)
20Ω	2～19.999	1mΩ	±(0.1%读数+0.02%满度)

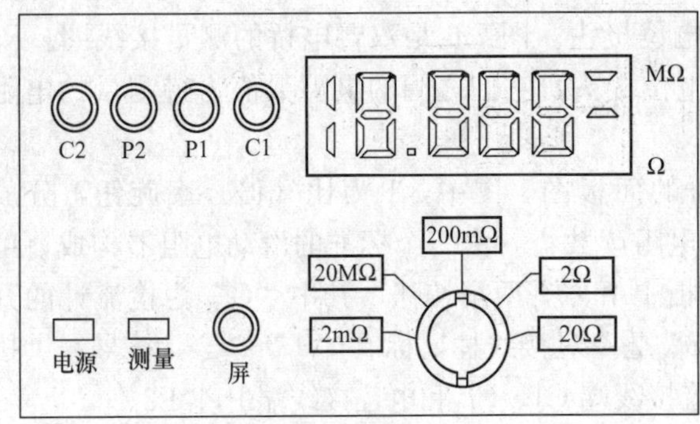

图 7-8 SQJ44 型数字直流双臂电桥的面板图

图 7-8 所示为 SQJ44 型数字直流双臂电桥的面板图，其具体操作步骤如下：

(1) 按下电源按钮，接通电源，预热 5min。接通电源后，液晶显示器相应量程的小数点和数码管应点亮，同时首位显示“1”或显示某一随机数字，这是正常状态。

(2) 将两个测量夹分别夹住被测电阻的两端，测量线的另一端按四线制分别接 C1、P1、P2、C2。

(3) 按下测量按钮，不要松开，即可开始测量。待保持指示符熄灭后，松开测量按钮，这时测量结果将保持不变，直到再次按下测量按钮。

使用注意事项：

(1) 保持指示符出现后应及时松开测量按钮。每次测量完毕，应及时断开电源，以节省电能。

(2) 屏蔽端钮在内部已与仪器外壳及测量电路接好，使用时测量端钮不得再与外壳连接。

第五节 交 流 电 桥

交流电桥是一种以交流电作电源，测量电阻元件、电容元件和电感元件参数的比较式仪器。按照测量功能可分为电容电桥、电感电桥和万用电桥（阻抗电桥）三大类。在电容电桥中又有高压电容电桥、低损耗因数电桥和高损耗因数电桥。电感电桥又分为高 Q（品质因数）值电桥和低 Q 值电桥。各种单功能的电容电桥和电感电桥统称为专用电桥。万用电桥是一种测量参数范围广，能测量电阻元件、电容元件和电感元件各参数的多功能和多量程的交流电桥。

交流电桥的基本原理电路如图 7-9 所示。交流电桥由 4 个复阻抗桥臂 Z_1、Z_2、Z_3、Z_4 和交流电源 $\dot{U}_S$、平衡指示器 G 组成。与直流电桥的平衡原理相同，当交流电桥平衡时，4 个桥臂的复阻抗关系为

$$\frac{Z_1}{Z_3}=\frac{Z_2}{Z_4}$$

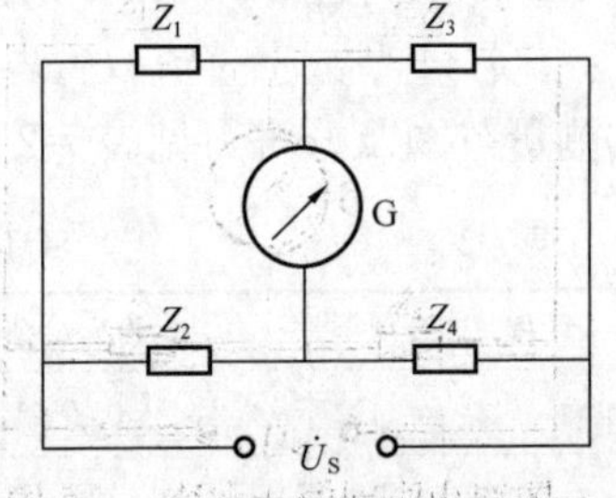

图 7-9 交流电桥原理电路图

也可写成

$$Z_1Z_4 = Z_2Z_3$$

基于上述原理，在交流电桥的 4 个桥臂上配备不同性质的元件，可以达到测量不同元件参数的目的。

一、交流电桥的结构简介

交流电桥的种类较多，具体结构形式多种多样，现仅就其基本结构及特点进行介绍。

1. 主体桥臂

在成品电桥的技术文件中，都说明了构成交流电桥的 4 个桥臂，有的还给出具体的电路图。使用者可根据电桥的工作原理，了解面板上各接线端钮、各转换开关及刻度盘的功能。在多数电桥的面板上都装有被测元件的接线端钮，“测量选择”转换开关，“测量范围”（“倍率”）转换开关和多位读数臂转换开关。大多数交流电桥的标准器件都装在仪器内部，有些电桥如需外接标准电容或标准电感（如 QS1 型交流电桥需外接标准电容），则在面板上必然有相应的端钮，特别是一些万用电桥，与主体桥臂相关的接线端钮和转换开关比较多。

图 7-10 给出了国产 WQ-5A 型万用电桥的面板图。从图中可以看出，此电桥共有 9 个与主体桥臂相关的转换开关。该电桥是多功能和多量程的万用电桥，其主体桥臂可以构成惠斯登电桥（测量 R）、串联电容电桥（测量电容量 C 和损耗因数 D）、马克斯维电桥［测量电感量 L 和品质因数 $Q(Q<10)$］和海氏电桥［测量 L、$Q(Q>10)$］等。由电桥的“倍率选择”转换开关可以看出，当测量电容和电感时各有 5 挡量程，测量电阻时有 6 挡量程。

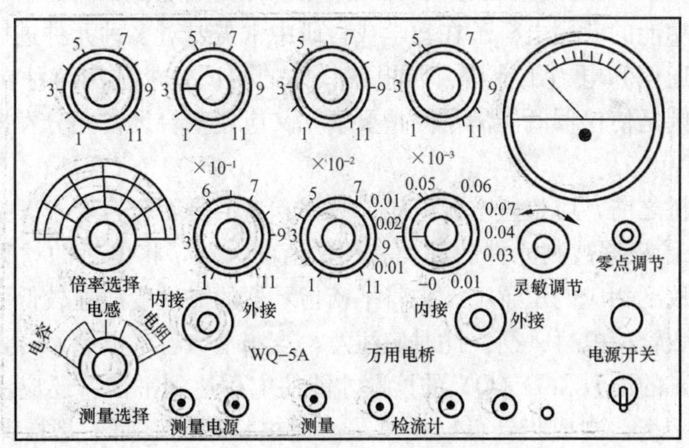

图 7-10 WQ-5A 型万用电桥的面板图

2. 电源

交流电桥的电源有两个涵义：一个是仪器整体所需的外接电源，通常通过电源插头接到 220V 的电源上，在面板上有相应的电源开关和指示灯；另一个是接到主体桥臂上的工作电源，也称测量电源。测量电源是将外接电源经过仪器内部的变压器和振荡器，产生主体桥路工作时所需的、一定频率的正弦交流电源。多数万用电桥工作电源的频率为 1000Hz，工作电压为 8～10V，也有的交流电桥直接用工频电源经过变压后接到主体桥路上。例如，QS1 型交流电桥是一种高压电容电桥，测量高压电容时的电源是 5～10kV 的工频电源。这种高压电桥都配备有一定的防护设备以保证测量安全。有的电桥需外接工作电源，在面板上有相应的外接端钮。例如 QS14 型万用电桥，测量电容和电感时需外接频率为 1000Hz、功率大于 0.5W、输出阻抗为 50～5000Ω 和电压为 8～10V 的音频振荡器；测量电阻时需外接 6～10V 的直流电源。从图 7-10 中还可看出，使用 WQ-5A 型万用电桥测量时，电源可以内接也可外接，在面板上装有相应的接线端钮和转换开关。

3. 平衡指示器

交流电桥的平衡指示器种类较多，可适用于不同的频率范围。较为常见的是工作电源频率在音频或音频以上时，用电子伏特计作为平衡指示器。它将不平衡信号利用电子放大器放大后，接到面板上的磁电系表头上，可以从指针的位置判断电桥是否平衡。这种平衡指示器多配有相应的灵敏度旋钮和零点调节电位器，以保证初始的零位调节和测量过程中逐步调节电桥的平衡。WQ-5A 型万用电桥中就有此装置，在低频情况下（40～200Hz）电桥中使用的是谐振式检流计。在音频情况下也可使用耳机作为平衡指示器，如 QS14 型万用电桥就是用交流阻抗为 300Ω 的耳机，靠测量者的听觉判断电桥是否平衡。

除上述基本结构外，有些成品电桥根据设计需要还有其他附加装置和特殊要求。例如，QS3 型高压电容电桥除主体桥臂、电源和平衡指示器外，还有外附电压互感器。又如，QS16 型电容电桥是一种变压器电桥，仪器内部装有两个采用高导磁率的坡莫合金制成铁心的环形变压器。

二、交流电桥的使用和维护

1. 电桥的选择

在选用电桥时，要根据实际测量要求合理选用各种交流电桥。当需反复多次测量同一元件时，一般选用单功能的专用电桥。在教学或科研中常需要对多种元件进行测试，一般配备一台万用电桥。在通信和电力工业中，常根据具体的测试要求选用特种功能交流电桥。总之，选择电桥的原则是使仪器既能满足测量要求，又应使整台设备充分发挥作用。

2. 电桥的使用

在开始使用电桥之前，应检查电源电压、频率和波形是否符合要求。接通电源后，应使仪器预热 5～15min。根据被测元件的种类和预估值的大小，将电桥的“测量选择”和“测量范围”转换开关放到相应的位置上。先将平衡指示器的灵敏度放在较低的位置上，接上被测元件后，调节读数臂使电桥平衡。此时应注意，当测量电容（电感）时，有的电桥必须反复调节电容（电感）的读数和 D（Q）的读数才能使电桥达到平衡。还应注意，有些电桥为使测试者容易观察平衡，制成指针偏转角度最大时电桥平衡，而不是指针在零位时电桥平衡。粗调平衡后，逐步提高平衡指示器的灵敏度，直到当灵敏度处于最高情况下，调整读数臂使电桥平衡后再读记测量结果。值得注意的是，在每次改变电桥接线或更换被测元件之前，都必须断开电桥的电源。

使用交流电桥，特别是在较高的频率情况下使用时，必须及时发现是否有干扰存在，如有，应及时消除，否则会产生测量误差。交流电桥内部，由于元件的耦合所产生的干扰，生产厂家在设计制造时已有所防范。在使用电桥时主要应防止被测元件及仪器外部所产生的干扰。检查有无干扰的方法是，当电桥调到接近平衡处时，用手接近或离开被测元件和平衡指示器等处，看看平衡指示器的指示是否有变化；也可用改变被测元件的位置、方向或将被测元件的接头对调的方式，看平衡指示器的指示是否有变化，有变化则说明有干扰。

消除干扰影响的方法，较常用的是零位平衡法。此方法是用一个已知小电阻（电容或电感），接到被测端钮上使电桥平衡，此时电桥的读数与已知小电阻（电容或电感）的实际数

第八章　直流电位差计

用电压表测量电源的电动势时，由于电压表的内阻不可能为无限大，所以电路中总有一定的电流存在，因此，电压表显示的读数，实际上并不是电源的电动势，而是电源的端电压。为了比较准确地测得电源的电动势，通常使用直流电位差计来进行测量。

直流电位差计是用比较法进行测量的电工测量仪器，它的原理是：利用标准电池和标准电阻这两种基本的标准度量器，使未知的电动势与仪器内部已知电阻的电压降进行比较，也就是说，用已知的电动势和未知的电动势相互补偿，从而准确地测量未知电动势的大小。

直流电位差计可以用来测量电动势、电压、电流、电阻和电功率等，由于它在测量时几乎不损耗被测对象的能量，所以测量的结果稳定可靠，具有很高的精度，其准确度可以达到0.001%，甚至0.0001%。直流电位差计广泛地应用于计量部门对准确度为0.1、0.2、0.5级的直读仪表进行校核；另外，在对非电量的测量方面应用也很广泛。

第一节　直流电位差计的工作原理

直流电位差计的原理电路如图8-1所示。从图8-1中可以看出，直流电位差计由以下三部分组成：

（1）校准回路Ⅰ。由标准电池E_n、固定电阻R_n、检流计G和双刀双掷开关S等部件组成，也可以叫做校准工作电流电路。

（2）测量回路Ⅱ。由被测电动势E_x、可调标准电阻R_0、检流计G和双刀双掷开关S等部件组成。

（3）工作电流回路Ⅲ。由工作电源E、可调电阻R、固定电阻R_n和可调标准电阻R_0等部件组成。在补偿时，通过R_n和R_0的电流I，称为直流电位差计的工作电流，可以由可调电阻R进行调节。

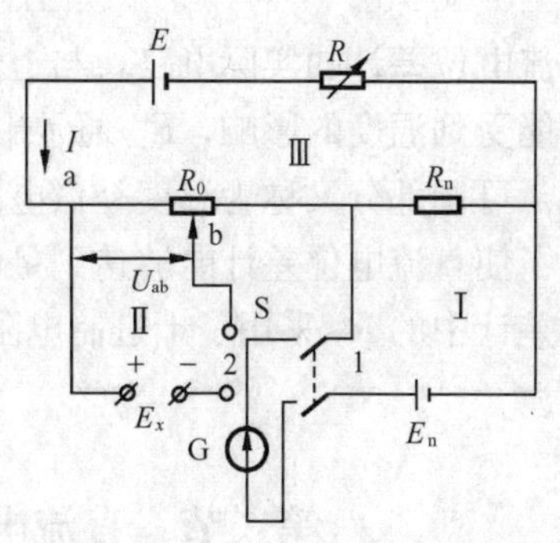

图8-1　直流电位差计原理电路

E—工作电源；R_n—固定电阻；R—可调电阻；R_0—可调标准电阻；E_n—标准电池；E_x—被测电动势；G—检流计

测量未知电动势时，先把双刀双掷开关S投向位置“1”，形成校准回路Ⅰ。调节工作电流电路中的可调电阻R，直至检流计G指零，这说明标准电池的电动势E_n与工作电流I在固定电阻R_n上的电压降相互补偿，即

$$E_n = IR_n$$

因为E_n和R_n都是已知的，所以，工作电流为

$$I = \frac{E_n}{R_n} \tag{8-1}$$

校准好工作电流后，把双刀双掷开关S投向位置“2”，这时检流计G接入测量回路Ⅱ。调节可调标准电阻R_0，直至检流计G指零，由于改变R_0的滑动触头并不会改变工作电流回

路中的工作电流 I，所以，这时回路中被测电动势 E_x 与工作电流 I 在可调标准电阻 R_0 上的电压降 U_{ab} 相互补偿，即

$$E_x = U_{ab}$$

由式（8-1）可得

$$E_x = IR_{ab} = \frac{E_n}{R_n}R_{ab} \tag{8-2}$$

式中：R_{ab} 为可调标准电阻 R_a 在左端 ab 部分的电阻值。

由于 E_n、R_n 和 R_{ab} 都是准确已知的，所以 E_x 就可以准确测得。

由于标准电池的电动势 E_n 是稳定的，如果再选用一定大小的固定电阻 R_n，那么校准的工作电流就是定值。这时，被测电动势 E_x 与 R_{ab} 有一一对应关系，实际的直流电位差计就是把可调标准电阻 R_0 按电压分度，直接从分度盘上读出被测电动势的大小。

从上述原理可以看出，直流电位差计具有以下两个特点：

（1）直流电位差计的平衡利用了电动势相互补偿的原理，平衡时，仪器的测量回路并不从被测电动势 E_x 中取用电流，所以，被测电源 E_x 的内阻、导线电阻和接触电阻等，对测量的结果不产生影响。校准回路也一样，也不从标准电池 E_n 中取用电流，保持了标准电池的电动势 E_n 的稳定。

（2）被测电动势 E_x 由式（8-2）决定。公式中的 E_n 是标准电池的电动势，由于标准电池的性能比较稳定，它的电动势值具有较高的准确度保证。同时，公式中的可调标准电阻 R_0 和固定电阻 R_n，均可采用准确度和稳定度较高的电阻。所以，直流电位差计的准确度可以高达±0.001％。

直流电位差计的实际电路，与上述的原理电路有一定区别。例如，考虑到标准电池的电动势可能受到温度的影响，R_n 通常由两部分电阻构成：一部分为固定电阻；另一部分为可调电阻，可调部分又称为温度补偿电阻，用来补偿标准电池的电动势 E_n 因温度而发生的变化。为了使直流电位差计能够达到足够的读数精度，并能够有一定的测量范围，多数实际直流电位差计中的 R_0 采用了十进制电阻盘，以便能够得到足够的读数位数，但也有用滑线电阻盘的。

第二节　直流电位差计的分类及主要技术特性

一、直流电位差计的分类

直流电位差计的分类方法很多，现列举以下几种。

1. 按使用条件及准确度等级分

（1）实验室型。实验室型一般在实验室条件下做精密测量用。实验室型的准确度等级有0.0001、0.0002、0.0005、0.001、0.002、0.005、0.01、0.02、0.05 级。

（2）携带型。携带型一般在生产现场，做一般测量用，通常内附指零仪、标准电池和工作电源等。携带型的准确度等级有 0.02、0.05、0.1、0.2 级。

2. 按测量范围分

（1）高电动势型。其测量盘上的步进电压≥0.1V。

（2）低电动势型。其测量盘上的步进电压≤0.01V。

3. 按量程形式分

(1) 单量程型。

(2) 多量程型。多量程型的直流电位差计，允许在各量程中的准确度等级有所不同。

4. 按测量电路的结构形式分

(1) 简单分压电路式直流电位差计。例如 UJ22、UJ23、UJ27 型等。

(2) 串联代换电路式直流电位差计。例如 UJ9、UJ24 型等。

(3) 并联分路式直流电位差计。例如 UJ1、UJ14 型等。

5. 按测量电路的阻值大小分

(1) 高阻直流电位差计，指输出电阻为 1000Ω/V 以上的（也就是工作电路中的电流为 1mA 以下的）直流电位差计，例如 UJ9 等。这种电位差计适用于测量内阻比较大的电源电动势，以及比较大的电阻上的电压降等。它不需要大容量的工作电源供电，工作电流小，电路电阻大，在测量过程中工作电流的变化很小，需用高灵敏度的检流计。

(2) 低阻直流电位差计，指输出电阻为 1000Ω/V 以下的（也就是工作电路中的电流为 1mA 以上的）直流电位差计，例如 UJ1 等。这种电位差计适用于测量内阻比较小的电源电动势（例如热电偶电势），以及比较小的电阻上的电压降等。其工作电流大，所以需要大容量的工作电源供电，才能保持工作电流的稳定。

二、直流电位差计的主要技术特性

直流电位差计的主要技术特性，在国家标准和检定规程中，有详细说明。表 8-1 摘要介绍几种国产直流电位差计的主要技术特性。

表 8-1　直流电位差计的主要技术特性

型　号	名　称	测量范围	工作电压（V）	工作电流（mA）	准确度等级
UJ1	低阻电位差计	100μV～1.1605V 10μV～0.1160V 1μV～0.0116V	1.9～3.5	32	0.05
UJ9/1	高阻电位差计	10μV～1.21110V	1.3～2.2	0.1	0.02
UJ23	携带型低阻电位差计	10μV～24.05mV 50μV～120.25mV			0.1
UJ26	低阻电位差计	0.1μV～22.1110mV 0.5μV～110.555mV	5.8～6.4	10	0.02

在保证准确度的环境条件下，直流电位差计允许的基本误差 Δ，不超过按下式算出的数值。

$$|\Delta| \leqslant K\% U_a + b\Delta U \tag{8-3}$$

式中：K 为准确度等级；U_a 为直流电位差计的读数；ΔU 为最低位测量盘的步进值；b 为附加误差系数，根据不同情况取 0.2～1，而对于携带型，其 $b=1$。

直流电位差计工作电源的稳定性就是工作电流的稳定性，直接影响着电位差计的准确度，因此，要选用性能好的电池或稳压电源。电池的容量要超过 1000 倍的放电电流，电压的相对变化量应该小于 $\frac{1}{5}\times K\%$，其中，K 为准确度等级。

第三节 直流电位差计的应用

由于直流电位差计的准确度高，且具有不从被测量对象中取用电流等独特的优点，因而得到了极为广泛的应用。它能直接测量电压，与其他电路配合，还能以较高的准确度测量电流、电阻和电功率等。另外，如果加上某些变换电路，还可以测量各种非电量。

一、测量电压或检定直流电压表

直流电位差计的测量范围一般不超过2V，如果被测电压小于电位差计测量的上限，可以直接接入直流电位差计去测量。如果被测电压大于电位差计测量的上限，就需要应用分压箱，将被测电压降低到适应于直流电位差计测量的范围。分压箱是由几个串联连接的准确度很高的电阻组成的，如图8-2所示。

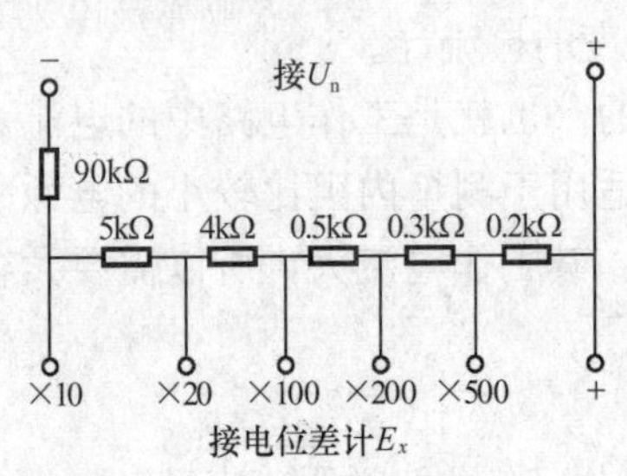

图8-2 FJ10型分压箱

例如，若被测量电压为100V，直流电位差计本身的测量上限为1.5V，这时就需要使用分压箱，才能进行测量。将被测量电压接至分压箱如图8-2所示的“+”和“−”输入端钮。同时，将分压箱的输出“+”端钮及“×100”端钮接到直流电位差计的测量端钮，然后再进行测量。这时，电位差计的读数乘上100，就是被测电压的实际值。

显然，用分压箱配合直流电位差计来测量电压时，被测量的对象将输出电流通过分压箱的全部电阻。这与直接用直流电位差计测量时的情况不同，其测量结果的准确度和分压箱的准确度有关，我们可以利用直流电位差计和分压箱配合来校准直流电压表。

二、测量电流或检定直流电流表

在用直流电位差计测量电流时，需要在被测电流的电路里，串联接入一个标准电阻R_n，如图8-3所示。

这时，先用直流电位差计测量出R_n上的电压降U_n，然后即可以算出电流为

$$I=\frac{U_n}{R_n}$$

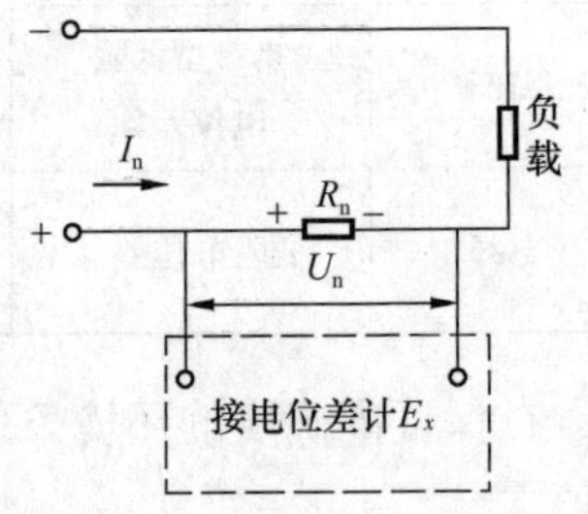

图8-3 用电位差计测量电流

标准电阻的选择应考虑以下两点：

(1) 标准电阻的额定电流应该大于被测电流；

(2) 标准电阻上的电压降不能超过电位差计的测量上限。

我们可以利用直流电位差计来校准直流电流表。

三、测量功率或检定功率表

前面已经讲到，利用直流电位差计可以测量电压和电流，显然，根据$P=UI$的关系，也可以测量直流功率。用直流电位差计测量功率的过程分为两步，先用电位差计测出负载的电压，再通过测量串联于负载的一个标准电阻上的电压降，从而算出负载的电流，电压和电流的乘积就是功率。在用直流电位差计测量功率的过程中，电压和电流都要保持不变。

用直流电位差计测量功率的方法，又称为直流补偿法，常用来校准功率表，其原理电路

图如图8-4所示。

四、测量电阻

用直流电位差计测量电阻的电路，如图8-5所示。

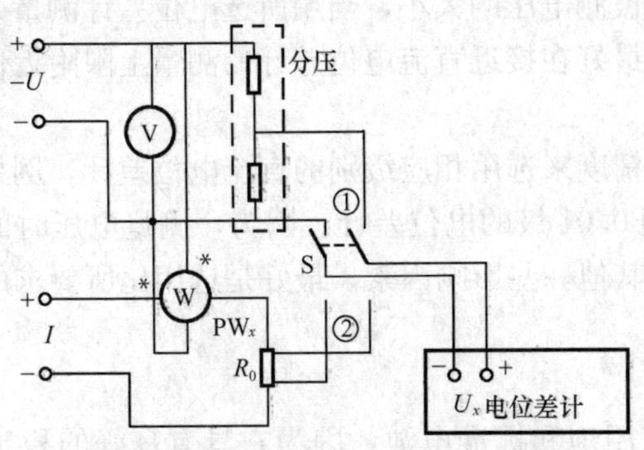

图 8-4　检定直流功率表的原理电路图

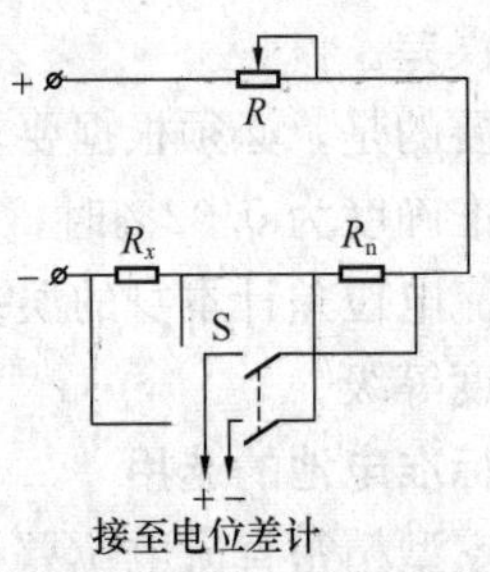

图 8-5　测量电阻的电路

R_n—标准电阻；R_x—被测电阻；

R—调节电阻；S—转换开关

测量电阻时，把被测电阻 R_x 和一个标准电阻 R_n 串联，通过同一个稳定的电流，用直流电位差计测量两个电阻上的电压 U_x 和 U_n。从而被测量的电阻 R_x 就可以根据直流电位差计的读数计算出来。因为

$$U_x = IR_x$$
$$U_n = IR_n$$

当测量中电流 I 保持不变时，有

$$\frac{U_x}{R_x} = \frac{U_n}{R_n}$$

所以

$$R_x = \frac{U_x}{U_n} R_n$$

测量时，应该尽可能选择标准电阻的值和被测电阻值近似相等，以便使测量能够方便地进行，得到最准确的结果。

直流电位差计还可以用来测量能够转换成电动势的非电量，如温度等，这里就不一一叙述了。

第四节　直流电位差计的使用

为了保证测量设备的安全，并使测量结果尽可能地准确，在使用直流电位差计进行测量时，必须注意以下几个方面。

一、直流电位差计的选用

采用什么样的直流电位差计，必须根据被测量的特点来选择。如果被测量是一个内阻较低的电源电动势（如热电偶的热电动势）、内阻较小的电压表（如电动系电压表）或低值电

阻（小于100Ω）上的电压降，则应该选择低阻电位差计，以获得较高的线路灵敏度。如果被测量是一个内阻较大的电源电动势（如标准电池的电动势）或在较高电阻上的电压降时，则应该选择高阻电位差计。

另外，选择直流电位差计还要考虑被测电压的大小，当用所选电位差计测量某一被测电压时，至少要能够用上第一位十进盘，最好在接近直流电位差计的测量上限附近使用，以便减小测量误差。

最重要的是，必须根据要求的测量精度来选用相应级别的直流电位差计。例如，要求测量电压的准确度为0.02%时，最好选用0.01级的电位差计。因为，测量电压时的误差，不仅包括直流电位差计本身的误差，还有其他一些影响因素，最好是选用比所要求的准确度略高的准确度等级。

二、标准电池的选用

实验室型精密直流电位差计一般使用饱和标准电池，因为它具有良好的稳定性，例如0.01级的直流电位差计可以配用0.005级的标准电池，0.02级及以下的直流电位差计可以配用0.01级的标准电池。而携带型直流电位差计常用非饱和标准电池，因为它具有较小的温度系数。

三、工作电源的选用

对工作电源的要求是容量充足、供电稳定，以保证直流电位差计在工作过程中，其工作电流恒定不变。如果工作电源的容量太小，在用直流电位差计进行测量的过程中，工作电流会发生变化，从而影响测量的结果。

当直流电位差计的工作电流小于10mA时，可以用干电池供电，大于10mA的，则可以用容量大的电源供电，例如，蓄电池或直流稳压电源等，刚充过电的蓄电池需要稳定4～6h以后才能使用。例如，实验室型直流电位差计配用的YJ42型精密稳压电源，工作稳定可靠，有2、4V和6V三挡电压输出，最大输出电流为100mA，稳定度优于1×10^{-6}。一般来说，电源的总容量应该超过1000倍放电电流值。

四、检流计的选用

(1) 灵敏度。灵敏度表示检流计对被测量微小变化的反应能力。给直流电位差计配用检流计时，主要看能否满足电位差计对分辨率的要求。如果灵敏度太低，则不能准确地判断电位差计测量回路的平衡状态，此时，直流电位差计的真实精度得不到实际的应用；如果灵敏度太高，又很不容易将检流计调平衡。因此，灵敏度的选择要适当。

(2) 阻尼状态。根据检流计的三种工作状态，使用时尽量让其工作在稍微欠阻尼状态，这样可以获得最快的读数时间，并防止过阻尼的误判断。为此，根据检流计给出的外临界电阻值r，使其外电路的等效电阻为r的1.1倍。

五、注意线路连接

在连接直流电位差计的线路时，必须细心，要注意到接至电位差计的标准电池、工作电源和被测电动势（或电压）的电压数值应该在规定值内；同时，还要特别注意到它们的正负极性的连接，极性必须与直流电位差计上所标的符号相符，切不可以错接。否则，在测量时不仅无法调到平衡，而且会使通过标准电池和检流计的电流过大而损坏仪器。

六、正确进行测量

(1) 在测量前要设法判断一下被测量电动势的大概数值，并确定其极性。只有在这之后，才允许用直流电位差计来测量。

（2）在操作时，首先要校准工作电流。用手指轻轻地按下串有大电阻的粗调按钮，如果发现差得很多时，应当设法判断，需要增大还是减小工作电流的调节电阻。如果需要变动很大的阻值时，必须在断开按钮的前提下来改变，否则，将有持续给标准电池充电或放电的可能，从而导致标准电池的逐渐损坏，严重影响测量结果的准确性。

（3）用直流电位差计进行测量时，尤其是测量电流和电阻时，应该尽量选择适当的标准电阻，以能用到直流电位差计的第一位十进盘为宜。这时，测量结果的有效数字多，准确度高。

七、常用国产直流电位差计

常用国产直流电位差计如表 8-2 所示。

表 8-2 常用国产直流电位差计

产品名称	型号	技术特性			
		测量范围	准确度（±%）	最大分度值（μA）	工作电流（mA）
高电动势直流电位差计	UJ9/1	10μV～1.61110V	0.02	10	0.1
	UJ25	1μV～1.911110V	0.01	1	0.1
低电动势直流电位差计	UJ26	0.5μV～110.555mV×5 0.1μV～22.1110mV×1	0.02	0.5 0.1	10
	UJ31	10μV～170mV×10 1μV～17mV×1	0.05	10 1	10
携带型低电动势直流电位差计	UJ33a	0～1.0555V 0～211.1mV 0～21.11mV	0.05	50 10 1	3
	UJ36	0～121mV 0～24.2mV	0.1	50 10	5 1

思考与练习

8-1 试述直流电位差计的工作原理。

8-2 直流电位差计是由哪几部分组成的？

8-3 怎样对直流电位差计进行分类？

8-4 怎样利用直流电位差计校准电压表、电流表和功率表等？

8-5 使用直流电位差计时要注意些什么？

8-6 如果标准电池、工作电源或被测电压的正负极性的连接，与直流电位差计上所标注的不一致，试分析会产生什么后果？

8-7 直流电位差计的测量上限一般是多少伏？更大的电压将怎样测量？

第九章 测 量 用 互 感 器

第一节 测量用互感器的作用与结构

在测量高压线路的电压和电流时，为了安全起见，要求测量仪表与高压线路之间有电气隔离。同样，在对交流大电流进行测量时，为了安全，要求不是实测而是采样。测量用互感器就是用来实现这一要求的。

测量用互感器，也称仪用互感器，它是一种按一定比例和准确度变换电压或电流，以便于测量的扩大量程装置。按功能分类，测量用互感器有电压互感器和电流互感器之分，用作变换电压的称为电压互感器，用作变换电流的称为电流互感器。

一、测量用互感器的作用

由于生产实践的需要，在交流电路中进行测量时，有时会遇到比所用仪表量程高得多的电压和大得多的电流，例如几千伏以至更高的电压，几百安以至更大的电流。这时如果采用分流器和附加电阻的办法解决，就会遇到许多困难，例如会使附件尺寸变得庞大，消耗的功率也比较大，并且如果将仪表直接接到高压电路中，对工作人员的人身安全及测量仪表的绝缘都是很危险的。而增加仪表的绝缘强度，则会使仪表结构复杂，成本也要大大提高。

为了解决上述矛盾，人们采用了测量用互感器，用来扩大交流仪表的量程。测量用互感器的作用通常有以下几个方面：

（1）使测量仪表与高压装置之间有很好的电气隔离，保证了工作人员和设备的安全。

（2）使测量仪表的制造标准化、小型化。采用互感器后，在工程测量中，仪表的量程可以设计为 5A 或 100V，而不需要按被测电流或电压的大小来设计，并且仪表的连接线也可以采用小截面的导线。

（3）当电力系统发生短路故障时，使仪表免受大电流的冲击而损坏。

（4）二次回路不受一次回路的限制，可采用星形、三角形等多种接法，因而使接线灵活方便。

由于上述原因，测量用互感器在工程测量中得到了广泛使用。

二、测量用互感器的结构原理

测量用互感器实质上是一种特殊结构和特殊运行方式的变压器，它的一次绕组与高压线路相连，二次绕组接测量仪表，因变压器一、二次间无电的连接，这就实现了高压线路与测量仪表间的电气隔离。

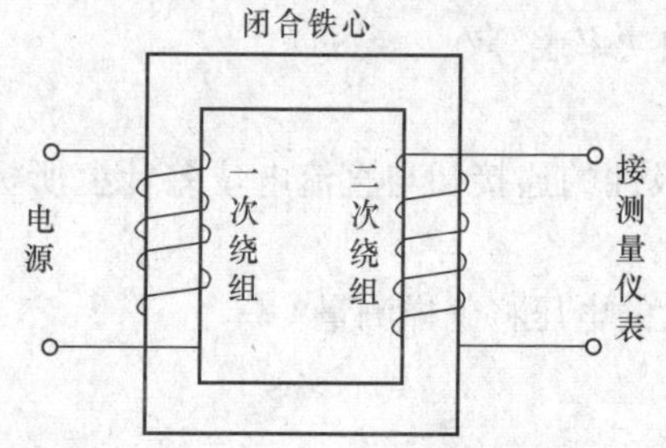

图 9-1 测量用互感器结构示意图

测量用互感器实际上就是一个铁心变压器。其典型结构如图 9-1 所示。

测量用互感器的闭合铁心由硅钢片叠成（也有用冷轧硅钢带或高导磁合金带卷制而成的），以减少涡流损失。铁心上通常绕有两个绕组（或多个绕组，特殊情况可以是一个绕组)：一个绕组接到电源，称为互感器的一次绕组；另一个绕组接到测量仪表，称为互感器的二次绕组。

铁心按其结构形式可分为矩形铁心和环形铁心两种。一般互感器只有一个铁心。高压电流互感器为了保证其二次回路的运行可靠和测量的准确度，必须将不同用途的二次回路分开，因此，一般都具有两个或两个以上的铁心。

测量用互感器是利用电磁感应原理工作的，因此它的两个（或两个以上）互相绝缘的绕组必须套在共同的铁心上，它们之间有磁的耦合，但没有电的直接联系。当一次侧与高压线路交流电源连接时，在外施电压作用下，一次绕组中有交流电流通过，并在铁心中产生交变磁通，其频率和外施电压的频率一样。这个交变磁通同时交链一次、二次绕组，根据电磁感应定律，便在一次、二次绕组内感应出电动势。

对于测量用互感器，一次侧感应电动势的大小接近于一次侧外施电压，而二次侧感应电动势则接近于二次侧端电压。互感器一次、二次侧电压之比决定于一次、二次绕组匝数之比，利用一次、二次绕组匝数的不同，就可把任何一种数值的交流电压、电流变换成所需要的另一种数值的交流电压和电流。因此，只要确定了一次、二次绕组的匝数比，便可从二次侧测量一次电压和电流，实现了测量信号的传递。

第二节　电流互感器

电流互感器是一种将高压系统中的电流或低压系统中的大电流，变换成低电压标准小电流的电流变换装置，所以电流互感器从前也叫做变流器。后来，一般把从直流电变成交流电的仪器设备叫做变流器，于是就把变换交流电流大小的电器，根据它的工作原理，叫做电流互感器。

线路上为什么需要变电流呢？这是因为，根据发电和用电的不同情况，线路上的电流大小不一，而且相差悬殊，有的只有几安，有的却大到几万安。要直接测量这些大大小小的电流，就需要有量程从几安直到几万安的许多电流表和其他仪表。这样就给仪表制造带来很大困难。此外，有的线路是高压的，例如220kV高压输电线路，如果要直接用电流表测量高压线路上的电流，是极其危险的。电流互感器就是用来解决这些问题的设备。

电流互感器设备文字符号曾用“CT”“LH”（汉语拼音字母）表示，现国家标准规定为“TA”。

一、电流互感器的结构

电流互感器相当于一个电流变换器，主要由绕组、铁心及绝缘支持物构成。

图9-2为LFC-10型电流互感器外形图。

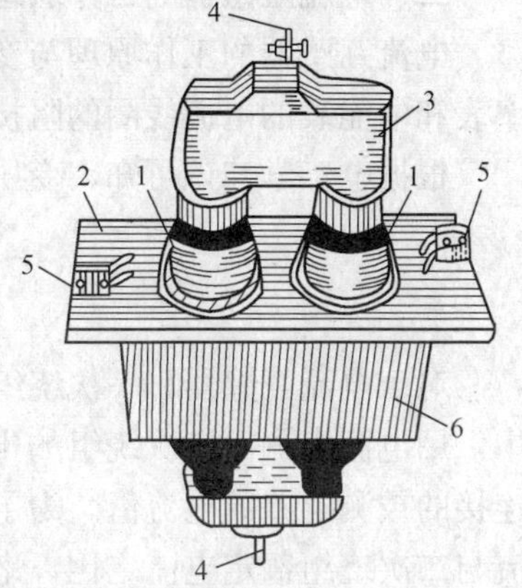

图9-2　LFC-10型电流互感器外形图

1—瓷套管；2—法兰盘；3—接线盒；4—一次绕组接线柱；5—二次绕组接线柱；6—封闭外壳

一次绕组：按匝数多少可分为单匝式和多匝式两种。为了区分一次绕组的首、尾端，通常用“L1”表示首端，应接电路中的电源侧；用“L2”表示尾端，应接电路中的负荷侧。习惯用法中，也有用“+”“-”表示首尾端的。

二次绕组：二次绕组的匝数远远多于一次绕组。按绕组的数量，可分为单绕组和双绕组两种，其中二次绕组为双绕组的电流互感器一般用于高压电力系统中。为了区分二次绕组的首尾端，通常用“K1”表示首端，用“K2”表示尾端。习惯用法中，有用“+”“−”表示首、尾端，也有只用“＊”首端。二次绕组的两端（即 K1、K2）接测量仪表或继电器的电流线圈。如二次绕组为双绕组的电流互感器，两套绕组的准确度等级一般分为 0.5 级和 3.0 级。其中 0.5 级的绕组应接电能计量回路，3.0 级的绕组应接电流表或继电器。

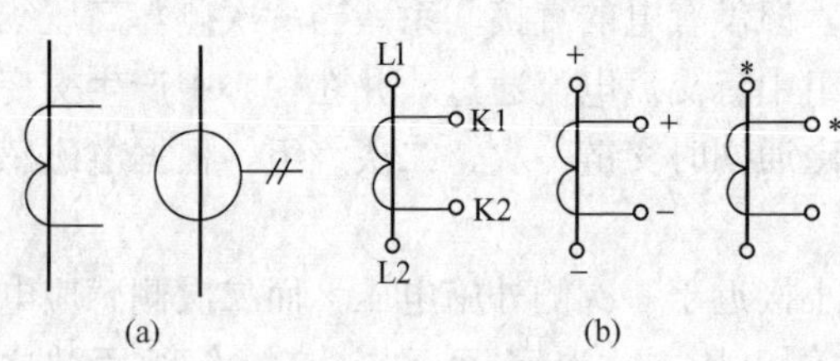

图 9-3 电流互感器图形符号及绕组首尾端标示
（a）图形符号；（b）绕组首尾端标示

电流互感器的图形符号及绕组首尾端标示如图 9-3 所示。

当被测电流很大时，电流互感器的一次绕组往往是一段平直的铜条；二次绕组的额定电流一般规定为 5A，因此，与电流互感器配套使用的电流表量程也都是 5A。因为二次侧所接仪表的线圈阻抗都很小，二次侧边接近短路状态，所以电压不高。

实际上，由于存在铁耗和励磁电流，电流互感器的两侧电流并不是简单地与匝数成正比，因此带来数值上的误差，而且两侧电流也不是简单地反相 180°，存在有相位误差。所以，为提高精度，电流互感器要选用优质电工钢片，而且铁心磁通密度要尽量选取低值，铁心制作时气隙要尽量小，要求绕组的电阻、漏抗尽量小。

电流互感器的结构和形状根据用途、工作电压、一次额定电流和准确度等级的不同而不同，工作电压越高的互感器外形尺寸越大，对绝缘水平要求也越高。

由于运行的额定电压不同，电流互感器的绝缘结构形式和使用的绝缘材料也不同。一般 500V～10kV 的电流互感器大多采用支柱式绝缘或环氧树脂浇注绝缘；35kV 及以上的，多采用油浸绝缘或瓷绝缘结构。

二、电流互感器的工作原理

电流互感器的工作原理与变压器相似，测量中，由于接入二次绕组回路中的电流表、功率表和电能表的电流线圈的阻抗很小，所以工作中的电流互感器接近于短路状态。

根据电工学知识可知，变压器的一、二次电流之比与一、二次匝数之比的倒数相等，即

$$\frac{I_1}{I_2}=\frac{N_2}{N_1}$$

对于电流互感器，一次绕组的电流与二次绕组的电流之比，同样满足上式。在测量过程中，用电流表测出二次绕组的电流 I_2，根据一、二次绕组的匝数，就可以确定与一次绕组连接的被测电路的电流值。为了方便起见，用电流互感器的变流比 K_I，即一次绕组额定电流与二次绕组额定电流之比，来表示电流互感器的一、二次绕组电流的关系。

显然，对于一个已制成的电流互感器来说，变流比 K_I 取决于二次绕组与一次绕组的匝数比 N_2/N_1，且是一个常数。变流比 K_I 通常标注在电流互感器的铭牌上，这样，被测电流 I_1 与二次绕组电流 I_2 的关系为

$$I_1=K_I I_2$$

三、电流互感器的型号与技术特性

（一）型号

电流互感器的型号，主要由名称、一次绕组型式、绝缘结构、用途、设计序号和额定电压等部分组成，如图 9-4 所示。

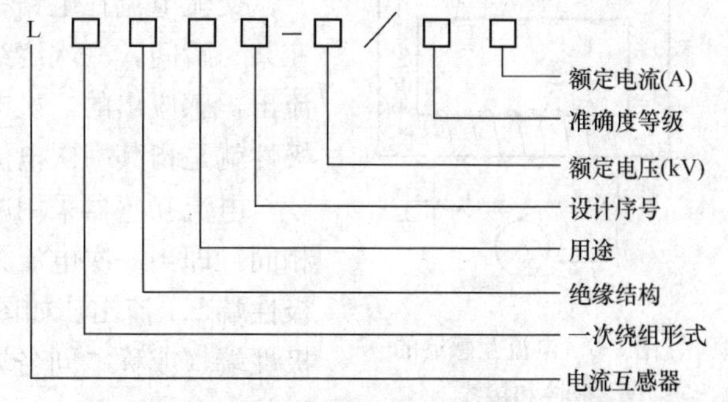

图 9-4　电流互感器型号

电流互感器的型号中常见的字母含义如下：

1. 一次绕组形式

Q：线圈式（俗称羊角式）；M：母线式（俗称穿心式）；D：贯穿单匝式；F：贯穿复杂式。

2. 绝缘结构

Z：浇注绝缘；G：改进型；K：塑料外壳绝缘；C：瓷绝缘。

3. 用途

J：加大容量；Q：加强型。

4. 设计序号

用数字表示。

5. 额定电压

单位为 kV，低压为 0.5，高压为 10、35 等。

（二）技术特性

1. 变流比 K_I

电流互感器二次额定电流规定为 5A，所以变流比的大小，就取决于一次绕组额定电流的大小。目前常用的电流互感器一次额定电流等级有 20、30、40、50、75、100、150、200、（250）、300、400、（500）、600、（750）、800、1000、1200、1500A 和 2000A 等。

变流比的另一个概念，就是倍率。如一只经变流比为 150/5 的电流互感器接线的电能表，若电能表走了 10kW · h，则电能的实际消耗数应该是 10kW · h 乘以倍率 30，即 300kW · h。

2. 准确度等级

电流互感器的准确度等级，是指在负载功率因数为额定值时，在规定的二次负载范围内，一次电流为额定值时的最大误差限值，其中包括变流比误差和相位角误差。国产电流互感器的准确度等级有 0.01、0.02、0.05、0.1、0.2、0.5、1、3、10 级。

准确度等级为 0.1 级及以上的电流互感器，主要用于实验室进行精密测量，或者用来校验低准确度等级的电流互感器，也可以与标准仪表配合，用来校验仪表，故称标准互感器；0.2 级和 0.5 级电流互感器常与计算电费用的电能表连接；1 级电流互感器常与作为监视用的指示仪表连接；3 级和 10 级电流互感器主要与继电器配合使用，作为继电保护和控制设备的电流源。

电流互感器的负载阻抗与准确度是相对应的，负载阻抗增大则准确度降低，如 LQG-0.5 型电流互感器，在负载为 0.4Ω 时准确度为 0.5 级，而负载为 0.6Ω 时则为 1.0 级。因

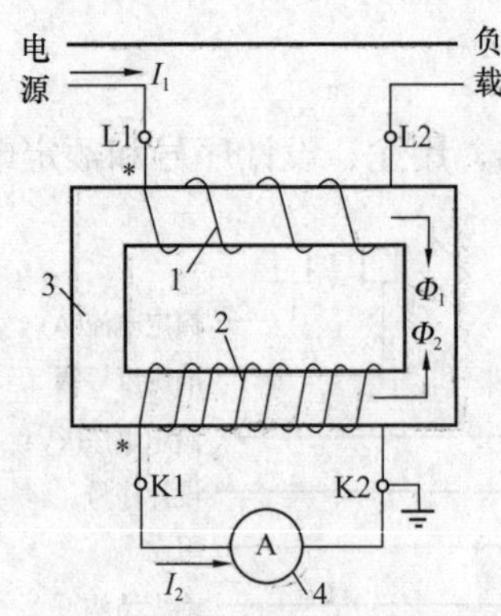

图 9-5　电流互感器的极性和接线

1—一次绕组；2—二次绕组；3—铁心；4—电流表；L1、L2——一次绕组的首端钮、尾端钮；＊—极性端；K1、K2—二次绕组的首端钮、尾端钮；I_1—实际一次电流；I_2—实际二次电流；Φ_1、Φ_2—I_1、I_2 产生的磁通

此，0.5 级的电流互感器二次回路的总阻抗不应超过 0.4Ω，才能保证准确度 0.5 级。

3. 极性

交流电流在电路中流动时，方向随时间作周期性变化，但在某一瞬间，一次绕组中的电流必然从一端流入，而从另一端流出，感应出的二次电流也同样有流入和流出。电流互感器的极性就是指其一次电流方向与二次电流方向之间的关系。

电流互感器采用减极性标示方法，其意义与变压器的极性相同，即当一次电流方向从极性端 L1 流入时，其二次电流从极性端 K1 流出。如图 9-5 所示，在接线中，L1 和 K1 称为同极性端（或称“同名端”），同极性端也有用“＋”或“＊”表示的。

4. 额定容量

电流互感器的额定容量 S，以二次侧额定电流 I_2 通过额定负载 Z_2 所消耗视在功率的伏安数表示，即

$$S=I_2Z_2$$

根据额定容量的伏安数，就可以确定电流互感器二次侧所能接入负载的大小。

【例 9-1】 已知额定容量为 $S=5\text{VA}$ 的电流互感器，试求其在二次额定电流 $I_2=5\text{A}$ 和功率因数 $\cos\varphi=1$ 时，二次侧电路所能接入的最大负载。

解： 由题意可知，该电流互感器二次侧电路所能接入的最大负载为

$$Z_2=\frac{S}{I_2}=\frac{5}{5^2}=0.2\ (\Omega)$$

四、电流互感器的使用及要求

接在电流互感器二次绕组上的仪表线圈的阻抗是很小的，所以电流互感器相当于在二次侧短路的状态下运行。此时，互感器二次绕组端子上的电压值一般只有几伏，因而铁心中的磁通量很小，一次绕组磁动势虽然可以达到几百安匝甚至更大，但是大部分被短路的二次绕组所建立的去磁磁动势所抵消，只剩下很小一部分（大约相当于 I_1N_1 的 0.5%）作为铁心的励磁磁动势以建立铁心中的磁通。

如果在运行时二次绕组断开，二次电流 $I_2=0$，那么起去磁作用的磁动势消失，而一次侧磁动势是不变的（因为被测电路中的电流由负载大小决定），仍然是 I_1N_1。于是，这个磁动势就全部用来建立铁心中的磁通，或者说，一次侧被测电流全部成为励磁电流，这将使铁心中的磁通量急剧地增加，铁心严重过热，以致烧坏绕组绝缘，或使高压侧对地短路。另一方面，在二次绕组的两端将会感应出很高的电压（达几百伏甚至 1000V 以上），这对操作人员和仪表都是很危险的。

因此，电流互感器严禁二次侧开路运行，它的二次绕组应该经常接在仪表上。当必须从使用着的电流互感器上拆除电流表时，应首先将互感器二次绕组可靠地短接，然后才能把仪表连接线拆开。

为了保证操作人员的安全和保护测量仪表，电流互感器二次绕组的一端应该和铁心同时

接地。

第三节 电压互感器

用测量仪表直接测量电力网的高电压时，必须用绝缘水平很高的仪表，并且操作人员触及这些仪表时，会有很大的危险。因此，我们在测量高电压时，常借助于特制的仪表变压器，将一次高压转换为较低的二次电压后，再去测量。这样不仅可以使高电压与低电压隔离，以保证测量人员和仪表的安全，而且可以扩大仪表的量程。这种专门在测量时用于变换电压的仪表变压器叫做电压互感器。

测量用电压互感器是一种将高电压变为易测量的低电压（通常为 100V）的电压转化装置。电压互感器“PT”、“YH”（汉语拼音用字母），现国家标准规定为“TV”。图 9-6 设备文字符号曾用所示为 JDJ-10 型电压互感器外形及内部结构图。

一、电压互感器的结构

电压互感器相当于一台降压变压器，其结构也与普通电力变压器基本相同，由一、二次绕组、铁心、接线端子（瓷套管）及绝缘支持物等组成。

一次绕组：匝数较多，与被测电路并联连接。电压互感器一次绕组的首端一般用字母 U1 表示，尾端用字母 U2 表示。

二次绕组：匝数较少，接入高阻抗的测量仪表（例如功率表的电压线圈、电能表的电压线圈、继电器的高阻抗线圈等）。由于电压互感器二次侧的负载是高阻抗仪表，二次绕组电流很小，一、二次绕组中的漏阻抗压降都很小。电压互感器二次绕组首端用字母 U1 表示，尾端用 U2 表示。电压互感器的图形符号及绕组首尾端标示如图 9-7 所示。

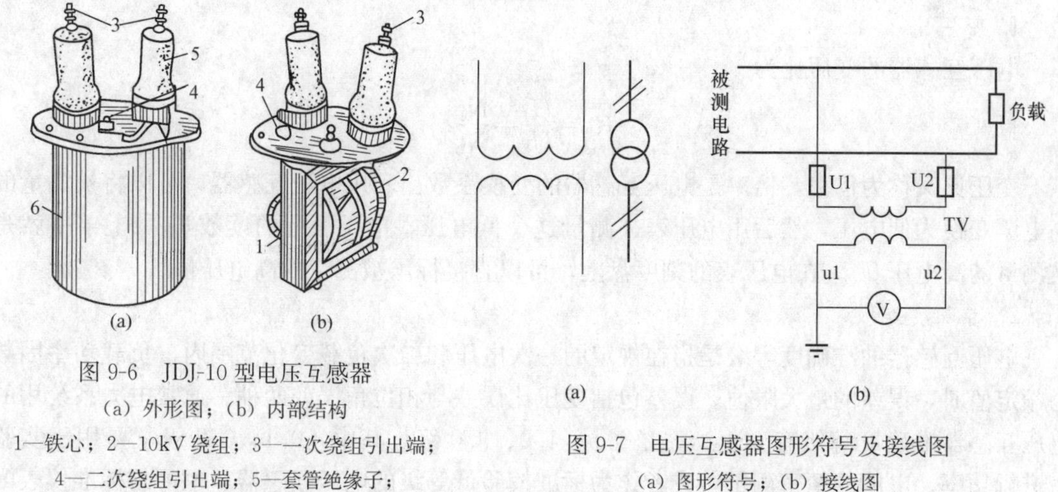

图 9-6 JDJ-10 型电压互感器

（a）外形图；（b）内部结构

1—铁心；2—10kV 绕组；3—一次绕组引出端；4—二次绕组引出端；5—套管绝缘子；6—外壳

图 9-7 电压互感器图形符号及接线图

（a）图形符号；（b）接线图

电压互感器的绝缘除绕组的绝缘支持物之外，一般采用油浸绝缘（JDZJ-10 型除外），油箱内的油通常选用 10 号（凝固点－10℃）或 25 号（凝固点－25℃）变压器油作为绝缘介质。

绝缘子是一、二次绕组引线引到油箱外部的绝缘装置，它是内外连接的枢纽，同时起着固定引线与对地绝缘的作用。

为了保证测量的精度，电压互感器在结构上应具有下列特点：铁心不饱和，采用铁耗小的高档电工钢片，绕组导线较粗以减小电阻，绕组绕制时应尽量减小漏磁通。

二、电压互感器的工作原理

电压互感器按工作原理，可以分为电磁感应原理和电容分压原理（在 220kV 及以上电力系统中使用）两类。在测量中，连接在二次绕组上的仪表的阻抗较高，所以电压互感器在正常工作时近似于一个开路运行的变压器。

根据理想变压器一、二次电压关系，电压互感器的一、二次绕组中电压具有如下关系

$$U_1 = K_U U_2$$

式中：U_1、U_2为电压互感器一、二次绕组端电压；K_U为电压互感器的额定电压变压比，$K_U = N_1/N_2$，是一个常数，标注在铭牌上。

三、电压互感器的型号与技术特性

（一）型号

电压互感器的型号主要由设备名称、相数、绝缘结构、铁心及绕组结构和一次额定电压等五部分组成，如图 9-8 所示。

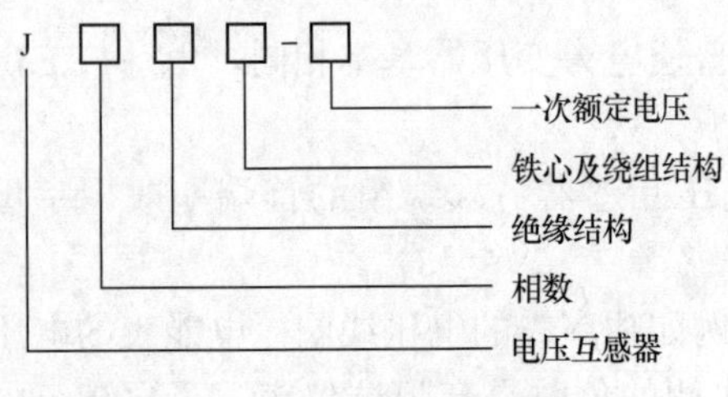

图 9-8 电压互感器型号

1. 相数

D：单相；S：三相。

2. 绝缘结构

J：油浸；G：干式；Z：浇注绝缘。

3. 铁心及绕组结构

W：五柱三绕组；J：接地保护；B：三柱带补偿绕组。

（二）技术特性

1. 变压比

电压互感器的变压比为

$$K_U = \frac{U_1}{U_2} = \frac{N_1}{N_2}$$

变压比又称为倍率，倍率是电压互感器的变换系数。利用电压互感器，可以将被测量的高电压变换为低电压，然后用电压表去测量这个低电压，电压表上的读数U_2乘上倍率就是被测量的高电压U_1。在电压表的刻度盘上，可以直接标出被测量的高电压值。

2. 准确度等级

电压互感器的准确度等级是指在规定的一次电压和二次负载变化范围内，负载功率因数为额定值时，误差的最大限值。误差包括变压比误差与相位角误差两种。通常电力系统用的电压互感器准确度等级有 0.1、0.2、0.5、1.0、3.0 级。其中，0.1、0.2 级主要用于实验室进行功率、电能的精密测量，或者作为标准校验低等级的电压互感器，也可与标准仪表配合来校验，因此也叫标准电压互感器；0.5 级主要用于电能表计量电能；1 级用于配电盘仪表测量电压、功率等；3 级用于一般的测量仪表和继电保护装置。

3. 极性

电压互感器的极性也规定为减极性，即当一次绕组感应电动势和二次绕组感应电动势的方向一致时，称为减极性。也就是说，同一铁心上一、二次侧电压是同相的。一、二次绕组的极性取决于两个绕组的绕向，绕向确定后，绕组的同极性端也就确定了。同极性端常用

“+”“·”或“＊”来表示。

4. 容量

电压互感器的容量是指二次绕组允许接入的负载功率。一般分为额定容量和最大容量两种，单位是V·A。额定容量是指对应于最高准确度等级的容量。最大容量是长期工作时允许发热条件规定的极限容量，正常运行时二次负载一般不会达到这个容量。

四、电压互感器的使用及要求

不管电压互感器的一次侧电压有多高，电压互感器的二次侧额定电压一般都是100V。这样，与电压互感器二次绕组相连接的各种仪表和继电器，都可以统一制造而实现标准化。在测量不同等级的高电压时，只要换用不同电压等级的电压互感器就行了。如果电压表与一只专用的电压互感器配套使用，那么电压表就可以直接按电压互感器的高压侧电压刻度。

电压互感器的二次绕组一定要接地，以免当一、二次绕组之间的绝缘击穿时，二次绕组上可能出现的高压使工作人员发生危险和仪表遭到损坏。如果电压互感器的二次绕组在运行中短路，那么二次侧电路的阻抗大大减小，就会出现很大的短路电流，使二次绕组因严重发热而烧毁。因此，必须注意电压互感器在运行中二次绕组不能短路。同时，电压互感器的二次侧要装熔断器，在过负载和二次侧电路发生短路时保护互感器不致损坏。熔断器的额定电流取2A以下。只有在35kV及以下（包括35kV）的电压互感器中，才在高压侧装设熔断器。在高压侧装置熔断器的目的，是当电压互感器中发生短路时把它从高压电路中切除。

第四节 钳形电流表

通常在测量电流时需要将被测电路断开，才能将电流表的线圈或电流互感器的一次绕组接到被测电路中。而利用钳形电流表则无需断开被测电路就可以测量被测电流。由于钳形电流表的这一独特优点，故而得到了广泛的应用。

一、交流钳形电流表

图9-9是交流钳形电流表的外形图。它由电流互感器和电流表两部分组成，电流互感器的铁心有一活动部分，与手柄相连。

测量时，用手握紧钳形电流表的手柄，电流互感器的铁心便张开，将被测电流的导线卡入钳口中，然后放开手柄，铁心闭合。此时，被测电流的导线相当于电流互感器的一次绕组，绕在铁心上的二次绕组与电流表相接。电流表所指示的电流数值取决于二次绕组中电流的大小，而二次绕组电流的大小又与被测电流成正比。所以只要将折算好的刻度作为电流表的刻度，测量时，与二次绕组相接的电流表的指针便按比例偏转，指示出被测电流的数值。电流量程可通过转换开关选择。

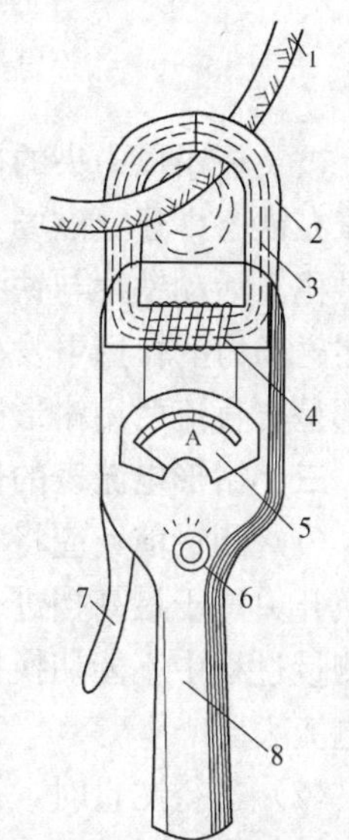

图9-9 交流钳形电流表的外形图

1—被测导线；2—铁心；3—磁通；4—二次绕组；5—电流表；6—量程旋钮；7—手柄；8—表把

图9-10是钳形电流表的原理电路图。图中TA为电流互感器的二次绕组。指示仪表是磁电系电流表，二极管VD1～VD4构成桥式整流电路，其作用是将电流互感器二次侧的交流电流变换成直流电流，然后由磁电系电流表指示出被测电流的数值。

由图可见钳形电流表是磁电系电流表和桥式整流电路共同构成的整流系电流表，电阻 $R_1 \sim R_5$ 是用于扩大电流量程的分流电阻；R_6 为各电流量程的公共电阻，调节 R_6 可以消除仪表的误差。

上述钳形电流表中是采用磁电系电流表作为指示仪表，只能用于交流电流的测量，如T301 型钳形电流表。如果采用电磁系电流表作指示仪表，则可以交直流两用。

二、交直流两用钳形电流表

交直流两用钳形电流表的外形虽然与交流钳形电流表相同，但结构和工作原理却不一样。交直流两用钳形电流表是按电磁系测量机构的工作原理制成的，没有二次绕组，测量机构的活动部分为软磁铁片，放在钳形铁心的圆形缺口中间，如图 9-11 所示。

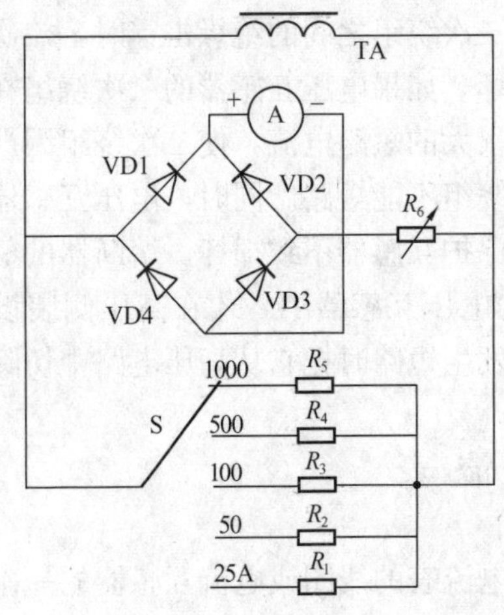

图 9-10 钳形电流表原理电路

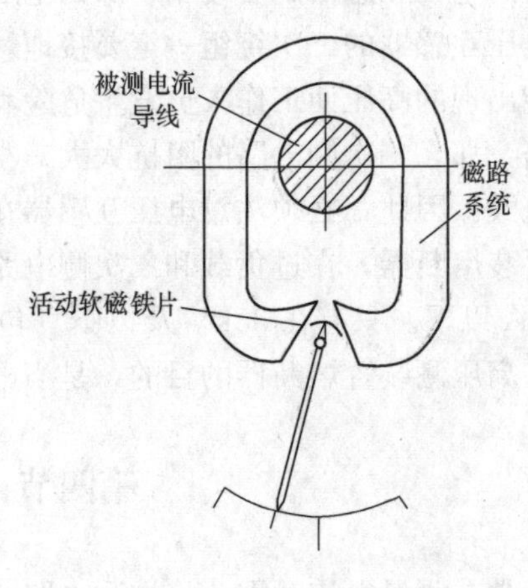

图 9-11 交直流两用钳形电流表结构示意图

被夹在钳口中央的被测电流的导线，作为电磁系测量机构中的固定线圈，导线中的被测电流在铁心中建立磁场，其磁通在铁心中形成闭合回路，同时使圆形缺口中间的活动软磁铁片磁化。活动铁片与铁心之间的作用，与电磁系排斥型测量机构的作用原理相同，即可动铁片在磁场力的作用下发生偏转，从而带动指针指示出被测电流的数值。如 MG-20、MG-21 型都是交直流两用钳形电流表。

三、钳形电流表的使用

(1) 测量前，应将转换开关置于合适的量程。若被测电流大小预先无法估计，则先应将转换开关置于最高档进行测试，然后根据被测电流的大小，变换到合适的量程。必须注意：在测量过程中不能切换量程、变换量程时，要将钳形电流表从被测电路中移去，以免损坏钳形电流表。

(2) 进行测量时，被测导线应放在钳口中央，以减小误差。

(3) 注意保持固定和活动铁心钳口两个结合面的衔合良好，测量时如有杂音，可将钳口重新开合一次。钳口若有污垢，可用汽油擦净。

(4) 测量小于 5A 的电流时，为了获得较准确的测量值，在条件允许的情况下，可将被测导线多绕几圈，再放进钳口进行测量。这时实际的被测电流数值，等于仪表的读数除以放进钳口内的导线根数。

（5）不能用钳形电流表测量裸导线中的电流，以防触电和短路。

（6）通常不可用钳形电流表测量高压电路中的电流，以免发生事故。

（7）测量时，只能卡一根导线。单相电路中，如果同时卡进火线和中线，则因两根导线中的电流相等、方向相反，使电流表的读数为零。三相对称电路中，同时卡进两相火线，与卡进一相火线时电流读数相同；同时卡进三相火线时读数为零。三相不对称电路中，也只能一相一相地测量，不能同时卡进两相或三相火线。

（8）交直流两用钳形电流表要区别使用。

（9）测量完毕，必须把仪表的量程开关置于最大量程位置上，以防下次使用时，因疏忽大意未选择量程就进行测量，而造成损坏仪表的意外事故。

四、多用途钳形表

除了钳形电流表外，还有各种多用途钳形表，它们不仅可以测量电流，还可以用来测量多种电量。

1．交流电流、电压钳形表

这种钳形表不仅可以测量交流电流，而且可以测量交流电压，如 T302、MG-24、MG-26 型都是交流电流、电压表。这种表的侧面有供电压测量的接线插口。测量交流电压时，不用电流互感器，另外用两根钳形表表笔插入电压插口接线测量。

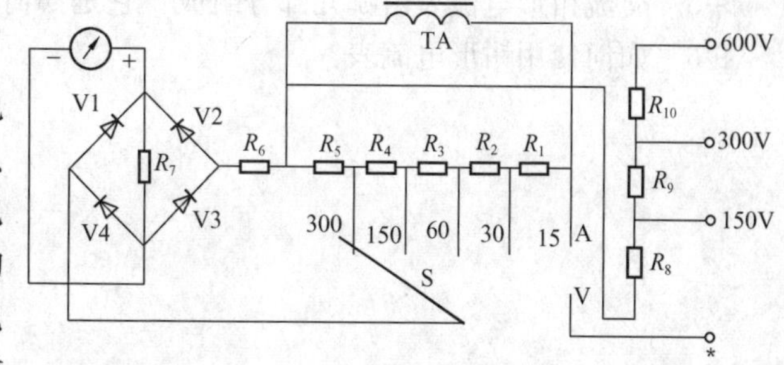

图 9-12　测量交流电流、电压钳形表工作原理图

图 9-12 是测量交流电流、电压钳形表工作原理图。其中电阻 $R_1 \sim R_5$ 是测电流时各电流量程的分流电阻；$R_8 \sim R_{10}$ 是电压表各电压量程的附加电阻，其余与图 9-10 相同。

2．电流、电压、功率三用钳形表

这种钳形表除能测量电流、电压外，还能测量功率，如 MG4-1 型三用钳形表。另外，JQD-85A 型钳形表除可测量电流、电压外，还可测量功率因数和功率。

3．多用钳形表

多用钳形表由钳形电流互感器和袖珍万用表组合而成，二者分开后，万用表可单独使用。如 MG-28 型就是多用钳形表，可以测量交直流电流、交直流电压和电阻。

4．钳形负序电流表

钳形负序电流表可以测量三相三线制系统中的负序和正序电流。

5．钳形相位伏安表

钳形相位伏安表可以测量工频交流电量的幅值和相位，是一种新型的电子式仪表，测量幅值为 1～10A 的电流、15～450V 的电压，以及测量两个同频率正弦量之间的相位差，也可测量相序和功率因数。这种表具有一表多用、输入阻抗高、体积小、重量轻、测量准确、维修简单、使用方便等优点，适用于电力系统中二次回路的检查、继电保护和自动装置的调试。

总之，钳形表正在向着多功能的方向发展。除了指示式钳形表外，各种数字式钳形表，如 DM6013 袖珍型及 DM6055 型自动换程数字式钳形表等也得到了广泛的应用。

钳形表使用方便，不用切断电路，就能测出电路或设备中的电流、电压及其他电量，但一般的钳形表准确度不高，通常只有 5.0 级或 2.5 级。所以通常都是利用钳形表对电气设备或电路的运行情况作粗略测量，而不能用作精确测量。

思考与练习

9-1 电流互感器运行时，为什么二次侧禁止开路?

9-2 电压互感器运行时，为什么二次侧禁止短路?

9-3 某电流互感器，其电流比为 100/5A，扩大量程，其电流表读数为 3.5A，求被测电路的电流为多少?

9-4 某电压互感器，其电压比为 6000/100V，扩大量程，其电压表读数为 96V，求被测电路的电压为多少?

9-5 交流钳形电流表由哪几部分组成? 它是如何工作的?

9-6 如何使用钳形电流表?

第十章　常用数字仪表

第一节　数字仪表概述

随着生产和科学技术的不断发展，对电工测量技术提出了更高的要求，一般的电工仪表已经不能满足某些测量的需要。数字仪表具有准确度高、灵敏度高、量程广和速度快等优点，并具有自动转换极性、自动切换量程及自校准等功能，便于与计算机系统配合使用。特别是20世纪70年代微处理机的出现，把微型计算机的功能引入数字仪表中，产生了新型的、智能化的数字仪表。数字仪表具有程序控制、信息储存、误差计算与自校正、数据处理及自检测等功能，它的应用是电工测量的革命性的变革，将会大大促进生产和科学技术的发展。

数字仪表是一种以电子技术为主体，能够自动地将被测量用数字形式直接显示出来的仪表，常用的数字仪表有数字电压表、数字频率表、数字相位表、数字功率表和数字万用表等。

一、数字仪表的特点

在电工测量中，由于被测量（如电压和电流等）是随时间连续变化的量，叫做“模拟量”。但数字仪表却是以数字形式来显示所测结果的，而数字量是一种断续变化的脉冲量。为了对模拟量实现数字化的测量，就需要一种能把模拟量变换为数字量的转换器，即模/数转换器（简称为A/D转换器），还需要能对数字量进行计数的装置，即电子计数器。

与电工直读仪表相比，数字仪表具有读数准确，准确度、灵活度高等特点。

1. 读数准确

因为采用数字显示，不存在电工直读仪表读数时所引起的视差，所以读数准确。

2. 准确度高

数字仪表内没有机械转动部分，没有摩擦误差，故可达到很高的准确度。一般通用型数字仪表很容易达到±0.05%的准确度。目前，数字仪表电压测量准确度可达10^{-6}数量级，时间测量准确度可达10^{-9}数量级。

3. 灵敏度高

一般数字电压表灵敏度为10μV或1μV，较高者可达0.1μV或更高。

4. 测量速度快

由于数字仪表全部采用电子器件，尽管它有量程转换时间及响应时间等，却仍然有很快的采样速度，一般为几十次每秒，如PZ-8型数字电压表可达50次/s。有些数字仪表测量速度可达上百万次每秒，这是一般电工直读仪表所不能达到的。

5. 输入阻抗高、仪表功耗小

有些数字电压表的输入阻抗可达2500MΩ，而消耗功率只有4×10^{-11}W，这是一般电工直读仪表根本达不到的。

6. 测量过程自动化

使用数字仪表时，测量中的极性判别、量程选择和结果的显示、记录和输出完全自动进行，还可以自动检查故障、报警和完成指定的逻辑程序。

7. 可联机工作

数字仪表可以与计算机配合，作为计算机的一个外部设备，按照规定程序的要求进行数据采集。

数字仪表的缺点是，结构复杂、线路复杂、成本高和维修困难等。但是，随着电子工业的发展，大规模集成电路工艺水平的提高，数字仪表的上述缺点将被逐步克服，数字仪表必将得到日益广泛的应用。

二、数字仪表的分类

数字仪表的种类繁多，分类的方法也很多，下面介绍几种常见的分类方法。

(1) 按准确度分：

1) 低准确度：准确度在 ±0.1%以下。

2) 中准确度：准确度在 ±0.01%以下。

3) 高准确度：准确度在 ±0.001%以上。

(2) 按测量速度分：

1) 低速：几次每秒～几十次每秒。

2) 中速：几百次每秒～几千次每秒。

3) 高速：几万次每秒以上。

(3) 按使用场合分：

1) 标准型：精度高，对环境条件要求比较严格，适宜于实验室条件下使用或作为标准仪器使用。

2) 通用型：具有一定精度，对环境条件要求比较低，适用于现场测量。

3) 面板型：精度低，对环境条件要求低，是设备面板上使用的指示仪表。

(4) 按显示位分，可分为三位、四位、五位、六位和七位等。

(5) 按测量参数分；可分为直流电压表、交流电压表、功率表、频率（周期）表、相位表、电路参数（L、R、C）表和万用表等。

第二节 模/数转换器

常见的 A/D 转换器可分为四类：

(1) 比较型 A/D 转换器包括连续平衡式 A/D 转换器，逐次逼近式 A/D 转换器。

(2) 斜波型（时间编码型）A/D 转换器包括阶梯波 V-T 型 A/D 转换器，锯齿波 V-T 型 A/D 转换器。

(3) 积分型 A/D 转换器包括 V-F 变换型 A/D 转换器，脉冲调宽 V-T 型 A/D 转换器，双积分 V-T 型 A/D 转换器。

(4) 复合型 A/D 转换器包括二次采样积分反馈型 A/D 转换器，三次采样积分反馈型 A/D 转换器。

A/D 转换器是将模拟量转换为数字量的装置。这个转换过程称为编码。模拟量是连续变化的物理量，它包含的范围很广，如时间、压力、位移和电压等都是模拟量。本节中只讨论电压/数字转换器。电压/数字的转换方法很多，但从转换方式看，可分为两大类：一种是直接转换，即把电压直接转换为数字量；另一种是间接转换，即先把电压转换成某一中间量（如时间间隔），然后再由中间量转换成数字量。

一、逐次逼近式 A/D 转换器

逐次逼近式 A/D 转换器把电压直接转换为数字量。为了更好地理解这种转换器的转换过程，我们用天平称物体质量的例子作为类比。

图 10-1 中，假定被测物体的质量 W_x 为 10g，我们把 8、4、2、1g（正好是 8、4、2、1 的关系）的标准砝码从大到小依次加到天平盘上，当砝码质量 W_o 小于物体质量 W_x，即 $\Delta=W_x-W_o>0$ 时，则保留该砝码；当 $\Delta<0$ 时，则取下该砝码；直到 $\Delta=0$ 时，得到该物体质量为 1（8g 砝码）0（4g 砝码）1（2g 砝码）0（1g 砝码），即 1010g（二进制表示）。

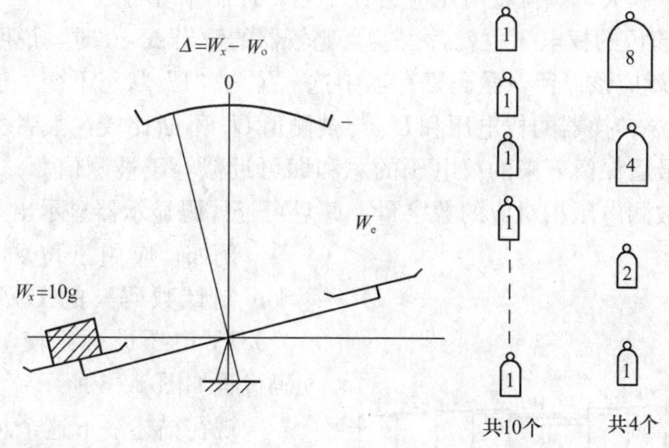

图 10-1　用天平称质量的示意图

由上述的过程可以看到，要把一个电压转换为用二进制数码表示的形式，必须具备如图 10-2 所示的几部分：

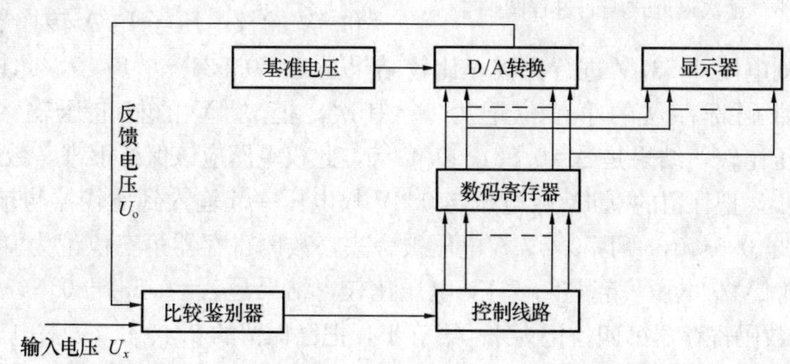

图 10-2　逐次逼近式 A/D 转换器原理框图

（1）一套基准电压（也叫权电压，相当于不同的砝码），它们相邻电压之间的关系为 8421 的关系，我们可以用 D/A（数模）转换器得到。

（2）一个比较鉴别器（相当于天平的平衡指示），用来比较每次由 D/A 转换器输出的权电压之和（也叫权电压和，相当于加到天平上的砝码）与被测量的电压（相当于被称物体的质量），并判别出谁大谁小（即判别 Δ 大于 0 或小于 0）。

(3) 一个数码寄存器，用来保存每一位的比较结果，权电压被保留记为“1”，取消记为“0”。

(4) 一套相应的控制线路，完成下列两项任务：

1) 从高位开始，由高位到低位，逐位比较（相当于把砝码由大到小依次加到天平上）；

2) 根据每次比较的结果，决定是否保留这位加到 D/A 转换器上来的权电压，而使数码寄存器相应位记“1”或记“0”。

逐次逼近式 A/D 转换器的工作原理是，将被测的输入电压 U_x，在比较鉴别器里与 D/A 转换器送来的权电压和（反馈电压）U_o 相比较。D/A 转换器的输出由控制线路控制，按其编码从最高向最低位逐位加入权电压，当 U_x 与 U_o 相比较，比较器的输出 $\Delta=U_x-U_o<0$ 时，说明此时权电压和大，该位权电压应舍去不用，控制系统将数码寄存器该位恢复为“0”状态，D/A 转换器该位的权电压也就舍去。当比较器的输出 $\Delta>0$ 时，说明此时权电压和小于 U_x，该位权电压就应该保留，数码寄存器中这一位为“1”状态不变。这样，由高位到低位逐位加码，使 D/A 转换器的权电压和 U_o 与被测值 U_x 不断比较，大者去，小者留，逐次积累，逐次逼近，最后保留下来的权电压的总和即可近似等于被测值 U_x。数码寄存器所寄存的状态，就是与被测电压相对应的数字量，并且可经译码显示器显示出来。

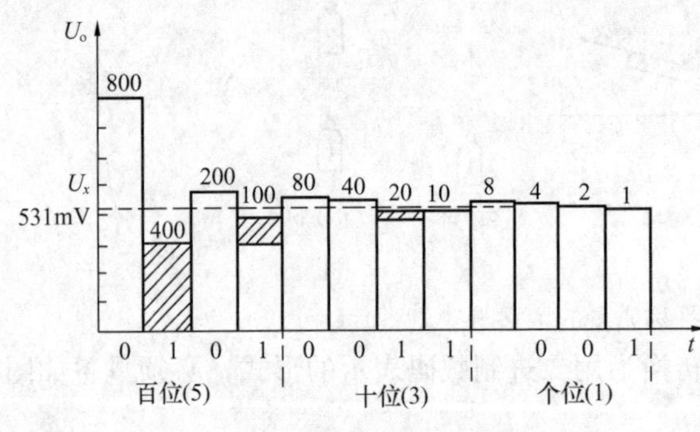

图 10-3 逐次逼近式编码过程图

例如，应用三位 8421 编码（即二—十进制计数码）的 D/A 转换器与 $U_x=0.531$V 电压进行比较，其逐次逼近式编码过程如图 10-3 所示。

现在描述一下这个过程。设有一组标准电压，其值分别为 0.8，0.4，0.2，0.1，0.08，0.04，0.02，0.01，0.008，0.004，0.002 和 0.001V，这些电压就是权电压，或形象地称为电压砝码。首先，0.8V 的权电压经 D/A 转换器加到比较器（叫加码）与被测电压 0.531V 进行比较，比较结果是 $\Delta=0.531-0.8<0$，此权电压应被舍去（叫去码），数码寄存器的第一位记为 0；其次，把 0.4V 的权电压输入比较器，与 0.531V 被测电压比较，结果是 $\Delta=0.531-0.4>0$，此权电压应该保留下来，数码寄存器第二位记为 1；第三步，把保留的 0.4V 权电压与 0.2V 权电压一起输入到比较器与被测电压比较，结果是 $\Delta=0.531-0.6<0$，所以 0.2V 权电压被舍去，数码寄存器第三位记为 0；第四步，把 0.4V 权电压与 0.1V 权电压一起与 0.531V 电压比较，结果是 $\Delta=0.531-0.5>0$，因而 0.1V 权电压被保留，数码寄存器第四位记为 1；第五步，把已保留的 0.4、0.1V 权电压与 0.08V 权电压一起去和 0.531V 电压比较，结果是 $\Delta=0.531-0.58<0$，0.08V 电压又被舍去，数码寄存器第五位记为 0。就这样在控制线路的控制下，由高位到低位逐次比较下去，被保留的权电压之和与被测电压之间的差值逐渐减小。最后，被保留的权电压的总和近似于被测电压，在数据寄存器中就记下了 010100110001，模拟电压 0.531V 被转换为数字量。

由上述过程可见，要完成一个三位数的转换只需经过 20 步就行了，且与被测电压的具体数值无关。如果控制线路的时钟频率为100kHz，即每控制一步需时10μs，进行12步共需转换时间120μs。可见这种方法的测量速度相当快。

逐次逼近式A/D转换器实质上是把被测电压与标准的权电压相比较而转换成数字量的。这种转换的准确度决定于所用标准权电压的准确度与稳定度，此外还与最小的权电压是多大有关。

A/D转换器的特点是测量速度快，每秒可达数千次。但对混入被测电压中的干扰抑制能力较差。采用这种转换器的数字电压表有PZ-5型、PZ-8型、LM-1480型、DM-2011型等。

二、斜波型（时间编码型）A/D转换器

斜波型转换器属于间接型A/D转换器，工作原理是将被测电压U_x变换成为与其成正比的时间间隔t_x，然后再用电子计数器测量这段时间间隔，从而确定相应的被测电压值。也就是说，先完成“电压—时间”的转换，然后再通过时间的测量来确定电压。

斜波型转换器又称为线性电压比较V-T型或单斜率型A/D转换器，其原理框图及波形图如图10-4、图10-5所示。

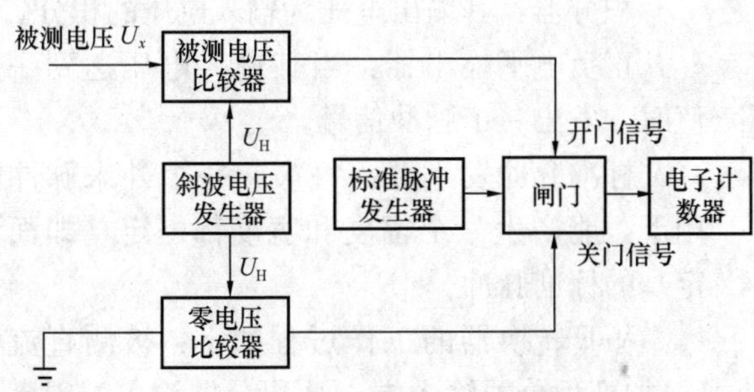

图10-4 斜波型A/D转换器原理

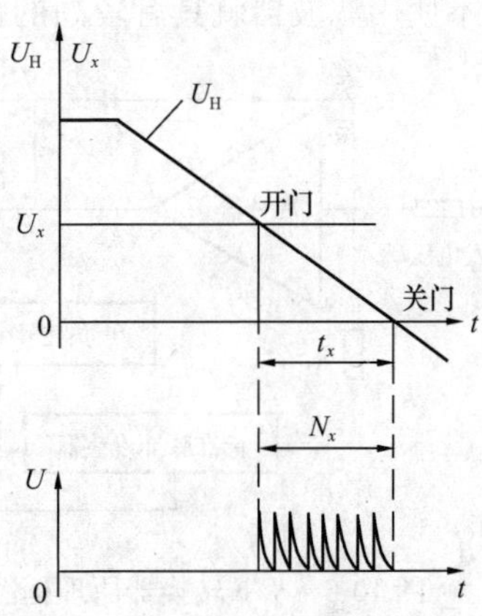

图10-5 斜波型A/D转换器波形图

斜波电压发生器又称为锯齿波发生器，它产生的电压U_H是一种由大变小的电压波形，如图10-5中所示。被测电压U_x进入比较器后，和斜波电压U_H进行比较，见图10-4。当$U_x=U_H$时，送出开门信号使闸门开放。标准脉冲发生器发出的标准脉冲，通过闸门并由计数器开始计数。斜波电压U_H在零电位比较器中和零电位进行比较，当变到$U_H=0$时，送出关门信号将闸门关闭，于是计数停止。由图10-5可以看出，被测电压U_x愈大，则开门时间就愈往前提，控制门的开放时间t_x就愈长，而标准脉冲的计数N_x也就愈多。适当选择标准脉冲的频率和斜波电压的斜率，可使被测电压的数值由数码管直接显示出来。

例如，标准脉冲的频率为10^6Hz，斜波电压斜率为100V/s，则当被测电压为1V时，闸门的开放时间为1/100s，通过的标准脉冲数字为$\frac{1}{100}\times10^6=10^4$个，计数为10000，在第四位后加一个小数点，则读得数值为1000mV，即1V。

从图10-4可以看出，斜波型转换器可分为两部分：一部分是由比较器和斜波电压发生器构成的V-T变换器，将被测电压U_x变换为相应的时间间隔t_x；另一部分是电子计数器，对上述的时间间隔进行数字编码。这种转换器的测量准确度主要取决于参比电压的线性度和比较器的稳定度，此外，也与标准脉冲发生器的频率稳定度有关。但由于石英振荡器的频率稳定度很高，所以，测量准确度实际上主要取决于V-T转换的准确度。斜波型转换器的测量灵敏度主要取决于比较器的灵敏度。

斜波型转换器的特点是线路简单、容易制作，因而得到广泛的应用。DYJ-1型、DYJ-2型、PZ-17型、SD/02型等数字电压表即采用此种A/D转换器。此种仪表测量的是被测量的瞬时值，所以从原理上说没有抗干扰能力，测量速度及准确度都不很高。

三、积分型A/D转换器

在电工测量中，工频干扰是普遍存在的，在某些场合中，甚至会成为最主要的问题。消除或减弱工频干扰的影响，是测量技术中最主要的任务之一。采用积分型A/D转换器就有效地解决了这些干扰。积分型A/D转换器有多种类型，现介绍V-F变换型A/D转换器。

V-F转换器是一种间接型A/D转换器，是将被测直流电压模拟量U_x变换成频率与其成正比的脉冲群，即$f \propto U_x$，然后再在选定的时间间隔内对脉冲群进行计数，从而实现A/D转换。这种转换技术测量到的数值是在选定的时间间隔（如1/50s）内的电压平均值，因此，不使用滤波器就具有较高的抗干扰能力。

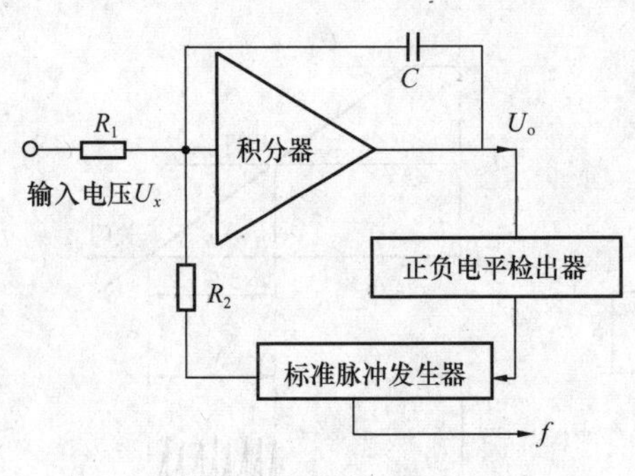

图10-6　V-F转换器原理框图

V-F转换器原理框图如图10-6所示，框图中包括的几个部件的作用如下：

积分器：其输出电压为输入电压的积分。

正负电平检出器：当其输入电压达到一定数值时，发出一个脉冲信号。

标准脉冲发生器：每次在一个外来脉冲的作用下，能产生一个幅度和宽度都一定（即面积一定）的标准脉冲。

V-F转换器的工作过程如下：被测直流电压U_x加到积分器输入端，从积分器输出端得到随时间直线变化的电压，这个电压随时间的变化率与输入电压U_x的大小成正比。由于积分器的信号特性，所以当输入正电压时，输出电压是随时间直线减小的；当输入负电压时，输出电压是随时间直线增长的。积分器输出电压加到正负电平检出器输入端。电平检出器有一定的正、负检出电平，当积分器输出电压达到检出电平U_A时，便输出一窄脉冲，这个脉冲触发标准脉冲发生器，产生一个幅度和宽度都一定，而极性与输入电压相反的标准脉冲，加到积分器的另一输入端。在标准脉冲作用期间，积分器对输入电压和标准脉冲电压之和进行积分。标准脉冲的幅度要足够大，以使积分器的输出电压能够回扫（即随时间的变化率与原来异号）。回扫的时间等于标准脉冲的宽度T_1，如图10-7所示。标准脉冲结束后，由于被测电压仍然加在积分器的输入端，所以积分器的输出电压又以原来的变化率下降（图10-7中T_2期间）。当积分器的输出电压达到检出电平U_A时，电平检出器再次产生一个脉冲去触发标准脉冲发生器。如此反复作用，则产生出一系列

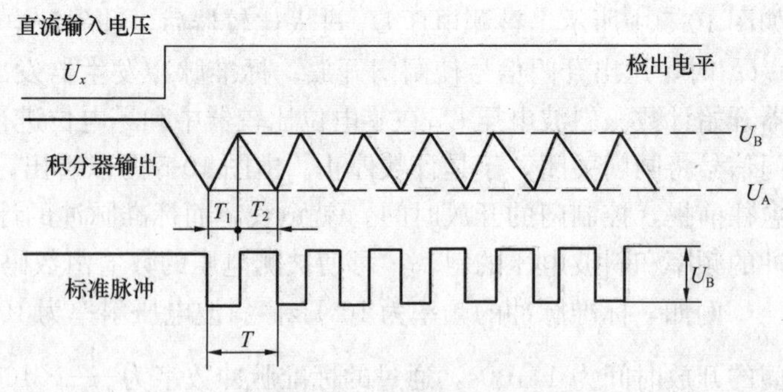

图10-7　V-F转换器的波形图

面积一定的标准脉冲。显然，被测电压的大小不同，积分器输出电压的变化率也不同。达到检出电平的时间也不同。这就是说被测电压大时产生脉冲的时间间隔 T_2 短，即脉冲频率高；被测电压小时，脉冲频率低。

我们知道，当积分器从零开始对输入电压积分时，其输出电压为

$$U_{\mathrm{o}}=-\frac{1}{R_1C}\int_0^t U_x\mathrm{d}t$$

当积分器的输出电压达到电平检出器的检出电平 U_{A} 时，积分器对输入电压及标准脉冲电压之和进行积分，而其初始值等于 U_{A}，积分的区间等于标准脉冲的宽度。此时积分器输出电压为

$$U_0=U_{\mathrm{A}}-\frac{1}{R_1C}\int_0^{T_1}U_x\mathrm{d}t-\frac{1}{R_2C}\int_0^{T_1}(-U_{\mathrm{B}})\mathrm{d}t=U_{\mathrm{P}} \tag{10-1}$$

式中：T_1 为标准脉冲宽度；U_{B} 为标准脉冲的幅度；U_{P} 为标准脉冲终止时积分器的输出电压。

当 T_1 结束，标准脉冲没有了，积分器仍对输入电压单独积分，经过 T_2 时间之后，积分器输出电压再次达到检出电平 U_{A}，这时积分的初始值为 U_{P}，积分器输出电压为

$$U_0=U_{\mathrm{P}}-\frac{1}{R_1C}\int_0^{T_2}U_x\mathrm{d}t=U_{\mathrm{A}} \tag{10-2}$$

可见，标准脉冲发生器输出脉冲的周期 $T=T_1+T_2$，而输出频率 $f=\frac{1}{T}$，将式（10-1）代入式（10-2）得到

$$\begin{aligned}&U_{\mathrm{A}}-\frac{1}{R_1C}\int_0^{T_1}U_x\mathrm{d}t+\frac{1}{R_2C}\int_0^{T_1}U_{\mathrm{B}}\mathrm{d}t-\frac{1}{R_1C}\int_0^{T_2}U_x\mathrm{d}t\\&=U_{\mathrm{A}}\ \frac{1}{R_1C}\int_0^{T_1}U_x\mathrm{d}t+\frac{1}{R_1C}\int_0^{T_2}U_x\mathrm{d}t\end{aligned} \tag{10-3}$$

令 $S=\int_0^{T_1}U_x\mathrm{d}t=U_{\mathrm{B}}T_1$，（V·μs）表示标准脉冲的面积，则

$$\frac{U_x}{R_1C}(T_1+T_2)=\frac{S}{R_2C}$$

$$T_1+T_2=\frac{R_1S}{R_2U_x}$$

$$f=\frac{1}{T_1+T_2}=\frac{R_2}{R_1S}U_x \tag{10-4}$$

从式（10-4）可知，标准脉冲发生器的输出频率与输入电压成正比，而与标准脉冲的面积成反比。

从以上的分析可知，对 V-F 转换器来说，V-F 转换的准确度和线性度主要取决于标准脉冲的面积的恒定性。另外，积分器的漂移也会造成误差。这种变换器结构简单紧凑、体积小、成本低，但准确度不够高。国产 JSY 型积分数字电压表就是采用此种形式的转换器。

四、复合型 A/D 转换器

复合型 A/D 转换器是目前技术最新、准确度和灵敏度最高的转换器。它将几种 A/D 转换器（如逐次逼近型）及各种积分型 A/D 转换器结合起来，充分发挥各自的长处，克服各自的缺点，较好地解决了抗干扰性能与测量速度之间的矛盾。这种转换器采用了类似于游标卡尺的办法，对被测电压分两次测量，先测大数，后测小数，一次显示，使仪表的准确度和灵敏度大为提高。复合型 A/D 转换器的方案很多，现仅介绍比较简单的两次采样积分反馈型 A/D 转换器。

两次采样积分反馈型 A/D 转换器的原理框图如图 10-8 所示。它是把逐次逼近型的准确度和测量速度快及 V-F 积分型的抗干扰能力强等结合起来组成的，测量过程分为第一次采样和第二次采样两个阶段。

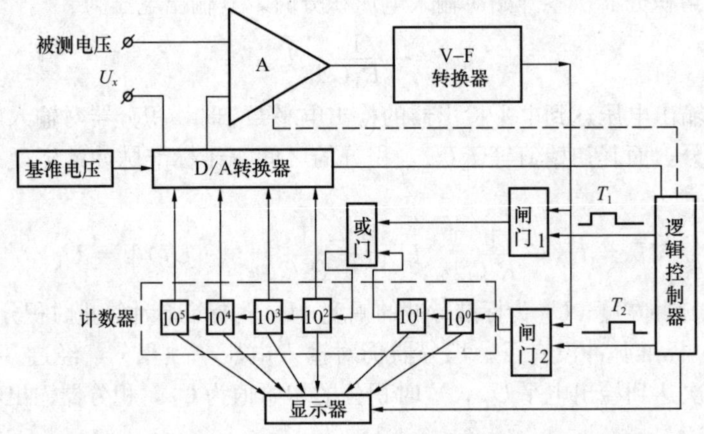

图 10-8　两次采样积分反馈型 A/D 转换器的原理框图

(1) 第一次采样。逻辑控制器产生启动脉冲，使 V-F 转换器开始工作，同时产生采用时间为 T_1 的门控信号将闸门 1 打开，允许计数器的前四位计数。在这阶段中，被测电压 U_x 通过 V-F 转换器变成一定频率的脉冲，经过闸门 1 和“或”门使计数器百位以上的高位在 T_1 时间内计数。这时D/A转换器不工作。

(2) 第二次采样。在第一次采样结束后，逻辑控制器使 D/A 转换器开始工作，受前四位计数器控制产生相应的权电压和 U_R 与被测电压串联于输入放大器的输入端。放大器输入电压是被测电压与 D/A 转换器的权电压和之差。逻辑控制器产生宽度为 T_2 的第二次采样的门控信号，使闸门 2 打开，V-F 转换器这时将来自放大器的差值电压转换为相应频率的脉冲，再通过闸门 2 加入到计数器后面的两位去计数。这就是说 V-F 转换器在第一次采样阶段所产生的偏差，可以在第二次采样阶段来校正。

两次采样计数之和就是最终的测量结果。在第二采样阶段结束后，逻辑控制器使显示器显示测量结果。

由于两个阶段中计数输入端的数位不同，在第一个采样阶段中每差一个字（一个脉冲），在第二个阶段中则需要 100 个脉冲来补足。这就要求在第二个采样阶段中把 V-F 转换器的灵敏度提高到第一个采样阶段的 100 倍，或者在第二采样阶段中把输入放大器的放大倍数或门控时间扩大 100 倍。

这种采用高低两次计数方法的本质是测差法，此法的测量速度远较一般的积分法为高。如果读数的满度值为 199999，用通常办法计数时，要计 199999 个脉冲。而在这里，若第一次采样由前四位加入，第二次采样由后二位加入，则仅需计 1999＋99＝2098 个脉冲。显然，两次采样法的测量速度快得多。

这种转换器的准确度主要取决于基准电压及 D/A 转换器的准确度（如取±0.002%），而对 V-F 转换器要求不高（一般为±0.1%～±0.5%）。如果取采样时间 T_1 和 T_2 均为工频周期的整数倍，则转换器对于对称工频干扰信号可以有很强的抑制能力。

采用这种转换器的有 HP-3462A 型数字电压表等，产品准确度在 10^{-5} 左右，灵敏度达

$1\mu V$，输入阻抗可达 $10^5 M\Omega$，共模抑制比达 120dB，满度七位数字显示，转换速度为 400ms，读数显示为 1 次/s。

第三节　数字频率表

频率是周期性信号在 1s 内循环的次数。如果在 1s 内，信号循环的次数是 N，那么信号的频率 $f=N$。通过电子电路，自动计算被测交流的每秒变化次数，并以数码显示测量结果的仪表，称为数字频率表。数字频率表实际上是一种以计数形式实现测量的数字式电子计数器。

一、数字频率表的组成

数字频率表包括以下部件：

（1）整形放大器，是把被测信号放大后再加以整形。整形的方法是利用施密特触发器把频率信号变成方波，然后通过 RC 微分电路得到与其同频率的窄脉冲。

（2）闸门，相当于一个“门”，有一个输出端和至少两个输入端。要计数的脉冲信号加到一个输入端；另外的输入端加上门控信号。当门控信号等于零（低电平）时，闸门关闭，要计数的脉冲到不了闸门输出端；门控信号不等于零（高电平）时，闸门打开，要计数的脉冲到达闸门输出端。

（3）石英振荡器，产生频率非常稳定的振荡，振荡的频率通常为 1MHz 或 5MHz，频率稳定度通常可达 $10^{-7}\sim10^{-9}$ 数量级。它的输出信号作为时间基准。

（4）分频器，能把输入信号分频，例如，当输入频率为 1MHz 的信号时，经过 10 分频后，便得到频率为 100kHz 的信号。若分频器的输入信号来自石英晶体振荡器，则分频后的信号频率也非常稳定，这样就可得到具有不同宽度的时间基准（或叫时标信号）。

（5）计数器，将来自闸门的脉冲计数译码，在数码管上以十进制数的形式显示出来。

二、数字频率表的工作原理

图 10-9 是数字频率表的原理框图。图中被测信号经过整形放大器后变成与其同频率的窄脉冲，然后加到闸门的一个输入端上。闸门的另一输入端受时间基准信号的控制，这个时间基准信号就是门控信号。在门控信号到来之前，闸门是关闭的，因此，窄脉冲不能通过，计数器没有计数，显示应为零。门控信号到来后，闸门被打开，窄脉冲通过闸门加到计数器输入端，计数器便开始计数，直到门控信号结束（回到低电平），闸门关闭，计数器停止

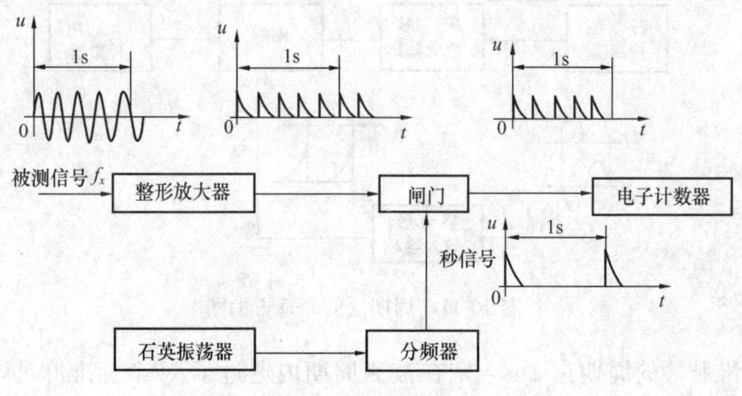

图 10-9　数字频率表原理框图

计数。

如果门控信号的宽度是秒信号，那么闸门打开的时间是 1s，计数器计数的时间也是 1s，按照频率的定义，在 1s 内计数器计得的脉冲个数就等于被测频率 f_x。如果门控信号不是秒信号，而是宽度等于 t 的信号，在这段时间计得的脉冲数为 N，那么被测频率就是

$$f_x=\frac{N}{t}$$

三、周期法测量的工作原理

数字频率表的测量方法被称为测频法。测频法可以直接显示出被测频率，但在频率很低的时候会产生很大的测量误差。这是因为秒信号可能出现在被测信号脉冲的任意瞬间，因此，同样是 1s 的时间间隔，而被测脉冲的个数可能多一个，也可能少一个，如图 10-10 所示。这样，就会产生 ±1Hz 的测量误差。在低频测量时，影响就很严重。例如，测量工频 50Hz 时，其相对误差可达 ±2%。为消除这种误差，在测量低频时，通常采用周期法测量。

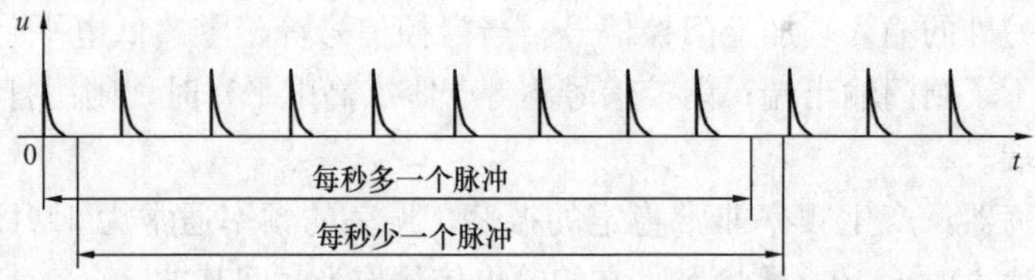

图 10-10 测频法的误差

图 10-11 为周期法的原理方框图。与图 10-9 不同的地方是闸门由被测信号的脉冲来控制，因此，两个控制脉冲的间隔就是被测的周期 T_x。由石英振荡器产生的标准脉冲经整形放大后，加到闸门的另一输入端，作为要计数的脉冲。这样，计数器即可计出在时间 T_x 内的标准脉冲数 N，并根据标准脉冲的周期 T_0，得出被测周期

$$T_x=NT_0$$

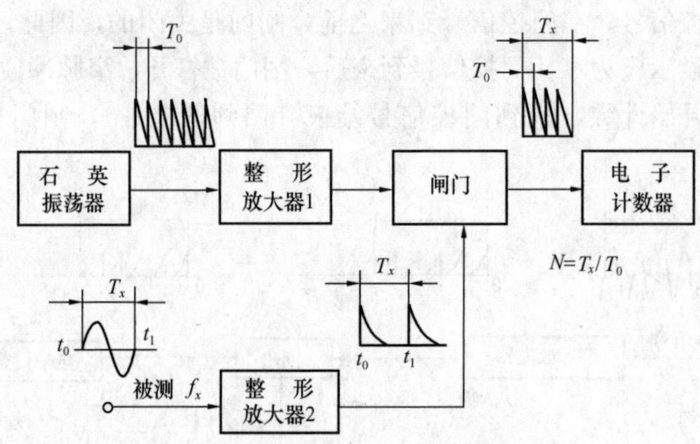

图 10-11 周期法的原理方框图

例如，标准脉冲的周期是 1μs，则在被测周期内通过了 N 个标准脉冲，T_s 就是 N 微秒。测出周期后，便可得到被测频率为

$$f_x=\frac{1}{T_x}$$

在使用数字频率表时，要注意被测电压的大小应和仪表的铭牌数据相适应，否则，仪表可能不工作，甚至会损坏。

第四节　数 字 电 压 表

数字电压表是应用得最多的一种数字仪表。目前生产的数字电压表类型很多，原理也各不相同。但是，它们都有一个共同的特点，就是必须把被测电压的大小，转换成可以计数的标准脉冲个数，然后再把测量结果，用数字显示出来。因此，数字电压表从原理上可以简单地理解为 A/D 转换器加电子计数器。电子计数器的工作原理在上一节已经作了介绍。

下面就以 PZ-17 型交直流数字电压表为例介绍一下数字电压表。

PZ-17 型交直流数字电压表是一种时间编码型的数字仪表。它采用锯齿波 V-T 型 A/D 转换器，将被测直流电压变成与其大小成正比的时间间隔；然后，再对时间间隔进行数字编码，得出相应的被测电压值。由于这种仪表免除了复杂的逻辑关系，线路比较简单，准确度也能够满足需要，因此得到了广泛的应用。

一、逻辑控制原理

图 10-12 为 PZ-17 型数字电压表的总框图。整个仪器的结构由两部分组成：一部分是将被测电压 U 变换为两个脉冲的时间间隔的 V-T 转换部分；另一部分（虚线框内）对两个脉冲的时间间隔进行数字编码。

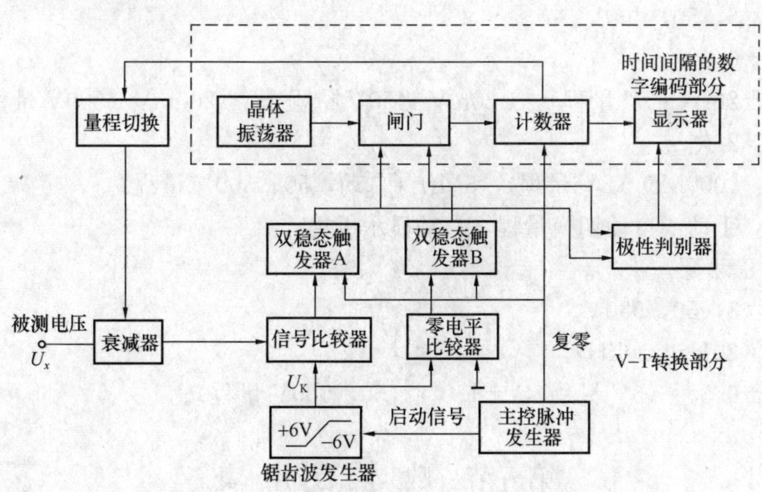

图 10-12　PZ-17 型数字电压表总框图

工作过程如图 10-13 所示。工作开始时，主控脉冲发生器发出一正脉冲，一方面作为复零信号使计数器复零，抹去上次计数的结果；另一方面使双稳态触发器 A 和 B 复原，处于准确测量的状态；同时触发锯齿波发生器，使它立即产生一个 $-6\sim+6$V 作线性变化的锯齿波电压 U_K。此时，U_K 与 U_x 同时加在信号比较器上进行比较，U_K 还加在零电平比较器上。如果 U_x 是一个正电压，则当锯齿波电压从 -6V 加到 0V 时，零电平比较器首先动作，

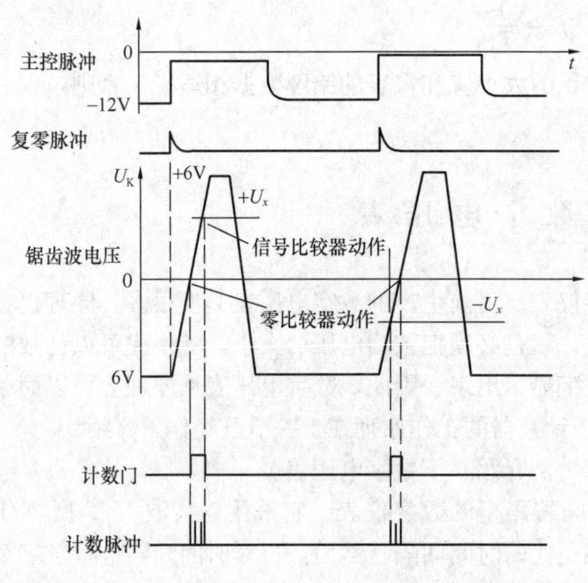

图 10-13 PZ-17 数字电压表工作过程波形图

输出触发信号，使双稳态触发器 B 翻转，打开闸门，使计数器开始计数。当锯齿波电压从 0V 上升到与 U_x 相等的数值时，信号比较器动作，输出触发信号，使双稳态触发器 A 翻转，关闭闸门，使计数器停止计数，显示器显示出被测电压的数值。极性判别器由于双稳态触发器 B 先于 A 翻转而发出“+”极性指令，显示器显示出“+”号。

相反，如果 U_x 是负电压，则信号比较器先动作、零电平比较器后动作，极性判别器由于双稳态触发器 A 先于 B 翻转而发出“−”极性指令，显示器即显示出“−”号。

自动量程切换装置在计数器的作用下，可以按照 U_x 的大小，自动改变衰减器的衰减量，使仪表自动转到合适的量程下测量。

二、主要技术性能

1. 直流电压测量

测量范围：5，50，500V。

准确度：±0.2%。

灵敏度：±2mV（5V 量程），±20mV（50V 量程），±200mV（500V 量程）。

测量速度：2 次/s。

输入阻抗：1000MΩ（5V 量程），5MΩ（自动，50、500V 量程）。

测量方法· 手动或自动切换量程，自动显示极性。

2. 交流电压测量

测量范围：5，50，500V。

频率范围：20Hz～10kHz。

准确度：±0.5%（5V 量程），±1.0%（50，500V 量程）。

第五节 数 字 万 用 表

数字万用表与传统的模拟万用表相比，具有更高的准确度和灵敏度，并且还具有测量参数多、读数清晰直观、过载能力强和便于携带等特点，因此具有极大的优越性。数字万用表是把连续的模拟量转换成不连续和离散的数字形式显示的仪表，是把电子技术、数字技术和微处理技术结合于一体的测量仪表。

一、数字万用表的构成

模拟万用表是由转换开关、测量电路和表头组成，其结构可用图 10-14 所示框图表示。

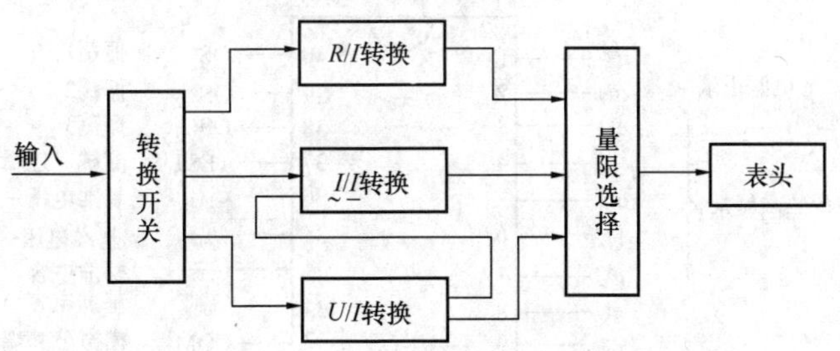

图 10-14　模拟万用表的结构框图

模拟万用表的测量基础（表头）是磁电式微安表，由于表头测量的基本量是直流电流，所以被测量都需通过相应的转换电路（R/I、$\underset{\sim}{I}/\underset{-}{I}$、$U/I$）转换为流经表头的直流电流，才能进行测量。这些变换电路通常是由精密的电阻网络组成，而转换开关的作用是根据被测量来选择将相应的电路接入表头。

数字万用表的结构框图如图 10-15 所示。图中虚线框所示部分为 DVM，即数字电压表。对比图 10-14 和图 10-15 可见，数字万用表的测量基础是直流数字电压表。由于其测量的基本量是直流电压，数字万用表同样需采用转换电路，利用转换开关的选择，将被测量通过相应的电路转换为直流电压输入到 DVM 数字电压表进行测量。所以数字万用表也是由转换开关、转换电路和表头（数字电压表）构成。当然，由于数字万用表采用了数字电压表作为基本测量元件，所以其性能有了极大的改善。

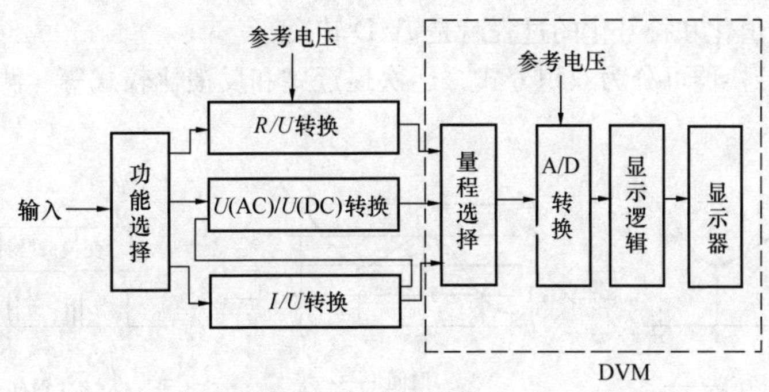

图 10-15　数字万用表的结构框图

数字电压表是数字万用表的核心，只能测量数字量。因此数字电压表由模/数转换器 A/D及显示器组成。

数字电压表的显示器以液晶显示器（LCD）和发光二极管（LED）作为显示器件居多。

数字电压表的 A/D 转换器的型号多种多样，但大都为大规模集成电路，常用的为 7106、7116、7136、7135、7129 型等，该集成电路还具有能直接驱动液晶显示器的显示逻辑电路。图 10-16 为 7106 型的管脚功能图。该集成电路的性能的好坏决定了数字万用表的特性。

A/D 转换器的作用是将随时间连续变化的模拟量变换成数字量，转换过程可用图 10-17

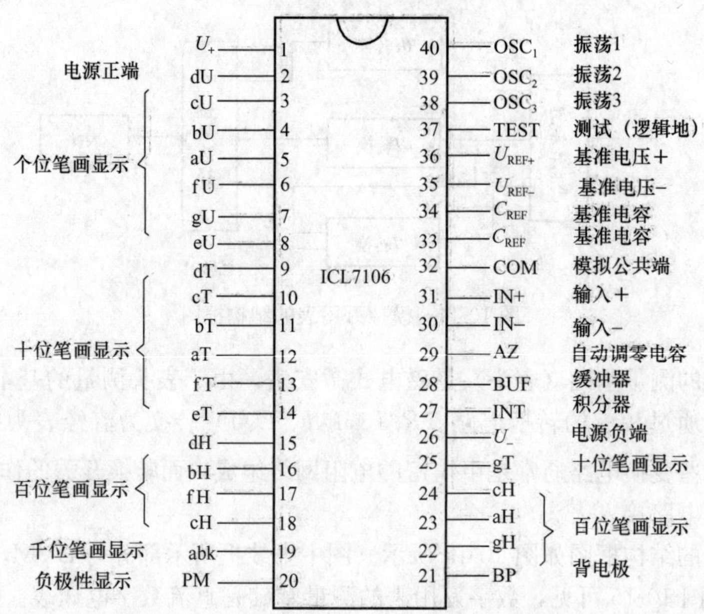

图 10-16　7106 型 A/D 转换器管脚功能图

说明。图 10-17（a）为根据输入信号的变化速度确定采样时间（t_1，t_2，t_3），并取出各对应时刻下的采样值的过程，称为采样；图 10-17（b）为将采样值的大小数值化的过程，称为数值化；图 10-17（c）把数值化的数变换为二进制符号或脉冲数的过程，称为符号化。输入信号经过采样、数值化和符号化的过程就是 A/D 转换。

实际的 A/D 转换器可分为双积分式、逐次逼近式和反馈比较式等。测量仪表常采用双积分式。

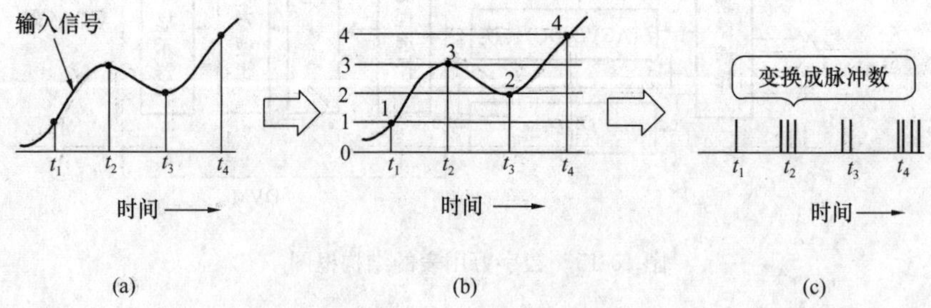

图 10-17　模拟量（A）变换为数字量（D）的过程

（a）采样（t_1，t_2，t_3…）；（b）数值比（1，2，3…）；（c）符号化（脉冲数）

图 10-18 为双积分式 A/D 转换器的构成原理图。如图 10-18 所示，双积分式 DVM 的原理是通过一个积分电路，先由电子开关切换至“1”，将输入电压 U_x 通过电子开关在一定时间内积分（定时积分），得到一个输出电压 U_o。然后，由控制电路在定时积分完成时刻 t_2，控制电子开关切换至“2”，使与输入电压反极性的基准电压积分（定值积分），同时开放与门（AND）。由于定值积分电压与定时积分电压反极性，则 U_o 将随时间的推移逐渐减小，直至为零，定值积分停止。设定值积分时间为 t_x，用电压比较器检测出“0”点，并把在 U_o

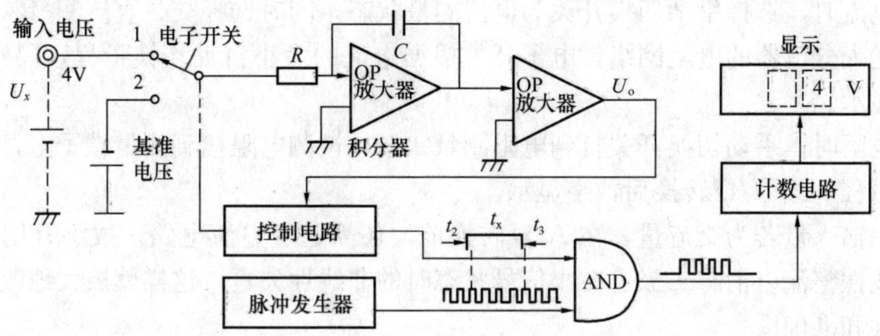

图 10-18 双积分式 A/D 转换器构成原理图

过零点时刻 t_3，送一个信号至控制电路，关闭与门。这样，控制电路开放与门（AND）的时间就是定值积分时间 t_x，显然 t_x 的长短由 U_x 的大小决定，于是输入信号（模拟量）变成了时间量（门控信号）。在与门开放的 t_x 时间内，脉冲发生器输出的脉冲才能通过与门，通过脉冲的个数由 t_x 的长短决定。于是，进一步把这一时间量变换成脉冲信号，对脉冲进行计数，并通过显示逻辑电路驱动显示器显示数字。图 10-18 中输入电压为 4V，与门输出 4 个脉冲，显示器显示 4V。

二、数字万用表的测量电路

数字万用表能测量直流电压、直流电流、交流电压、交流电流以及电阻，除了以上五种基本测量功能外，还可以测量温度、频率、周期和电平等。图 10-19 为五种基本量测量电路的原理图。图中 S1 为测量电压和电流时的选择切换开关；S2 为测量交、直流和电阻的选择切换开关。

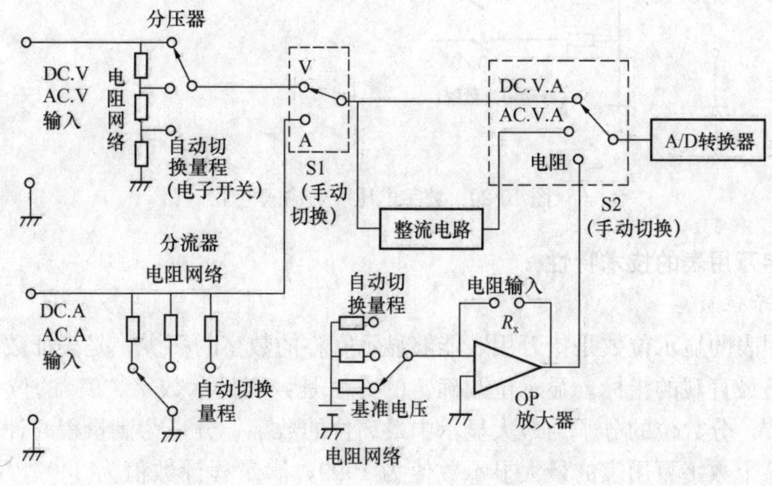

图 10-19 数字万用表的测量电路原理图

测量电压时（直流或交流），选择手动切换开关 S1 为电压测量状态，同时选择 S2 交、直流测量状态；输入电压加到电压测量端 DC. V/AC. V 端，则输入电压加在分压器的电阻网络上，根据电压的大小，采用电子开关自动切换量程；然后将通过手动切换开关 S1、S2，再经 A/D 转换后数字显示被测值。

测量电流时，选择手动切换开关为电流测量状态，同时选择交、直流测量状态；然后将输入电流送入分流器的电阻网络，电子开关根据电流的大小自动切换量程，同样经 A/D 转换后数字显示。

测量电阻时，手动切换开关打到电阻测量状态，被测电阻接到测量端子上，有电阻网络自动选择量程，经 A/D 转换后数字显示。

注意，输入量若为交流量，在 A/D 转换前，还需通过整流电路。数字万用表的整流电路采用了线性整流以消除二极管在小信号状态时的非线性失真，这样就极大地改善了转换电路的线性度和准确度。

数字电压表都具有输入电阻大和测量准确度高的优点。输入电阻大的原因在于，数字电压表 A/D 转换器前面的分压器可以采用高值电阻。而模拟式电压表指针偏转总是需要一定力矩，所以分压器的电阻不能太高。

如图 10-20 所示，输入电压小于 0.3V 时，自动量程切换电路接通 0.3V 开关，输入电压直接加到 A/D 转换器。A/D 转换器的输入阻抗可达 1000MΩ，即 0.3V 电压的输入电阻为 1000MΩ。当输入电压为 20V，自动量程切换开关切换电路接通 30V 开关。这时输入端与地之间的电阻为输入电阻，其值为 10MΩ＋100kΩ＝10.1MΩ。可见，数字电压表在各个量程下，输入电阻都十分高。

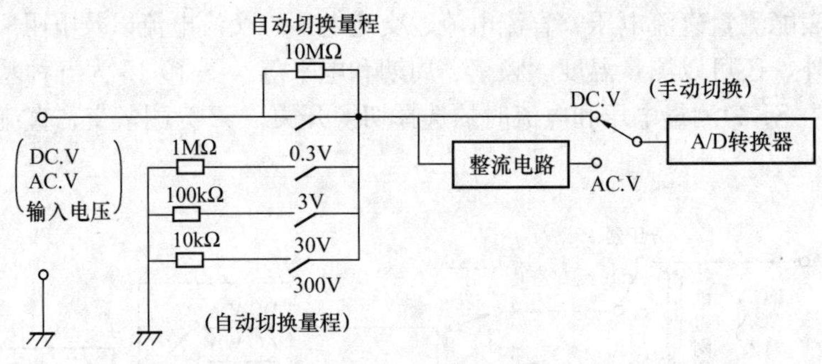

图 10-20 数字电压表的输入电阻

三、数字万用表的技术特性

(一) 显示位数

数字万用表的显示位数是指万用表能够显示完整的数字的多少，是表征数字万用表特性的最基本也是最直观的指标。显示位数确定的方法是：能显示数字“9”的位为整数位，否则称为分数位。分数位的分子为最大显示中最高位的数字，分母为满量程时计数值的最高位数字。例如某个数字万用表的最大显示数值为 1999，满量程计数值为 2000，则该万用表有 3 个整数位，其分数位为$\frac{1}{2}$，称为 $3\frac{1}{2}$位。

显然，从数字万用表的显示位数可知其最大显示数值，如 $3\frac{1}{2}$位的数字万用表，最大显示值为 1999；$3\frac{2}{3}$位的数字万用表，最大显示值为 2999；$3\frac{3}{4}$位的数字万用表，最大显示值为3999。数字万用表的显示位数一般有9种，即$3\frac{1}{2}$、$3\frac{2}{3}$、$3\frac{3}{4}$、$4\frac{1}{2}$、$4\frac{3}{4}$、$5\frac{1}{2}$、$6\frac{1}{2}$、$7\frac{1}{2}$和$8\frac{1}{2}$位。

（二）分辨力与分辨率

数字万用表的分辨力是指某量程上末位1个字所代表的量值，表示仪表可读最小量的数对被测量的表达程度，也反映了仪表的灵敏度。比较不同仪表，一般用最低电压量程的分辨力比较。不同位数的数字万用表，其分辨力是不同的，$3\frac{1}{2}$位的为100μV，$4\frac{1}{2}$位的为10μV，$5\frac{1}{2}$位的为1μV，$6\frac{1}{2}$位的为100nV，$7\frac{1}{2}$位的为10nV，$8\frac{1}{2}$位的为1nV。显然，数字万用表的位数越高，其显示数值末位一个字所表示的量值就越小，即仪表能分辨的最小量值就越小，仪表的灵敏度就越高。对于同一万用表，不同量程上，仪表的分辨力也是不同的。量程越大，分辨力越低，最小量程下，分辨力最高，仪表的灵敏度也最高。

数字万用表的分辨率是指能显示的最小数字与最大数字的百分比。如对于$3\frac{1}{2}$位的数字万用表而言，分辨率为1/1999＝0.05%。

（三）测量准确度

数字万用表的测量准确度有以下三种表示方法，即

$$准确度=\pm\alpha\%U_x\pm\beta\%U_m$$

$$准确度=\pm\alpha\%U_x\pm n\text{个字}$$

$$准确度=\pm\alpha\%U_x\pm\beta\%U_m\pm n\text{个字}$$

式中：α为相对误差项系数；β为固有误差项系数；U_x为仪表的显示值；U_m为仪表的满度值；n为数字化处理引起的测量误差，反映了末尾数字显示引起的变化量。

所以，数字万用表的误差主要由两部分组成，即相对误差和固有误差。相对误差与所测量有关，而固有误差与所测量无关。

（四）输入阻抗

数字万用表的输入阻抗是指，交流电压挡在工作状态下从输入端看进去的等效阻抗。一般数字万用表的直流电压挡输入阻抗都大于10MΩ，$5\frac{1}{2}$～$8\frac{1}{2}$位的智能数字万用表的输入阻抗要大于10000MΩ；而交流电压挡的输入阻抗受输入电容的影响，其值都低于直流电压档的输入阻抗。

（五）保护功能

数字万用表的内部设有过电流、过电压保护电路等，因此具有较强的过载能力。使用中如果不超过极限值，即使出现误操作，一般情况下也不至于损坏内部电路。

数字万用表的技术特性还包括测量范围、测量速率、测试功能、量程和抗干扰能力等多项。这里不再一一叙述。

四、数字万用表的使用与维护

（一）数字万用表的面板

万用表的种类很多，但面板的设置大多相同。下面以DT930F型数字万用表为例说明。

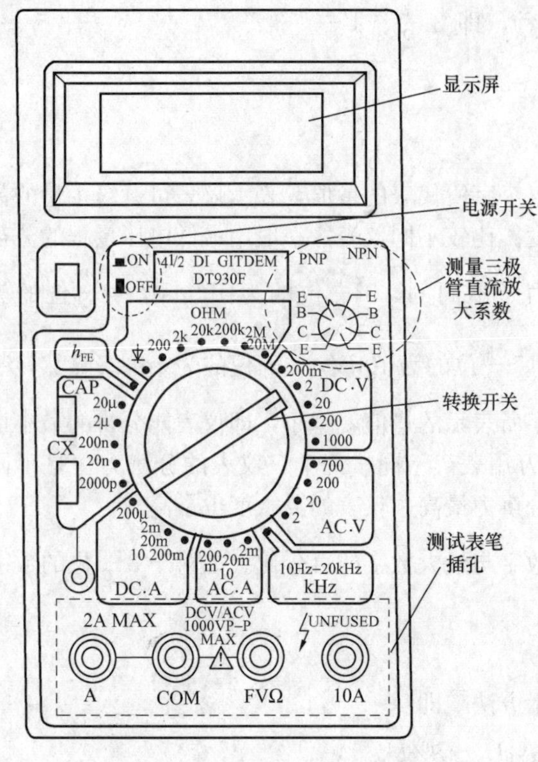

图 10-21 DT930F 数字万用表的面板

图 10-21 为 DT930F 型数字万用表的面板，由四部分构成。

1. 显示屏

显示屏用于显示被测量与标志符。DT930F 型数字万用表显示屏为 LCD 液晶显示器。

2. 电源开关

开关按钮 ON、OFF 用于开机或关机。

3. 转换开关

转换开关用于选择被测量及其量程。

(1) OHM 挡：用于测量电阻和二极管。将转换开关置于二极管挡时，可测量二极管的正向压降 U_F；置于电阻挡，可测量相应量程下的电阻。

(2) DC. V 挡：用于测量各量程下的直流电压。

(3) AC. V 挡：用于测量各量程下的交流电压。

(4) kHz 挡：用于测量电路的频率。该表的频率测量范围为 10Hz～20kHz。

(5) AC. A 挡：用于各量程下的交流电流测量。

(6) DC. A 挡：用于各量程下的直流电流测量。

(7) CAP 挡：用于测量电容。测量时选择好相应量程，并将电容的引脚插入相应插座。测量电容前，应先使用电容调零旋钮调零，即用此旋钮调好零位（使显示值为零），再进行测量，否则，将产生很大的测量误差（新型数字万用表均采用自动调零，无此旋钮）。

(8) h_{FE}挡：用于测量 NPN 型和 PNP 型晶体管的直流放大系数。测量时转换开关选择该档位，再将晶体管的管脚插入 h_{FE}的插座。

4. 测试表笔插孔

(1) COM 插孔：插黑表笔。

(2) FVΩ 插孔：测量电压、电阻和频率时插红表笔。

(3) A 插孔：测量 2A 以下电流时，插红表笔。

(4) T0A 插孔：测量 2～10A 电流时插红表笔。

(二) 数字万用表的显示

图 10-22 为数字万用表的显示屏。数字万用表在显示屏上显示的内容主要有五项。

1. 项目显示

项目显示表示当前万用表正在测量的项目，如电压或是电流，直流还是交流等。一般用字母与符号表示。常用项目显示及其含义如表 10-1 所示。

表 10-1　常用项目显示及其含义

字母与符号	意　义
DC 或—	直　流
AC 或～	交　流
Ω	电　阻
C	电　容
T	温　度
F	频　率
•))) ♫	蜂鸣器
⊣▷⊢	二极管

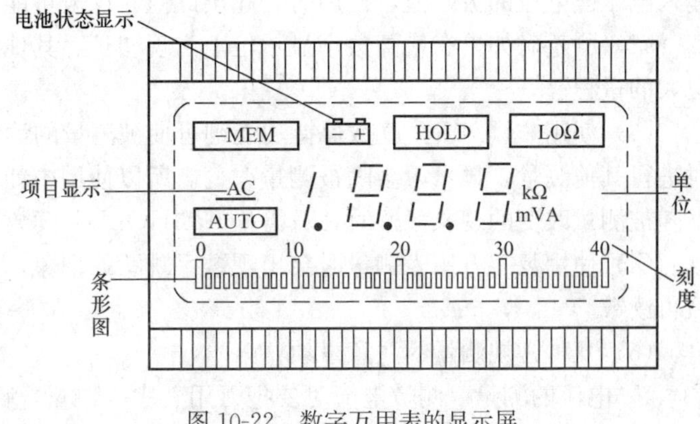

图 10-22　数字万用表的显示屏

2. 状态显示

状态表示数字万用表所处的一些特殊功能状态，如“读数保持”；所测数值类型，如最大值、最小值和有效值等；万用表测量时处在不正常工作状态的提示，如电池电压不足或所选量程不合适等。状态显示一般也用字母与符号表示。常用状态显示及其含义如表 10-2 所示。

3. 数字显示

数字显示用于显示在万用表当前测量状态下的测量数值，为一个动态值，随着测量状态的不同而不同。显示的内容有数值、小数点和极性（若被测量为正，极性符号不显示；若被测量为负，极性符号为“—”）。数字显示中小数点的位置由量程大小决定，并将随量程的转换而改变。

4. 计量单位显示

计量单位显示用于显示被测量测量数值的单位。

5. 条图显示

条图显示是一些新型万用表中所增设的显示项目，该显示功能可以反映被测量的变化趋势。

（三）使用数字万用表的注意事项

使用数字万用表的许多注意事项是与模拟万用表相同或相似的，如每次使用完万用表应将量程开关切换至电压的最高挡，要注意将电源关闭等。但数字万用表的使用也有其特殊之处，应该注意和了解。

表 10-2　常用状态显示及其含义

字母与符号	意　义
PK 或 PEAK	表示峰值
Av（av）或 AVG	表示平均值
TRMS 或 TEV	表示真有效值
MIN	表示最小值
MAX	表示最大值
TYP	表示典型值
RMS（rms）	表示有效值（方均根值）
LOW BATT 或 LOW BATTCONT	表示电源电池欠电压
HOLD	表示读数保持
OR 或 OVER 或 RANGE 或 OL	表示超量程
用 1 的闪烁	表示超量程
UR 或 UNDER RANGE	表示欠量程
MEM	表示数据存储
SET	表示预置
LOGICOL	表示逻辑电平测试
AUTO	表示自动
MAN	表示手动
▲▼	分别表示高电平、低电平
△	表示相对值测量
H	表示读数保持
⊣ 或 [− −] 或用LOW BATT	表示电源电池欠电压

（1）使用数字万用表时要注意插孔旁所标注的危险标记数据。该数据表示该插孔所允许

输入电压或电流的极限值，使用时若超出此值，仪表可能损坏，使用人员可能受到伤害。

(2) 测量时如果在最高数字显示位上出现“1”，其他位均消隐，表明量程不够，应选择更大的量程。

(3) 使用“HOLD”读数保持功能键可使被测量的读数保持下来，便于记录和读数，此时进行其他测量，显示不会随被测量改变。所以使用中如果误操作此键，就会出现显示数据不随被测量改变的现象，这时，只需松开“HOLD”读数保持键即可。

(4) 使用数字万用表测量时会出现数字跳跃的现象，为确保读数准确，应在显示值稳定后再读数。

(5) 几种常规测量的注意事项：

1) 电流的测量。测量电流时要把万用表串入测量电路，不必考虑极性，因为万用表可以显示测量极性。测量时要注意选择合适的量程与表笔插孔。如图 10-18 所示，被测电流小于 200mA，表笔应插入 mA 插孔，若大于 200 mA 应插入 2A 或 10A 插孔。在 mA 插孔下具有自动切换量程的功能，万用表有保护电路。而在大量程下，没有设置保护电路，所以被测量绝对不能超过量程，测量时间也要尽可能短，一般不要超过 15s。万用表烧毁的原因中，大多数是由于把表笔插入没有保护电路的 10A 插孔，而误测电压造成的。

2) 电阻的测量。测量电阻时，切换开关应旋转至 Ω 挡。测量表笔开路时，万用表显示“1”或“0.1”的溢出符号。测量电阻之前，模拟万用表应在对应量程下调零，数字万用表则无此必要，而只须确认表笔的引线电阻，即短接表笔的显示值。测量 200Ω 以下的低值电阻时，要考虑引线电阻的影响。

在电阻挡时，还需注意，数字万用表的红表笔的电位高于黑表笔，与模拟万用表正好相反。在测量晶体管和电解电容器等有极性要求的元件时，应特别注意。

3) 二极管的测试。检查二极管，作正向测试时，若显示值为 500～800mV（硅管），或 150～300mV（锗管），表明二极管正常。若损坏，则显示“000”表明二极管烧短路，或“1”表明二极管烧断。做反向测试时，正常应显示“1”但也可能是二极管烧断；显示“000”表明二极管烧短路。

多数数字万用表与蜂鸣器挡是合用一个挡位，因此两表笔测试点之间的电阻值小于一定值（一般为几十欧）时，蜂鸣器便发出声响，此功能常用于测试电路和导线的通断。

思考与练习

10-1 试说明数字频率表的测频原理。

10-2 为什么测量频率时，要求门控信号的宽度比较准确?

10-3 为什么要通过测量周期来确定低频信号的频率?

10-4 为什么说逐次逼近式 A/D 转换器对混入被测电压中的干扰抑制能力较差?

10-5 如果锯齿波 A/D 转换器中的锯齿波电压直线性较差，会有什么结果?

10-6 说明 V-T 型数字电压表的工作原理，并指出这种仪表抗干扰能力差的原因。

10-7 为什么积分型 A/D 转换器的抗干扰能力较高，而转换速度低?

10-8 试解释复合型 A/D 转换器中，采样时间为 T 的门控信号所起的作用。

10-9 试述数字万用表的工作原理。

第十一章　智能测试技术

仪器仪表是获取信息的工具，是认识世界的手段，它是一个具体的系统或装置，它最基本的作用是延伸、扩展、补充或代替人的听觉、视觉和触觉等器官的功能。随着科学技术的不断发展，人类社会已步入信息时代，对仪器仪表的依赖性更强，要求也更高。现代仪器仪表以数字化、自动化和智能化等共性技术为特征获得快速发展。本章介绍从传统仪器仪表到智能仪器的发展，叙述智能测试的重要性，重点介绍智能仪器的分类、结构和特点，简要总结了推动智能仪器发展的主要技术。

第一节　智能测试技术概述

一、传统仪器仪表的分类和多样性

仪器仪表种类繁多，若按其应用分类有计量仪器，分析仪器，生物医疗仪器，地球探测仪器，天文仪器，航空航天航海仪表，汽车仪表，电力、石油和化工仪表等，遍及国民经济各个部门，深入到人民生活的各个角落。例如，机械制造和仪器制造工业中产品的静态与动态性能测试、加工过程的控制与监测、故障的诊断等方面所需要的仪器仪表有各种尺寸测量仪器、加速度计、测力仪和温度测量仪表等。在自动化机床和自动化生产线上，也要用到控制行程和控制生产过程的检测仪器。在电力、化工和石油工业中，为保证生产过程能正常和高效运行，要对工艺参数，如压力、流量、温度和尺寸等进行检测和控制；对动力设备进行监测和诊断；对压力容器蒸汽锅炉在运行中进行泄漏裂纹检测；对石油产品质量及成分进行检测等。在纺织工业中要用各种张力仪和尺寸测量仪检测产品。在航空和航天产品中对质量要求更为严格，如对发动机的转速、转矩、振动、噪声和动力特性等进行测量，对燃烧室和喷管的压力流量进行测量，对构件进行应力、结构无损检测、强度刚度测量，对控制系统进行控制性能、电流、电压和绝缘强度测量等。

就测试计量仪器而言，按测量各种物理量的不同，可划分为如下八种计量仪器：

（1）几何量计量仪器。这类仪器包括各种尺寸检测仪器，如长度、角度、形貌、形位、位移和距离测量仪器等。

（2）热工量计量仪器。这类仪器包括温度、湿度、压力和流量测量仪器，如各种气压计、真空计、多波长测温仪表和流量计等。

（3）机械量计量仪器。这类仪器包括各种测力仪、硬度仪、加速度与速度测量仪、力矩测量仪和振动测量仪等。

（4）时间频率计量仪器。这类仪器包括各种计时仪器、钟表和时间频率测量仪等。

（5）电磁计量仪器。这类仪器主要用于测量各种电磁量，如各种交、直流电流表、电压表、功率表、电阻测量仪、电容测量仪、静电仪和电磁参数测量仪等。

（6）无线电参数测量仪器。这类仪器包括示波器、信号发生器、相位测量仪、频谱分析仪和动态信号分析仪等。

（7）光学与声学参数测量仪器。这类仪器包括光度计、光谱仪、色度计、激光参数测量仪和光学传递函数测量仪等。

（8）电离辐射计量仪器。这类仪器包括各种放射性、核素计量，X 射线及中子计量仪器等。

以上八大类测试计量仪器尽管测试对象不同，但是有共同的测试理论，而且测量的数字化、测量过程的自动化和数据处理的程序化等共性技术都成为现代仪器设计的主要内容。

二、从传统仪器到智能仪器

仪器仪表的发展可以简单地划分为三代。第一代为指针式（或模拟式）仪器仪表，如指针式万用表和功率表等。它们的基本结构是电磁式的，基于电磁测量原理，使用指针来显示最终的测量结果。第二代为数字式仪器仪表，如数字电压表、数字功率计和数字频率计等。它们的基本结构中离不开 A/D 转换环节，并以数字方式显示或打印测量结果。第二代响应速度较快，测量准确度较高。第三代就是本章要讨论的智能式仪器仪表（下文中将仪器仪表简称为智能仪器）。随着微电子技术的发展，20 世纪 70 年代初出现了世界上第一个微处理器芯片。由微处理器芯片所构成的微型计算机（也简称“微机”）不仅具有计算机通常具有的运算、判断、记忆和控制等功能，而且还具有功耗低、体积小、可靠性高和价格低廉等优点，因此，微型计算机的发展非常迅速。随着微型计算机性能的日益强大，其使用领域也越来越广泛。作为微型计算机渗透到仪器科学与技术领域并得到充分应用的结果，在该领域出现了完全突破传统概念的新一代仪器——智能仪器，从而开创了仪器仪表的崭新时代。智能仪器是计算机技术与测量仪器相结合的产物，是含有微型计算机或微处理器的测量（或检测）仪器。由于它拥有对数据的存储、运算、逻辑判断及自动化操作等功能，具有一定智能的作用（表现为智能的延伸或加强等），因而被称为智能仪器。这一观点已逐渐被国内外学术界所接受。近年来，智能仪器已开始从较为成熟的数据处理向知识处理发展。它体现为模糊判断、故障诊断、容错技术、传感器融合和机件寿命预测等，使智能仪器的功能向更高的层次发展。智能仪器的出现对仪器仪表的发展及科学实验研究产生了深远影响，是仪器设计的里程碑。

由于微型计算机的内存容量的不断增加，工作速度的不断提高，因而使其数据处理的能力有了极大的改善，这样就可把信号分析技术引入智能仪器之中。这些信号分析往往以数字滤波或 FFF（快速傅里叶变换）为主体，配之以各种不同的分析软件，如智能化的医学诊断仪及机器故障诊断仪等，这类仪器的进一步发展就是测试诊断专家系统，其社会效益及经济效益都是十分巨大的。

三、智能仪器仪表的特点

智能仪器与微处理器相结合，取代了许多笨重的硬件，内部结构和前面板大为改观，节省了许多开关和调节旋钮。智能仪器不再是简单的硬件实体，而是硬件与软件相结合，微处理器通过键盘或遥控接口接收命令和信号，并用来控制仪器的运行，执行常规测量，对数据进行智能分析和处理，并对数字显示和传送，软件在仪器智能高低方面起着重要作用。智能仪器通常具有以下几个特点：

（1）借助于传感器和变送器采集信息。

（2）使用智能接口进行人机对话。使用者借助面板上的键盘和显示屏，用对话方式选择测量功能和设置参数，并通过显示器等获得测量结果。

(3) 具有记忆信息功能。智能仪器的存储器既用来存储测量程序、相关的数学模型以及操作人员输入的信息，又用来存储以前测得的和现在测得的各种数据。

(4) 自动进行数据处理。对测得的数据，可按设置的程序进行算术运算，如求平均值、对数、方差和标准偏差等数学运算，还可求解代数方程，并对信息进行分析、比较和推理。

(5) 具有硬件软件化优势。采用微处理器，许多传统的硬件逻辑都可用软件取代。如传统数字电压表中的计数器、寄存器和译码显示电路等都可用软件代替。这样不但降低了成本、减小了体积，而且降低了功耗、提高了可靠性。

(6) 具有自检、自诊断利自测试功能。仪器可对自身各部分进行检测，验证能否正常工作。自检合格时，显示信息或发出相应声音。否则，运行自诊断程序，进一步检查仪器的哪一部分出了故障，并显示相应的信息。若仪器中考虑了替换方案，还可在内部协调利重组，自动修复系统。通过自校准（校准零点、增益等）保证自身的准确度。

(7) 自补偿、自适应外界的变化。智能仪器能自动补偿环境温度和压力等对被测量的影响，能补偿输入信号的非线性，并根据外部负载的变化自动输出与其匹配的信号。

(8) 具有对外接口功能。通过 GPM 标准接口，能够容易地接入自动测试系统，甚至接入 Internet 接受遥控，实现自动测试。

第二节 智能仪器的原理

从智能仪器发展的状况来看，其结构有两种基本类型，即微机内嵌式及微机扩展式。微机内嵌式是将单片或多片的微处理器与仪器有机地结合在一起形成的单机，微处理器在其中起控制及数据处理作用。其特点主要是专用或多功能；采用小型化、便携或手持式结构：干电池供电；易于密封，适应恶劣环境，成本较低。目前微机内嵌式智能仪器在工业控制、科学研究、军工企业及家用电器等方面广为应用。如图 11-1 所示为基本结构图。

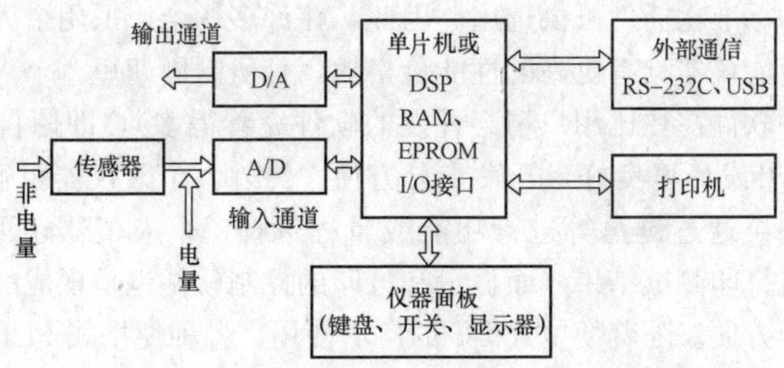

图 11-1 微机内嵌式智能仪器的基本结构

由图 11-1 可知：微机内嵌式智能仪器由单片机或 DSP 等 CPU 为核心，扩展必要的 RAM、EPROM 和 I/O 接口，构成“最小系统”，它通过总线及接口电路与输入通道、输出通道、仪器面板及仪器内存相连。EPROM 及 RAM 组成的仪器内存可保存仪器所用的监控程序、应用程序及数据。中断申请可使仪器能够灵活反应外部事件。仪器的输入信号要经过输入通道（预处理部分）才可以进入微机。输入通道包括输入放大器、抗混叠滤波器、多路转换器、采样/保持器、A/D 转换器和三态缓冲器等。输入通道往往是决定仪器测量准确度的关键部件。在仪器的输出部分，如果要求模拟输出，则需经过输出通道，它包括 D/A 转换器、多路分配器、采样/保持器及低通滤波器等。仪器的数字输出可与LCD等显示器相接，也可与打印机相接，获得测量信息。外部通信接口沟通本仪器与外系统的联系。

微机扩展式智能仪器是以个人计算机（PC）为核心的应用扩展型测量仪器。由于计算机的应用已十分普遍，其价格不断下降，因此从20世纪80年代起就开始有人给PC配上不同的模拟通道，让它能够符合测量仪器的要求，并把它取名为个人计算机仪器（PCI）或称微机卡式仪器。PCI的优点是使用灵活、应用范围广泛，可以方便地利用PC已有的磁盘、打印机及绘图仪等获取硬拷贝。更重要的是PC的数据处理功能强，内存容量远大于微机内嵌式仪器，因而PCI可以用于复杂的和高性能的信息处理。此外，还可以利用PC本身已有的各种软件包，获得很大的方便。如果将仪器的面板及各种操作按钮的图形生成在CRT上，就可得到“软面板”。在软面板上就可以用鼠标或触摸屏操作PCI。如图11-2所示为个人计算机仪器的结构图。

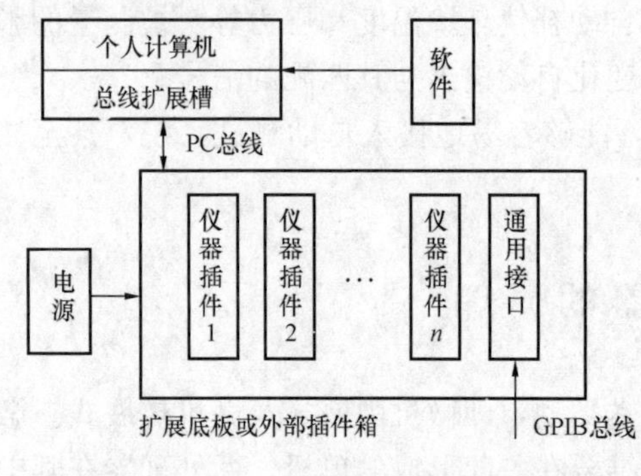

图11-2　个人计算机仪器的结构图

与PCI相配的模拟通道有两种类别。一种是插卡式，即将所配用的模拟量输入通道以印刷板的插板形式直接插入PC箱内的空槽中，此法最方便。但空槽有限，很难有大的作为，因而发展了插件箱式。此法为将各种功能插件集中在一个专用的机箱中，机箱备有专用的电源，必要时也可有自己的微机控制器，这种结构适用于多通道、高速数据采集或一些特殊要求的仪器。随着硬件的完善，标准化插件的不断增多，组成PCI的硬件工作量有可能减小。

从智能仪器的角度来看，不同的测量仪器，其区别只在于应用软件的不同。个人计算机是大批量生产的成熟产品，功能强而价格便宜；个人仪器插件是个人计算机的扩展部件，设计相对简便并有各种标准化插件可供选用。因此，在许多场合，采用个人仪器结构的智能仪器比采用内嵌式的智能仪器具有更高的性能价格比，且研制周期短。个人仪器可选用厂商开发的专用软件（这种软件往往比用户精心开发的软件完善得多），即使自行开发软件，由于基于PC平台，因此开发环境良好，开发十分方便。另外，个人仪器可通过其CRT向用户提供功能菜单，用户可通过键盘等进行功能或量程选择；个人仪器还可通过CRT显示数据，通过高档打印机打印测试结果（而显示和打印的控制软件也是现成的，不用用户操心），因此用户使用时十分方便。随着便携式PC的广泛使用，各种便携式PCI也随之出现，便携式PCI克服了早期便携式仪器功能较弱、性能较差的弱点。总之，个人仪器既能充分运用个人计算机的软硬件资源，发挥个人计算机的巨大潜力，又能大大提高设备的性价比。因此，个人仪器发展迅速。

第三节　智能电能表的原理及应用

在生活中，随着智能电网和高级量测体系的建设以及相关技术的推进，建设一个以“全覆盖、全采集、全费控”为目标的用电信息采集系统被提上日程。随着用电管理水平的不断提高，改变以往陈旧的人工抄表方式迫在眉睫，建设远程抄表自动化系统取代人工抄表，从根本上避免抄表不到位、估抄、误抄、漏抄等现象，以及改正抄表数据不准时、不同时、不准确、统计数据慢、报表周期长等缺点，运用智能化的电能表可以有效的实现用户的远程费控功能，为解决上述问题提供了途径。

所谓智能电能表，就是应用计算机技术，通信技术等，形成以智能芯片（如CPU）为核心，具有电功率计量计时、计费、与上位机通信、用电管理等功能的电能表。除了具备传统电能表基本用电量的计量功能以外，为了适应智能电网和新能源的使用，智能电能表还具有用电信息存储、双向多种费率计量功能、用户端控制功能、多种数据传输模式的双向数据通信功能、防窃电功能等智能化的功能。

图 11-3 智能电能表实物图

一、智能电能表的结构及工作原理

智能电能表在使用时需要用户持 IC 卡到缴费部门预存入电费，并输入至电能表中，当电费不足时，会进行电量不足提醒，高级电能表可以实现露电提醒。当电费完全使用后，电能表会自动断电，需用户充值后才能继续使用。

从结构上来说，智能电能表除了基本的有功电能表外，还有一个专用的微型计算机系统，它主要由硬件和软件两部分组成。硬件部分主要包括信号的输入通道，微控制器或微控制器外围电路、标准通信接口、人机交换通道，输出通道。智能电能表的软件部分主要包括监控程序和接口管理程序两部分。其中监控程序面向仪器面板键盘和显示器，接口管理程序主要面向通信接口。

下面以单相远程费控智能电能表为例，讲解智能电能表的工作原理：

单相远程费控智能电能表电费的计算在远程售电系统中完成，表内不存储、显示与电费、电价相关的信息。电能表接收远程售电系统下发的拉闸、允许合闸、LSAM 数据抄读指令时，需要通过严格的密码验证及安全认证。可见，在智能电能表中，ESAM 模块只负责完成安全认证和数据的存储，此模块可在国家电网公司设置完毕后，提供给表厂安装在智能电能表中。今后的数据存取及密钥的安全认证过程都在远程主站系统与智能电能表中的 ESAM 模块之间进行，与表中的微控制器无关，微控制器仍然由表厂负责设计，完成智能电能表的功能。

当上电检测模拟端口检测到外部 220V 供电时，系统启动内部主时钟全速运行，通过 SPI 口与计量 RN8209 通信，实时读取电能表运行的状态内容，如实时电压、电流值、功率、功率因素等，并判断是否在正常工作范围内，如出现异常，通过 12C 与 RX8025T 通信，读取此刻时间，然后将这些数据通过 12C 通信存储到 24LC512 中，以备主站系统查询，同时报警指示灯报警，通过 I2C 通信将实时数据传输到 HL9576 内，并显示在 LCD 液晶显示屏上。智能电能表运行过程中，不断读取 RX8028T 的时间值，来判断是否可进入下一费率时段运行，进行时段投切。

当智能电能表接收到红外或 485 通信信道下发格式 DL/645—2007 的命令数据，电能表通过规约解析，通过 I2C 通信读取 24LC512 中的数据，打包后通过红外或 485 通信信道上传，如 485 通信信道接收到远程主站系统下发的加密费控命令，2B8 会将此数据传给 ESAM 模块进行解密分析，成功后返回给 2B8，通过命令分析 2B8 执行相应的费控操作。外部 220V 供电消失后，系统电源切换到备用锂电池电源，关闭内部高速时钟，启动低速时钟，关闭外围功能，进入低功耗工作状态。

二、智能电能表的型号铭牌及含义

智能电能表的型号是用字母和数字的排列来表示的，内容如下：类别代号＋组别代号＋设计序号＋派生号。

(1) 类别代号：D—电度表。

(2) 组别代号：表示相线：D—单相；S—三相三线；T—三相四线。

表示用途的分类：D—多功能；S—电子式；X—无功；Y—预付费；F—复费率；M—脉冲。

(3) 设计序号：用阿拉伯数字表示，每个制造厂的设计序号不同。

(4) 派生号：用阿拉伯数字及字母表示，由生产厂家决定。

智能电能表读数显示，一般显示数位为 6.2，即小数点前显示 6 位，小数点后显示 2 位，除上述信息之外，铭牌上还应当写有计量单位名称和符号，基本电流和额定最大电流、参比电压、参比频率、电能表常数、准确等级、制造标准、制造厂家、制造年份、出厂编号，我国目前常用的主要型号有 DDZT 与 DTZY 系列。

三、智能电能表的接线方式

(1) 单相智能电能表的接线方式。对于国产的单相智能电能表，如果没有特殊订货，无论任何厂家、任何型号的设备，一般的接线方式都是 1，3 进线；2，4 出现。具体的接线方式是打开接线盒盖，看到 4 个体积较大的接线端子，按照从左往右的顺序，按照 1、2、3、4 进行编号，按序号接进出线。接表时必须遵守“发电机端”原则，即电流线圈与负载串联接入端线(即火线)中，电压线圈和负载并联，它们的“发电机端”都应该接到电源侧火线上。

(2) 三相三线制。由于三相三线智能电能表内部有两个电压线圈和两个电流线圈，又称为三相两元件智能电能表，一般情况下，用来计量负载对称的电路消耗的电能。接线完毕后应当进行检查线电压与电流，确定是否断相、极性是否反接、确定智能电能表各元件有无缺电流现象、确定接地点。当接线方式确定不正确时，为了准确计量，应该正接线，使电能表为正确的接线方式。在改线的过程中要防止电压互感器二次回路短路和电流互感器二次回路开路，同时要做好记录，注意安全。

(3) 三相四线制。三相四线制有三组电磁原件，接线时安装位置应当垂直适当，并按照接线图正确接入，检查时如发现接线后发生电能表走慢，甚至停走，或测量不准确，则应当检查电磁原件是否正常，“发电机端”接方式线是否正确。

智能电能表接线方式与基本电能表接线方式基本相同，此处不再赘述，智能电能表除内部端子外，智能电能表外部如装有采集终端，则应当将电能表的 485 接口接线到采集终端的 485 接口，采集终端安装有手机卡，配有天线，可实现远程抄表采集数据。

四、常见故障及排除

1. 常见故障

随着智能电能表的普及，电能表一旦出现故障，危害性十分严重，下面对一些常见故障进行介绍。

(1) 表烧故障。根据近几年的故障电能表调查，表烧故障在运行中占很大的比例，表计烧毁不能正常运行，危害性十分严重，造成表烧故障的原因主要有：表面采样回路端子接触不良在大负荷条件下过热烧毁；线路板工艺质量不过关出现短路现象；人为因素如安装接线时接线端钮盒的螺丝未拧紧，使得接触电阻增大，从而发热烧表，用户长期超负荷用电，使电能表过负荷造成电流取样线路或内置继电器烧坏，或在安装时继电器输出端子零线端接线错误引起表内短路。因此在安装电能表时，应当在检查电能表质量的同时，还要加强监督，按照要求严格规范工作流程，避免事故的产生。

(2) 显示故障。电能表在运行中出现显示故障，常见的有LCD缺字花屏、显示数据错误、LCD黑屏、屏幕碎裂等。显示器的液晶管脚未插好或虚焊，长期在高温潮湿的环境下工作，时钟电路有虚焊、搭锡现象，主板短路供电线零线脱焊等原因都可能导致显示故障。

(3) 通信故障。电能表正常工作时应当能够双向通信，支持数据的双向交换，如发生不通信或单向通信，即认为发生通信故障。遇到故障时，应先排除人为因素，确保波特率，表地址等通信参数正确，通信协议DL/T 645—2007《多功能电能表通信协议》选择正确(2007规约与1997规约不同)。当RS485不能正常通信时，检查辅助端子485接线正负极是否接反，检查RS485芯片驱动光耦及电阻是否损坏，当红外掌机通信失败时，检查红外接收、发射部分电路是否正常，红外发射管是否损坏。载波通信失败时，检查载波接口及相关器件、电压线路及波形是否正常。

(4) 费控故障。远程费控智能电能表主要通过网络等虚拟平台作为实现费控功能，当发生身份认证不合格或远程费控不合格时，即认为发生了费控故障。当身份认证不合格或密钥下装失败时，智能电能表内的安全密钥模块与密码机之间没有进入信息安全交换模式。远程费控不合格是指密钥下装安全认证通过后，通过软件对费控智能电能表下达远程指令，如拉、合闸，智能电能表无法执行。

(5) 电池故障。智能电能表内的锂电池如果电能耗尽，将造成数据丢失，因此锂电池对于整个电能表来说有重要的意义，当智能电能表长期处于电池欠电压，报警灯长亮显示错误代码ERR－04电池电压过低时，即发生电池故障。产生故障的主要原因是电池本身质量不过关，电池接触不良或连接电池的跨接器开路，造成电源无法给电池供电，或电路板设计缺陷，故障形成回路使得电池放电，或者停电唤醒状态频次较高、电池功耗过大加快了电池损耗。

(6) 死机故障。如果通电之后电能表无任何反应，即认为发生死机故障。电源的连接异常，电流电压取样线虚焊或断开，电压分压电阻断裂，单片机复位后电路不工作，运行中智能电能表遭受雷击，都可能引起死机故障。

(7) 计量故障。无脉冲输出、无指示、不计量或计量误差大，则认为产生计量故障，电子元器件损坏，电阻老化，都可能造成计量故障。

2. 常见故障的解决措施

(1) 加强智能电能表相关知识的普及，让用户在使用时不超负荷运行。在安装过程中，监督工作人员按照要求规范工作流程，安装接线工作完工后认真检查无误后再结束工作，避免因接线错误或安装质量造成烧表故障。

(2) 加强对智能电能表的质量的监控及管理，加强普查及抽查，把好质量第一关，还需要根据当地气候环境特征加强气候影响实验，减少因现场运行环境，造成的事故。

(3) 选用高质量的锂电池，使用中减少电路发热，并及时采取散热处理。定期进行用电检查，发现电池问题，及时更换。

(4) 加强人员培训，保证运输安全，规范安装位置的选择，注意智能电能表的运行环境，避免其在高温高湿环境下工作。

第四节 典型智能仪器

一、固体密度测试仪的研制

在地球物理探矿、钢材、水泥制品、塑料制品分析或矿石标本成分含量分析中，密度参数测量是衡量其质量或成分含量非常重要的依据之一。通常，固体密度参数测量方法有天平法、机械法和电子自动法三种。

天平法测量时，手工操作，靠人工添减砝码，给予调平，通过人工记录与计算得到密度值，手续繁琐，效率低，必须已知体积或形状规则的固体。

机械法测量时，也需调整砝码，使桥臂平衡，效率低，指针读数误差大，受刻度盘限制，测量精确度较低：对于规则形状固体的密度的检测，一般比较容易实现，而对于不规则形状固体的密度，目前还是一个难题。

电子自动法是一种基于阿基米德浮力定律实现对固体的密度测试的方法，这种方法是利用单片机技术，通过一定的硬件电路和配套软件来实现固体密度测试。它具有操作简单、精确度高、性能稳定和可靠等优点，特别适合测量不规则形状固体密度。

1. 测量原理

物理学中密度定义为物体单位体积的质量数。在测量密度时，首先测量固体标本在空气中的重量，再将固体标本浸没在装有水的容器中，测量固体受水浮力后的重量，根据阿基米德浮力定律可求出固体的密度值。

设固体标本的质量为 M、体积为 V、测量密度为 ρ，根据密度定义，有 $\rho=M/V$。如果固体标本在空气中的重量为 $p_1=Mg$，在水中的重量为 $p_2=(M-M_0)g$，则浸没在水中前后的重量差为 $p_1-p_2=M_0g$，其中 g 表示重力加速度，M_0 表示与固体标本同体积的水的质量。根据阿基米德浮力定律，不规则固体的体积为

$$V=\frac{M_0}{\rho_0}=\frac{p_1-p_2}{\rho_0 g}$$

则不规则固体的密度为

$$\rho=\frac{p_1/g}{(p_1-p_2)/(\rho_0 g)}=\rho_0\frac{p_1}{p_1-p_2}$$

式中：ρ_0 为水的密度，因为 $\rho_0=1\text{g/cm}^3$，所测固体的密度为 $\rho=\dfrac{p_1}{p_1-p_2}$。

可见，只要分别求出不规则固体在空气中的重量 p_1 和该固体在水中的重量 p_2，根据上式即可得到被测固体的密度值。

2. 硬件电路设计

固体密度测试仪由称重传感器、电压放大器、A/D 转换器、AT89C51 单片机、LCD 显示器和打印机等组成，其框图如图 11-4 所示。分别测量不规则固体在空气中的重量 p_1 和在水中的重量 p_2，计算、显示和打印密度值 ρ_0。

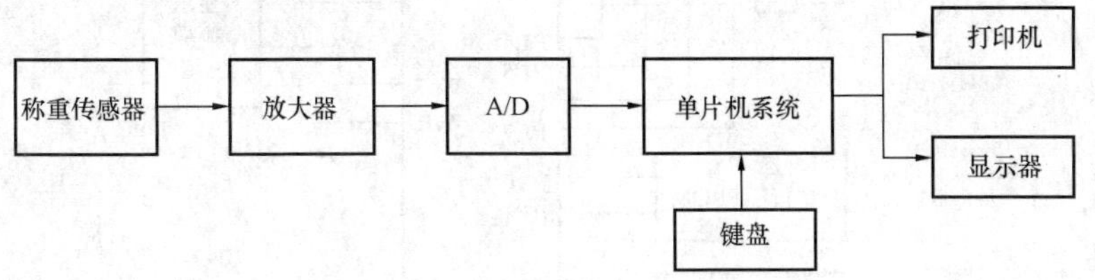

图 11-4　固体密度仪组成框图

（1）传感器设计。固体密度测量系统中传感器由四片性能完全相同的压阻式应变片组成，通过压阻效应实现重力到电阻的转换，再由电桥将电阻的变化转换为电压的变化。其电桥电路如图 11-5 所示。

其中，应变片 R_1、R_3 是受压电阻，应变片 R_2、R_4 是受拉电阻。

若

$$R_1 = R_3 = R_2 = R_4 = R$$

$$\Delta R_1 = \Delta R_2 = \Delta R_3 = \Delta R_4 = \Delta R$$

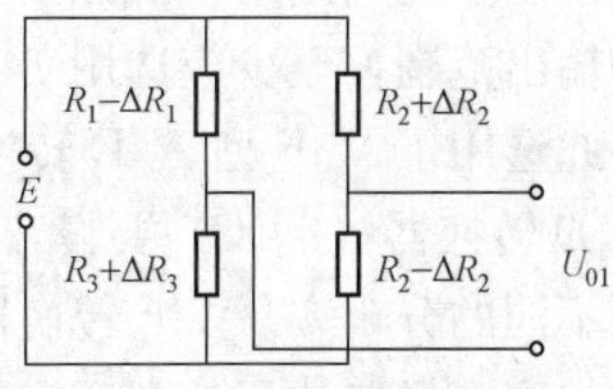

图 11-5　压阻传感器电桥电路

则

$$U_{01} = E\Delta R/R = KP$$

式中：K 为重力到电压的转换系数；P 为电阻传感器所受到的重力；U_{01} 为传感器桥路输出电压；E 为电桥电源电压。

对应 0～450g 的重量范围，本传感器的输出电压 0～10mV。

（2）信号放大电路。由于传感器输出信号较弱，为了进行有效放大，提高抗干扰能力，信号放大电路中采用了仪用放大器 AD620。模拟信号放大电路如图 11-6 所示。

图 11-6 中 A_1 和 A_2 接成跟随器，起阻抗匹配作用，信号 U_{01} 经两个跟随器由 A_3 与 A_4 仪用放大器进行两级放大，由运放 A_5 完成压阻式压力传感器的输出调零工作。在本仪器中放大器的放大倍数选为 200 倍。

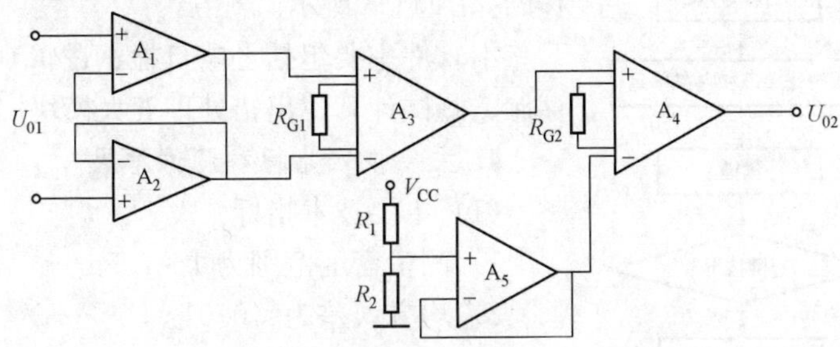

图 11-6　模拟信号放大电路

（3）单片机及外围电路。单片机及外围电路由 AT89C51 单片机、V/P 转换器及外围电路组成，其连线电路如图 11-7 所示。主要完成信号的采集、数据转换、数字滤波、参数计算、显示等工作。

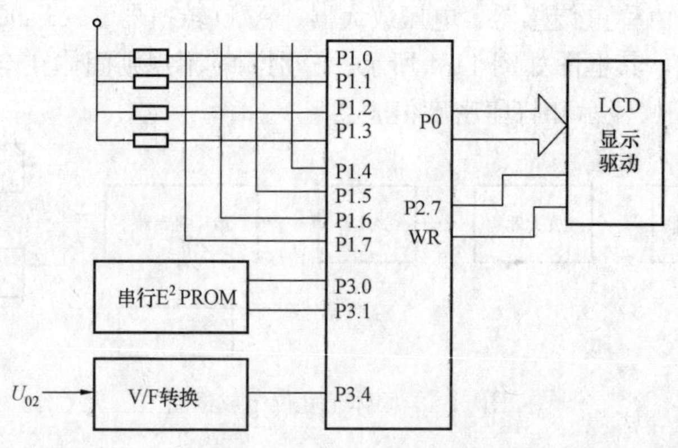

图 11-7 单片机与外围电路的连接图

信号的采集由模数转换器完成，模数转换部分要求达到一定的精确度和良好的线性，且能抑制固定周期的干扰源（主要由电源和悬臂摆动等造成）。根据仪器精确度要求和传感器的输出范围，至少应选用 14 位的模数转换器。由于测量过程对仪器的测量速度要求不高，因此选用了 V/F 型 A/D 转换器 VFC320 完成信号的采集。V/F 转换器的速度较其他类型的 A/D 转换器（ADC）要慢，但其可靠性好，精确度较高，而且可调整计数的闸门时间以达到不同的分辨率。V/F 转换器的输出接到单片机的定时/计数器上进行频率的测量，被测固体的密度经单片机处理后，通过液晶显示器进行显示。选用 LCD 显示器主要是从降低整机的功耗考虑的。LCD 显示采用 4 位液晶片 EDS106，驱动器选用 ICM7211。如果需要打印功能，可将微型打印机挂到总线上，再用地址线产生另一个不同的片选信号，就将被测固体密度值打印出来。为了完成对中间结果和密度等的记录，以实现对数据的掉电保护，存储部分选用了串行 E2PROM2402，它可存储 2K 位的数据，连接十分方便，能与单片机直接接口，有良好的传输稳定性，数据保存时间长。

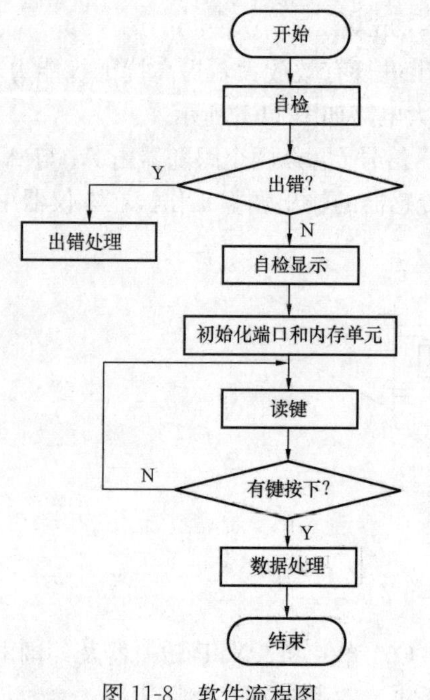

图 11-8 软件流程图

3. 软件设计

软件采用汇编语言实现，为保证程序的执行速度及程序代码的紧凑性，程序采用模块化结构设计，软件流程图如图 11-8 所示。

本软件主要包括上电自检、逻辑判断初始化、数据存储、测试计算、出错处理五大模块。

4. 主要技术指标和测试结果

（1）主要技术指标。

1）测量密度范围为 1～7.5g/cm^3。

2）均方误差为＜0.01。

3）测量体积范围为 50～300cm^3。

4）体积分辨率为 0.1cm^3。

5）测量重量范围为＜500g。

（2）测试结果。通过对若干种样品的实际测量，测量密度精确度达到0.1g/cm³，并且被测样品密度越大，其测量误差也越大。

表11-1给出了其中一种样品的测试结果。

表11-1 **样品测试结果** (g/cm³)

序号	测试数据	平均值	均方差
1	2.689	2.687	0.0035
2	2.690		
3	2.689		
4	2.689		
5	2.691		
6	2.678		
7	2.688		
8	2.686		
9	2.687		
10	2.688		

二、基于TMS320VC5402的地下管道漏水检测仪设计

地球上的所有物质中，水是最宝贵的，它决定了生命能否存在。我国水资源人均占有量居世界第110位，被列为世界上12个贫水国之一。现在世界各国人民的饮用水主要是井水和自来水，随着社会的发展，自来水在人们的生活和生产中的作用越来越重要。在城市供水尚不能适应用水发展需要的情况下，自来水传送过程中的漏水问题，至今仍是城市供水和用水中最为严重的问题。我国城市供水管网，尤其在一些老城市，由于管道埋设时间长，腐蚀较为严重，漏水率十分惊人。据统计，每年漏水量达供水量的15%以上，全国每年有数十亿吨的自来水白白流失，造成了巨大的资源浪费和经济损失。针对漏水问题，世界上许多国家都着力进行地下自来水管道漏水检测仪器的研究，国外已经研究出了相应的检测漏水的仪器，并投入生产和使用。现在较先进的检测漏水的方法是由相关检测的原理来进行设计的。所谓相关检测，就是对两路信号进行相关运算，求出两路信号的相关性。对于时域信号，它们之间的相关函数就是时间差的函数，根据时间差和漏水声在不同管道中的速度及管道的长度，就可以找到漏点的具体位置。

采用美国德州仪器（TI）公司TMS320VC5402为核心，辅以数据采集、键盘和显示电路，设计的地下管道漏水相关检测仪。通过压电式声波传感器将漏点处水与管壁摩擦产生的声音转换为两路电信号，经放大后直接由24位A/D转换器转换为数字信号，送入DSP处理器；信号在DSP内部经滤波和相关处理得到两路信号的时延估计，最后根据声音在管道传输的速度和两传感器间距离，计算出管道上漏点的具体位置。利用键盘对系统控制并输入需要的参数，LCD显示提示信息以及最终的运算结果和相关波形。

（一）TMS320VC5402性能特点及应用开发过程简介

1. 性能特点

TMS320VC5402是一种TI公司生产的16位低功耗定点数字信号处理器（DSP），是具有一组程序总线和三组数据总线的改进型哈佛结构。独立的数据和程序空间允许同时访问程序和数据指令，提供了高度的并行操作性，在一个周期内可以同时执行两个读操作和一个写

操作指令。此外，数据还可以在数据空间和程序空间之间进行传送。这种并行性还支持一系列功能强劲的算术逻辑及位操作运算。所有这些运算都可在单个机器周期内完成。同时该芯片还有包括中断管理、重复操作及功能调用在内的控制机制。

C5402 有 4K 字的可屏蔽 ROM，还有一安全选项可以保护用户自定义的 ROM；该芯片还含有两块 8K 字组成的 16K 字片上双端 RAM（DARAM），每块 DARAM 可以支持一个周期两次读或一次读一次写操作，DARAM 被分配在数据空间的 0060H-31VⅧ范围内，并可以通过设置 0VLY 位将其影射在程序/数据空间。

C5402 的片上外设主要包括软件可编程等待状态发生器、通用 I/O 引脚、主机接口（HPI）、硬件定时器、时钟发生器、多通道缓冲串行接口（MCBSP）以及六通道 DMA 控制器等。软件可编程等待状态发生器主要针对控制外部总线的操作：通用 I/O 引脚包括 XF 和$\overline{\mathrm{BIO}}$两个引脚，主要用来作为与外部接口器件的握手信号使用；外部主机接口由一个 8 位的数据总线和用于设置和控制接口的控制信号线组成，只需很少甚至不需要外加接口逻辑就可以方便地与各种主机相连；时钟发生器可以使设计者很方便的选择时钟源，包括一个内部的振荡器和一个锁相环（PLL）电路，PLL 可以使用比 CPU 时钟低的外部时钟信号，内部 CPU 的时钟 N 倍于外部时钟或内部时钟；MCBSP 可以提供 2K 字节数据缓冲的读写能力，从而可以降低处理器的额外开销，即使在省电模式下，也可以全速工作。

DSP 芯片通过 MCBSP 与串行 A/D 直接相连，提供 A/D 转换主时钟，并能够直接接收串行数据。DSP 芯片对输入的数字化信号进行一定的处理，如进行以乘累加操作（MAC）为基础的 FFT 变换、数字滤波或相关处理等。经过处理后的信号从 DSP 输出后送入 D/A 转换器。并经后续的平滑滤波后得到净化的模拟信号。与输入的模拟信号相比，此信号得到了很大的修改，噪声或干扰被抑制，幅度在一定程度上被放大，有时会有相位的变化，表现在频谱上，就是频带被限制或分割。与其他的非 DSP 处理系统相比，由于 DSP 结构上的特点，能够快速进行所需要的数据运算，因此，DSP 系统能够满足实时性要求，对实时性要求较高的场合是 DSP 最能发挥长处的地方。

2. DSP 应用开发过程简介

要设计一个完整的 DSP 系统，需要很多过程才能完成，而且不同的系统所需要的设计步骤也不完全相同，但对于 DSP 仪器系统来说，其设计步骤则基本相同，具体不同的硬件系统只是在此设计步骤上有所调整而已。

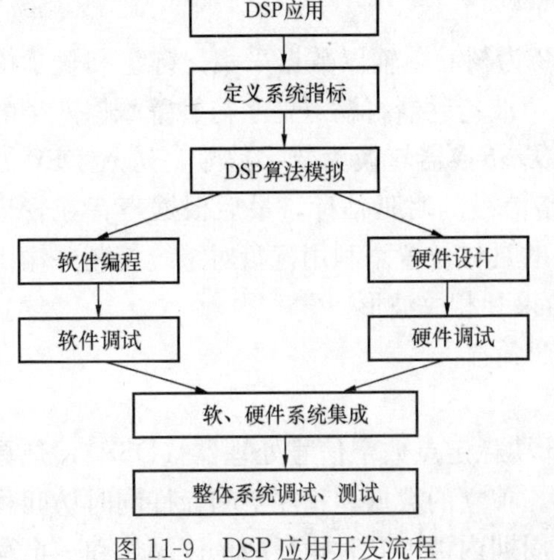

图 11-9 DSP 应用开发流程

（1）DSP 应用开发流程。图 11-9 给出了 DSP 应用开发流程。首先，在设计系统以前，一定要根据所设计系统的应用范围和适用场合等确定系统的性能指标，如系统的精确度、稳定性和抗干扰性等；同时还要确定数据处理的方法，如有限冲击响应（FIR）和无限冲击响应（IIR）滤波器的相位问题。数据压缩中不同的变换方法所侧重的压缩质量和压缩比不一样，同样对于图形图像处理来说，不同的处理方法也会得到不同的处理效果。一旦确定了系统的各种性能指标和数据处理的方法，通常就可以用系统框图、数据流程图、数学运算序列、正式的符号或自然语言来描述，得到总体的系统框架。

其次，设计了总体框图和数据处理方法以后，可以根据实际情况采用适当的仿真软件进行仿真，以验证设计的正确性。一般而言，要顺利实现预定系统，可以利用现在比较流行的仿真软件 Matlab 进行仿真。如果利用设计的数据处理方法仿真出的结果和预期结果相符，则可以肯定该方法切实可用，否则需要重新设计处理方法，直到能够得到预期结果。这样可以节省大量的时间，在设计初期就能避免原理性的错误。当然，仿真使用的输入数据一般应该是采集的实际信号，以计算机文件的形式存储为数据文件，也可以使用仿真软件模拟生成一个假设信号来对要求不高的普通算法进行验证。

在能够仿真得到预期的结果后，就可以考虑设计实时的 DSP 系统了，实时的 DSP 系统设计包括硬件设计和软件设计两大部分。硬件设计首先要考虑系统运算量的大小、对运算精确度的要求、系统成本限制及体积和功耗等。然后设计 DSP 芯片的外围电路及其他电路。软件设计和编程主要根据系统要求编写相应的 DSP 汇编程序，若系统运算量不大，且有高级语言编译器支持，也可用高级语言（如 C 语言）编程。由于现有的高级语言编译器效率还比不上手工编写的汇编语言效率，因此在实际应用系统中常常采用高级语言和汇编语言混合编程方法，即在算法运算量大的地方，用手工编写的方法编写汇编语言，而运算量不大的地方则采用高级语言。采用这种方法，既可缩短软件开发的周期，提高程序的可读性和可移植性，又能满足系统实时运算的要求。

DSP 硬件和软件设计完成后，就需要进行硬件和软件的调试。软件的调试一般借助于 DSP 开发工具，如软件模拟器、DSP 开发系统或仿真器等。调试 DSP 算法时一般采用比较实时结果和模拟结果的方法，如果实时程序和模拟程序的输入相同，则两者的输出应该一致。应用系统的其他软件可以根据实际情况进行调试。硬件调试一般采用硬件仿真器进行调试，如果没有相应的硬件仿真器，且硬件系统不是十分复杂，也可以借助一般的工具进行调试。

（2）软件开发平台和软件工程建立。TI 公司专门提供开发 DSP 的软件平台 Code Composer Studio（CCS），它通常分为代码生成工具和代码调试工具两大类，如图 11-10 所示。CCS 集成的源代码编辑环境，使程序的调试与修改更为方便；CCS 集成的代码生成工具，使开发设计人员不必在 DOS 窗口键入大量的命令及参数；CCS 集成的调试工具，使调试程序一目了然，大量的观察窗口使程序调试与修改得心应手。更重要的是，CCS 加速和增强了实时、嵌入信号处理的开发过程，提供了配置、构造、调试、跟踪和分析程序的工具，在基本代码产生工具的基础上增加了调试和实时分析的功能。开发设计人员可在不中断程序运行的情况下查看算法的对错，实现对硬件的实时跟踪调试，从而大大缩短了程序的开发时间。

代码生成工具的作用是将 C 语言、代数语言、汇编语言或两者的混合语言编写的 DSP 程序编译、汇编并链接成为可执行的 DSP 程序。代码生成工具主要包括 C 编译器、汇编器和链接器等，此外，还有一些辅助工具程序，如文件格式转换程序、库生成和文档管理程

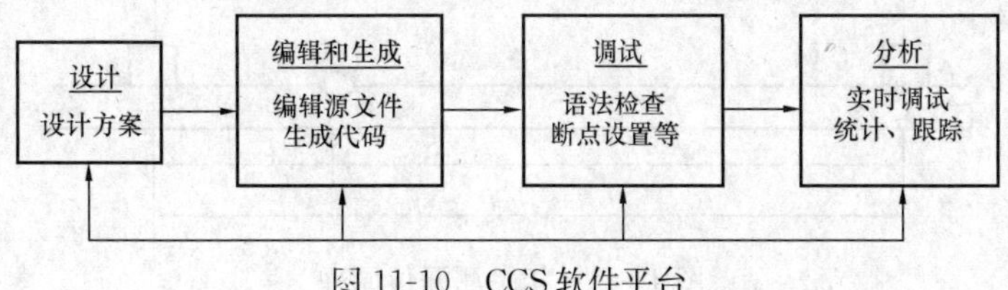

图 11-10　CCS 软件平台

序等。

CCS使用工程的概念来管理文档，可以形成清晰的层次，便于用户开发和管理。一个工程中可以包括很多用户设计的源文件，如用汇编、C、C＋＋及代数语言等编写的文件，同时工程中还包括库文件、头文件、命令文件（crud 文件）以及 DSP/BIOS 配置文件等，所有文件构成一个完整的工程文件，要形成一个工程文件并不要求这些文件全部具备，但必须具有源文件和 cmd 文件。如只用汇编语言编写的一个小程序组成的工程，则只需要一个源文件和一个 cmd 文件。

(3) 硬件系统实现。一个 DSP 的应用系统，其硬件设计主要有如下几部分：①复位电路；②时钟电路；⑧外部存储器与并行 I/O 接口电路：④串行 I/O 接口电路：⑤BOOT 设计。对于 DSP 的主从应用系统，则还要考虑主从微处理器之间的通信接口问题。

(二) 地下管道漏水相关检测仪原理

1. 相关检测的基本原理

相关检测是利用相关原理对某些物理量进行检测。两个信号的互相关函数是一个有用的统计量，它可以用来了解两个信号之间的相似程度，或两个信号之间的时间关系。对两个信号进行时差调整，就可以求得相关函数的最大值，从而了解它们之间的相似程度。如果已知这两个信号是相似的，则这个时差就等于它们之间的时间延迟。本系统就是根据这个原理来定位泄漏点的。

实用的互相关函数定义为

$$R_{xy}(\tau)=\frac{1}{T}\int_0^T x(t)y(t+\tau)\mathrm{d}t \tag{11-1}$$

式中：$x(t)$、$y(t)$ 为两路输入信号；τ 为时差。

相关检测的基本原理如图 11-11 所示。设管道某处（O 点）漏水，O 点处的泄漏引起向漏点两侧管壁中传播的声信号 $s(t)$，在漏点两侧传感器 A、B 接触管道露出部位，在 A、B 两处观测点的声压信号分别为

$$x(t)=s(t)+n_1(t) \tag{11-2}$$

$$y(t)=as(t-\Delta t)+n_2(t) \tag{11-3}$$

式中：$n_1(t)$ 和 $n_2(t)$ 均为噪声，设信号与噪声统计独立；Δt 为两个不同接收点之间产生的时间差。

通过互相关函数为

$$R_{xy}(\tau)=\frac{1}{T}\int_0^T x(t)y(t+\tau)\mathrm{d}t\approx R_{ss}(\tau-\Delta t) \tag{11-4}$$

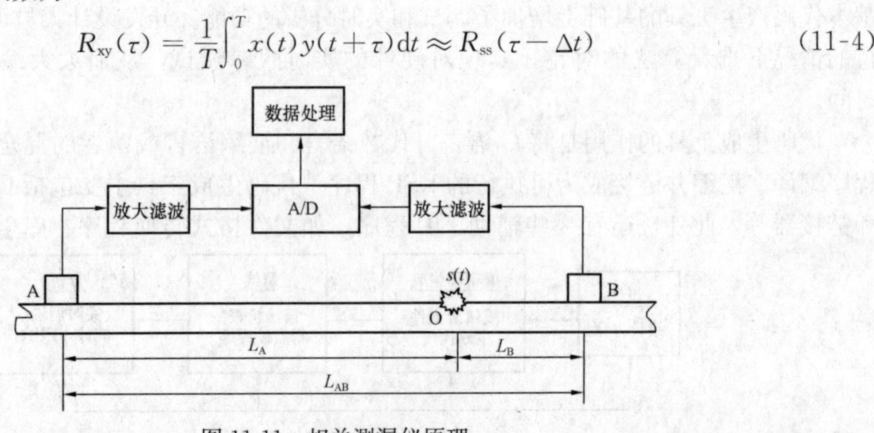

图 11-11 相关测漏仪原理

当 $\tau=\Delta t$ 时，相关函数呈现最大值。

在图 11-11 中，设两个传感器到漏点的距离分别为 L_A 和 L_B，两传感器之间的距离为 L_{AB}。到达传感器 A、B 两点时间为

$$t_A = L_A/V \tag{11-5}$$

$$t_B = L_B/V \tag{11-6}$$

则两者时间差为

$$\Delta t = \frac{L_A - L_B}{V} \tag{11-7}$$

又

$$L_{AB} = L_A + L_B \tag{11-8}$$

因为管道埋设在地下，我们看不到 O 点，也不知道 L_A 和 L_B 的长度，已知的是 L_{AB}和 V，联立式（11-7）和式（11-8）得

$$L_B = \frac{(L_{AB} - V\Delta t)}{2} \tag{11-9}$$

式中：L_{AB}为 A、B 两点的距离；V 为漏水声传播速度；Δt 为相关检测时间差；L_B 为漏点到 B 传感器的距离。

由式（11-9）求出 L_B，就可以找到漏点的准确位置。

检测时，将 A、B 两个压电传感器分别置于自来水井部位露出的管道两端。把自来水的微弱漏水声信号转换成电信号。通过电缆送到与传感器阻抗相匹配的前置放大，通过带通滤波器进行预处理，以减少噪声的干扰。该信号再经过电压放大，经数据采集进行采样和量化，然后在计算机中进行处理，得出时间差（时延估计值）。

放置在测试管道上两个传感器的距离 L_{AB}和漏水声的速度 V 是可知的，V 取决于管材、管径和管道中的介质，常见管道的声音传播速度见表 11-2。由式（11-9）可以知道，只要知道了时间差 Δt，就可以知道漏点的具体位置了。相关测漏仪就是利用相关的算法，求出漏水声传到管道两端的时间差 Δt，从而找出漏点的位置的。

2. 漏水声音信号与传感器

对于管道而言，其自身存在对声波的截止频率，估计公式为

$$f = \frac{1.84V}{2\pi a} \tag{11-10}$$

式中：V 为声音传播的速度；a 为管道半径。

管道半径越小，截止频率越高。

表 11-2　　常见管道的声音传播速度表

材　料	管径（mm）	波速（m/s）	材　料	管径（mm）	波速（m/s）
球墨铸铁	≤100	1310	铸铁	>300	1140
球墨铸铁	100～300	1230	水泥		1110
球墨铸铁	>300	1120	铝		1110
铸铁	≤100	1280	聚乙烯		320
铸铁	100～300	1210	钢、铜		1280

当管道半径为 0.05m 时，从表 11-2 可知声音在管道中的传播速率不超过 1310m/s，可以计算出管道传播声音的截止频率 f_c 为

$$f_c = \frac{1.84 \times 1310}{2 \times 3.14 \times 0.05} \text{Hz} \approx 7676(\text{Hz})$$

因此，漏点发出的声音信号可以在管道中有效传输。传感器的频响曲线如图 11-12 所示，从图中可以看出，在音频范围内，传感器非常灵敏，200Hz 时的输出大于 10V/g。传感器的频率特性满足漏水信号检测要求，因采集到的信号是存在外部复杂环境下的声音信号，采集的原始信号质量较差，需对其进行处理后方可进入后续处理，以便得到更为准确的结果。同时，基于此可以设计一个带通为 200Hz—f_c 的高阶 FIR 数字滤波器，以便有效滤除外界工频干扰和高频噪声干扰，净化信号。

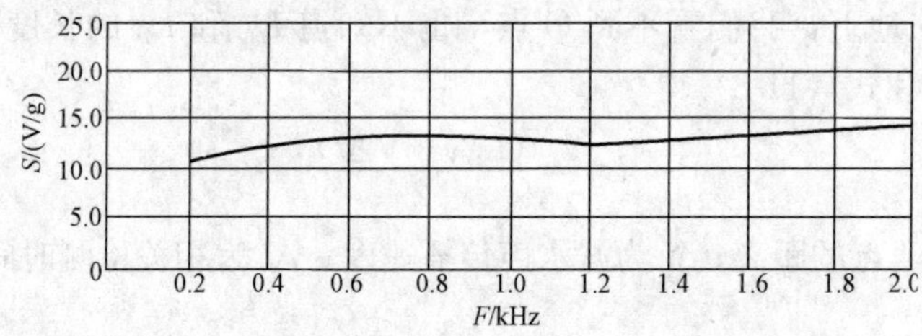

图 11-12 传感器频响曲线

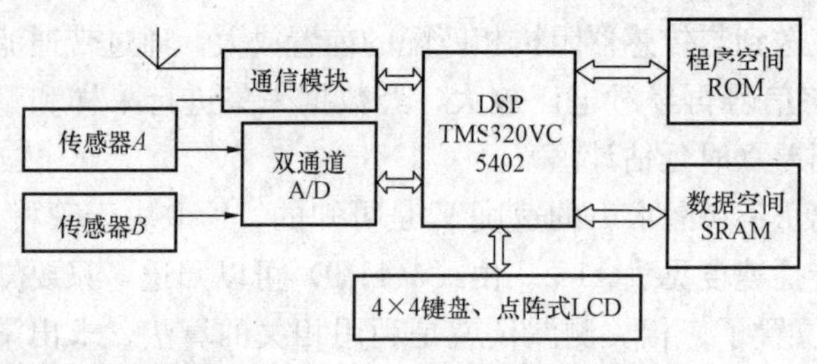

图 11-13 相关测漏仪组成框图

（三）相关测漏仪硬件设计

相关测漏仪组成框图如图 11-13 所示，主要包括 TMS320VC5402、ROM、RAM、采集模块、4×4 键盘、240×128 点阵式 LCD 和通信等。

1. 24 位 A/D CS5360 与 DSP 的接口

系统中使用 24 位 A/D 转换器 CS5360 对传感器输出信号进行量化，理论上可以达到约 0.2μV 的分辨率。由于 CS5360 的输出为同步串行模式，输出时序如图 11-14 所示，因此可以将其与 DSP 的多通道同步缓冲串口（MCBSP）相连，因 CS5360 为 5V 电平，所以中间需要加一缓冲器 74LVTH162245 来实现电平转换。由 CLKX 提供给 A/D 作为工作主时钟。因为 A/D 的采样频率为其主时钟的，因此修改主时钟可以改变 A/D 的采样速率，方便了系统设计。其 A/D 转换器及与 DSP 的接口原理框图如图 11-15 所示。

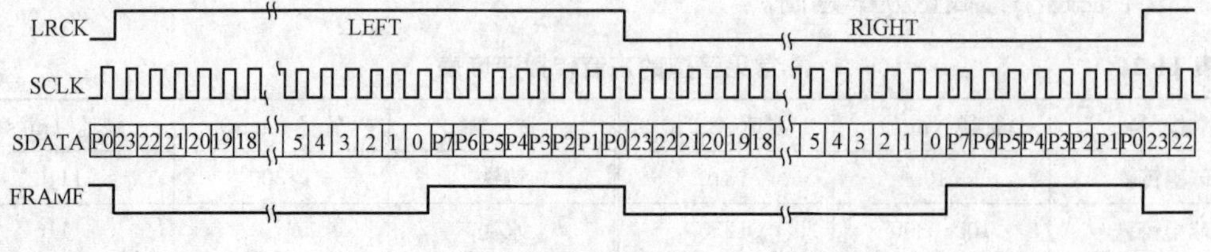

图 11-14 模数转换输出时序图

2. 程序存储空间

FLASH 是一种可在线进行电擦写，掉电后信息不丢失的存储器。它具有低功耗、大容量

和擦写速度快等特点，因而在数字信号处理系统中得到广泛的应用。在本仪器中，FLASH选用的是ADM公司的AM29LV160D，映射为程序存储空间，来存储用户程序和加载程序。对于FLASH的烧写程序，由于FLASH是贴片式的，无法用FLASH烧写器对其进行编程，因此，在CCS环境下，自己编写FIASH的烧写程序，将仪器程序和上电加载程序烧到FLASH中，待DSP上电后从中读取程序代码。FLASH的片选信号（/CS）接地，写选通（/WE）和读选通（/OE）通过DSP的程序空间选择信号PS、存储器选通信号MSTRB和读/写信号R/W的译码来实现。DSP与FLASH的连接框图如图11-16所示。

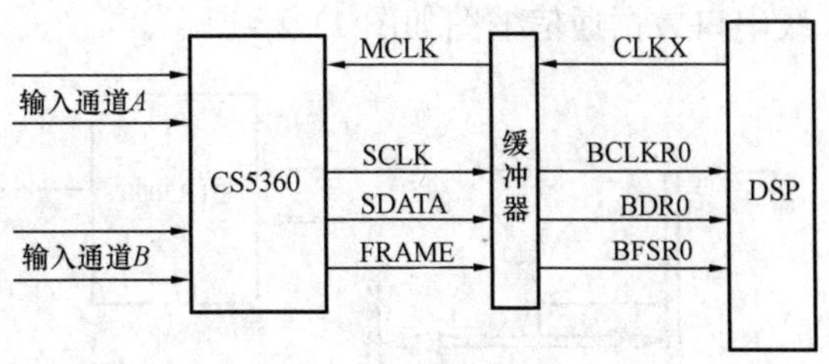

图11-15　模数转换器与DSP连接原理图

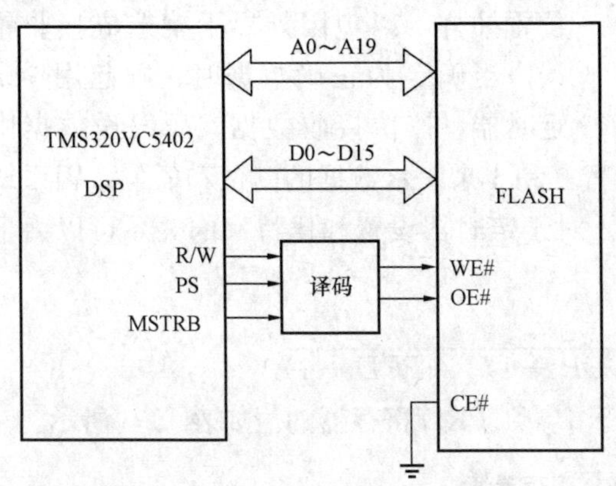

图11-16　DSP与FLASH的连接框图

3. 数据空间的扩展

TMS320VC5402片内有16kB的DARAM，外部扩展的RAM映射的地址空间是4000H—OXFFFFH共48kB的空间。本系统中，选用的RAM是Cypress公司的CY7C1021，SRAM的片选信号由DSP的数据空间选择信号DS、存储器选通信号MSTRB和地址线A14、A15译码得到，扩展的外部数据空间的地址为4000H—OXFFFFH的48kB。写选通信号WE直接与DSP的读/写信号R/W连接，读选通信号（/OE）接地。DSP与SRAM的连接框图如图11-17所示。

4. 键盘与LCD

由于键盘和液晶显示都是慢速外设，在和快速的DSP连接时存在速度匹配的问题，特别是键盘，每次检测键值都要用到10ms以上的延时时间，这在快速设备中是不允许的。为此，系统设计时附设了一个接收键盘键值的微控制器89C2051，利用微控制器的P1口接收4×4键盘的按键信息，编码后通过异步串口以9600bit/s送给DSP。显示信息时，由于LCD的工作电平为5V，而且反应时间也较慢，一般在80ns左右，因此设计时DSP将数据通过锁存送给液晶，锁存器使用的是74LV373，5V电压供电，并通过一定的延时可以达到正确的显示效果。

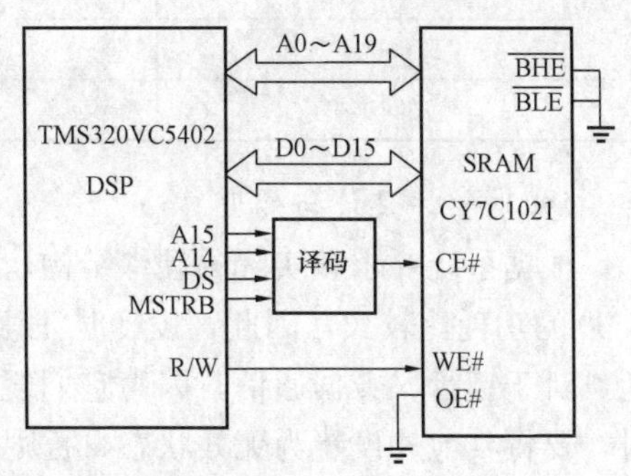

图11-17　DSP与SRAM的连接图

5. 通信模块

设计有线和无线可选的数据传输方式。有线方式采用的是通用芯片RS485，无线传输采用无线收发数传模块PTR2000。对两者的控制则采用数据锁存的方式，因为有线和无线共用DSP的一个端口，因此在使用其中一个方式时，可以将另一方式置为无效状态。有线/无线串口数据通信框图如图 11-18 所示。

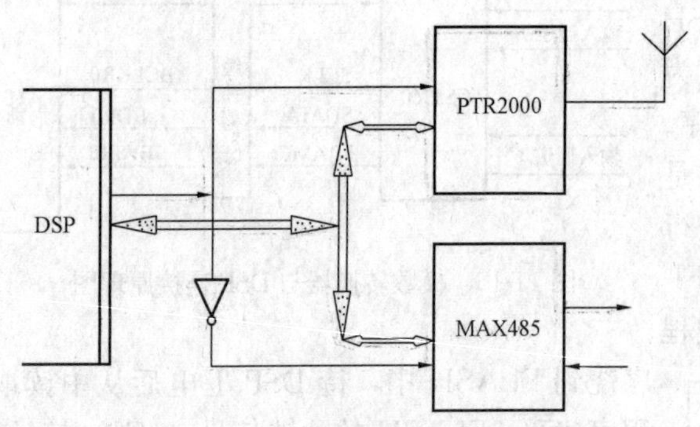

图 11-18 有线/无线串口数据通信框图

由于 DSP 没有异步串口，而长距离传输数据时使用的都是异步串口设备，因此，软件设计时利用 DSP 的 XF、$\overline{\text{BIO}}$ 和 INTO，编写了一个半双工异步通信的程序。接收数据时，用外部中断 0 检测数据起始位，用$\overline{\text{BIO}}$来接收数据。一旦检测到起始位，即可以利用定时器在 0.5bit 位置抽样，以免因外界干扰造成接收错误。当确定为正确数据时，则起用 1bit 定时器，按位接收数据。而发送数据则较简单，可分别利用延时一个比特的时间对 XF 置 0 和 1 来表示数据的高位和低位。因系统中没有其他程序用到 XF，故可以使其有效工作。对于定时器设置和比特率的关系可以由下式计算

$$\text{比特率} = \frac{1}{CLKOUT \times (TDDR + 1) \times (PRD + 1)}$$

对于 100MHz 的 DSP 芯片来说，TDDR 等于 1，则 PRD 寄存器的值如表 11-3 所示。

表 11-3　不同比特率的 PRD 寄存器值

比特率（bit/s）	PRD（1bit 周期）	PRD（0.5bit 周期）
2400	20832	10416
9600	5207	2603
19200	2603	1301
38400	1301	650
57600	867	433
115200	433	216

（四）软件设计与处理算法

根据系统要求和实际的硬件结构，设计了图 11-19 软件总流程图。对于数据部分，由于 A/D 的功耗比较大，因此，设计时注意了在不使用 A/D 时将其置为复位状态以降低系统功耗。对于键盘、数据通信，因为它们复用 DSP 的同一个通信口，所以在使用其中一个外设时，要将其他外设置为无效状态，否则会造成通信错误。在显示部分，虽然使用了数据锁存器，但由于显示模块速度较慢，在编写程序时注意了恰当的延时，使液晶块能够正确显示。

数据处理部分的程序是本设计的核心程序，这部分程序完成的功能是对接收进来的数据进行预先的滤波处理，预处理后，分别对两个通道数据进行快速傅里叶变换，将时域信号转换为频域。转换完毕，将两个通道的信号的傅里叶变换进行相关分析，得到相关函数序列，从相关函数的序列中找到峰值点，就是两个通道信号之间的时间差，再根据其他相关的信息，就可以对地下管道的漏点进行定位了。数据处理软件流程图如图 11-20 所示。

在 CCS 下，可以用图形编辑器对存储空间里面的数据进行显示。下面的图形就是 CCS 下的结果。图 11-21 和图 11-22 为采集的双通道的原始数据信号。

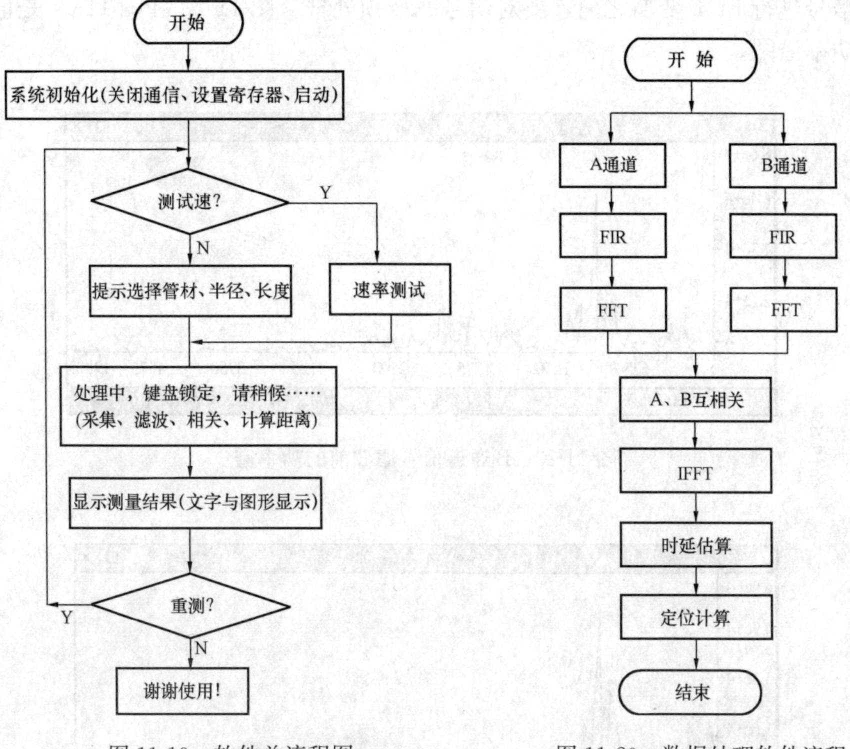

图 11-19　软件总流程图　　图 11-20　数据处理软件流程

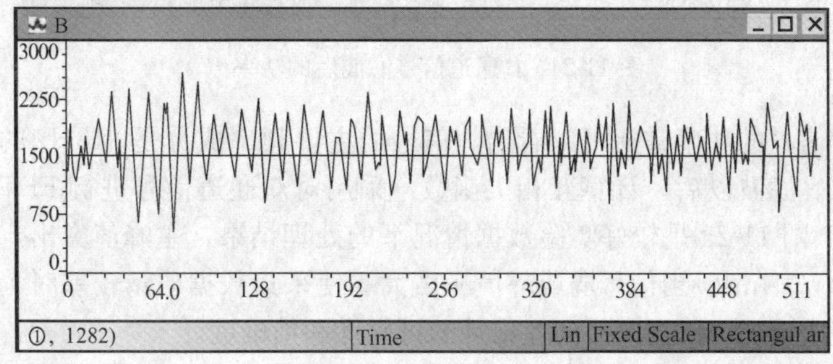

图 11-21　B 通道的信号波形

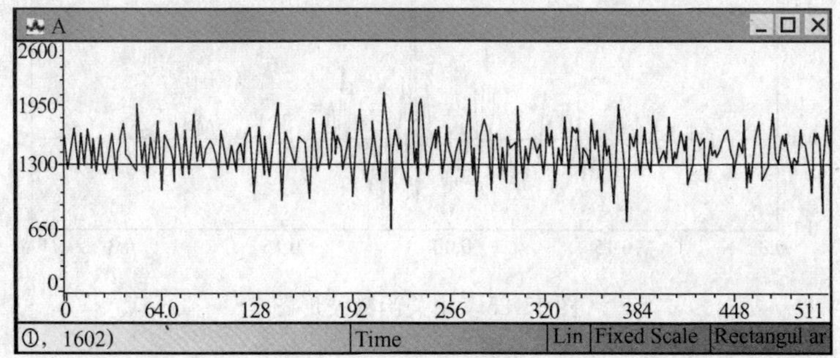

图 11-22　A 通道的信号波形

在对信号进行FFT变换之前，要对信号滤波预处理。图11-23和图11-24是信号经过滤波前后的功率谱图。

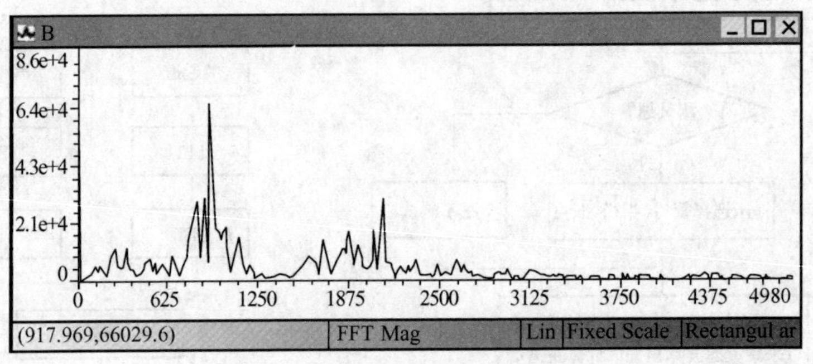

图11-23　B通道信号滤波前的功率谱

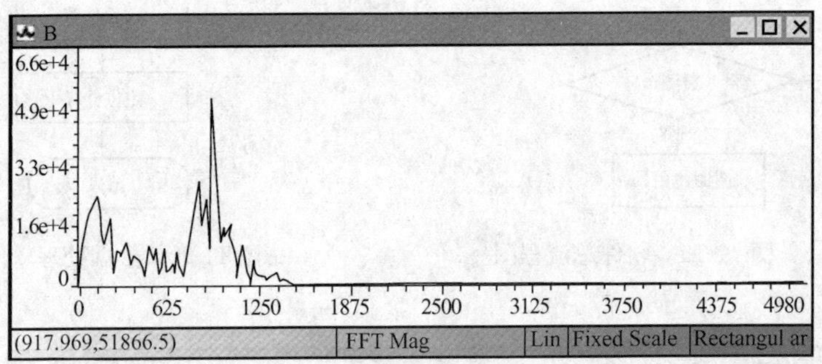

图11-24　B通道信号滤波后的功率谱

从滤波前后信号的功率谱上可以看出，信号的主要频率成分是918Hz的信号，滤波后的信号比较明显。滤波以后，计算互相关函数。采用对双通道信号进行FFT、CORR、IFFT等运算处理。图11-25是较好实验数据情况下的处理结果，主峰值突出，能够很清晰地识别，时间差为0.04ms。当信号弱或环境噪声大等使采集数据质量较差时，要通过多次测量，相关结果多次迭加，以提高时间差估计的可靠性和精确度。

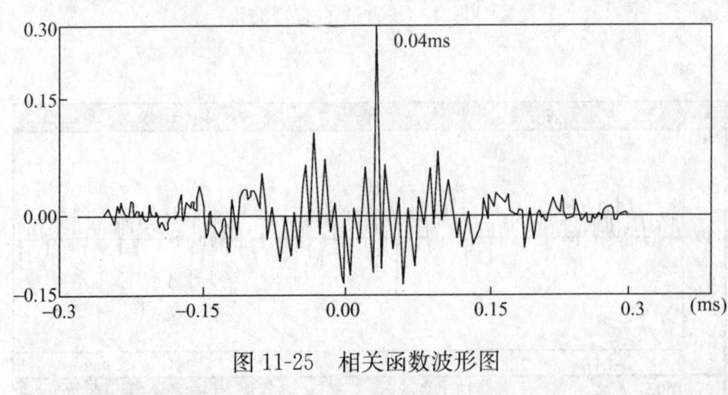

图11-25　相关函数波形图

三、实验测试结果讨论

在自来水管道上放 2 个传感器，距离为 15m，然后在中间放水来模拟漏水点。管道直径 80mm，漏水点距离 A 点 4.5m。测试共采集了 10 组数据，经过处理，得到的测试结果见表 11-4。在试验场地测试的结果还是比较理想。表中 R_{AD} 表示两个通道信号的相关函数幅值最大点，L_{OA} 表示漏点到 A 点的距离。

(1) 漏点定位和采样的点数以及采样频率有直接关系。如果采样点数固定，改变采样频率可以有效改变检测的距离。因为系统中 A/D 的主时钟可以由编程改变，即通过程序控制可以改变采样频率，进而改变检测距离，所以在系统完善过程中，添加了改变采样频率的功能，使检测的距离在一定程度上是可变的，既适用距离较远的情况，也可以在距离较近时提高精确度。

表 11-4　测试结果

序号	R_{AD}	L_{OA}	误差	序号	R_{AD}	L_{OA}	误差
1	46	4.71	0.21	6	53	4.29	−0.21
2	51	4.41	−0.09	7	51	4.41	−0.09
3	54	4.23	−0.27	8	51	4.41	−0.09
4	53	4.29	−0.21	9	51	4.41	−0.09
5	52	4.35	−0.15	10	53	4.29	−0.21

(2) 在检测前不知道漏点是否在两传感器之间，如果漏点存在于 A、B 传感器的一侧，系统还需要进行有效识别。采用了以下方法：无论漏点在 A、B 的哪一侧，当系统采样频率设定后，漏点到两传感器的时延为固定值，等于两传感器间的距离 L_{AB} 除以声音的传播速率。系统使用时，因为在知道管材和管长以后声音的传播速率是已知的，L_{AB} 也是预先知道的，所以可以计算出声音在两点间传播的时间 t，这样，即可以将系统处理后的时延 Δt 和 t 进行比较，如果相等则说明漏点在两传感器一侧。而根据漏点到两传感器的时延结果，则可以确定漏点在哪一侧，使系统对漏点的查找更加方便。

(3) 准确掌握管道传声速度是实现漏点精确定位的又一关键因素。虽然表 11-2 给出了一些管道传声速度，但是当管道材质和管径等参数不清楚、被测管道段参数不一致（如变径）时，速度参数将发生变化。因此，仪器能够现场准确测定速度是非常必要的。

在后续的完善过程中，使仪器适应城市噪声工作环境，在信号预处理阶段，采用小波分析、自适应滤波等现代信号处理手段，更为有效去除信号中噪声或把淹没于噪声中的微弱信号检测出来。

11-1　试简述智能仪器设计的基本要求。

11-2　智能仪器设计时一般应遵循的基本原则是什么？怎样理解“组合化与开放式设计思想”？

11-3　智能仪器中微机系统有哪几种构成方式，分别适用于哪些场合？

11-4　试总结目前市场流行的单片机型号和特点。

11-5 TMS320系列DSP中有哪些芯片适合智能仪器，试概括其主要性能特点。

11-6 试简述《仪器设计任务书》的主要内容、主要作用和编写注意事项。

11-7 智能仪器设计时如何考虑硬件和软件之间的关系？

11-8 试简述微处理器内嵌式智能仪器硬件设计时应注意哪几方面的问题。

11-9 试简述智能仪器软件调试、综合调试和整机性能测试的一般方法。

11-10 试画出相关处理的快速算法流程，试概述相关检测的主要应用。

11-11 自选仪器设计题目，能较充分地体现你的设计能力，综合所学知识、展示创新性构想，提出设计方案，论证充分。

第十二章　安全用电知识

第一节　安全用电的意义

电能在国民经济建设和人民日常生活中起着十分重要的作用，但在用电过程中，如果不注意用电安全，使用不当，就可能给人身、设备和电力系统等造成极大的危害，给国家和个人带来无法挽回的巨大损失。

第一，电是一种能源，人们在应用这种能源时，若缺乏电气知识或忽视电气安全，违章操作，就可能发生触电伤害事故，危及生命安全，造成财产损失。例如，电能直接作用于人体，将造成电击；电能转化为热能作用于人体，将造成烧伤和烫伤；电能离开预定的通道，将构成漏电或短路，进而造成人身伤害、火灾或财产损失等。

第二，电力系统是由发电厂、电力网和用户组成的一个统一的整体，而目前电能还不能够大规模储存，所以发电、供电和用电是同时进行的。用电事故发生后，除可能造成人身伤亡和生产设备损坏外，还可能使电厂停电，影响到整个电力系统的安全运行，给工农业生产和人民的生活造成很大的影响。对一些重要的负荷，如冶金、采矿企业和医院等，如果突然中断供电，可能会产生更严重的后果。

随着电气化的发展，各种电气设备和家用电器的使用日益广泛，发生用电事故的机会也相应增加。而电能作为一种特殊的二次能源，若不借助电工测量仪表，在一般情况下，其存在和使用的过程，不容易被人感觉到。所以，了解安全用电的基本知识，掌握安全用电的基本规律，熟悉安全用电的常用措施等，是极为必要的。

第二节　常见触电原因及方式

一、触电伤害

因人体接触或接近带电体，所引起的局部受伤或死亡现象，称为触电。按人体受伤害程度的不同，触电伤害可以分为电伤和电击两种。

1. 电伤

电伤是指因触电造成人体外部受伤，即电流的热效应、化学效应或机械效应对人体造成的伤害。它一般可以分为如下三种：

（1）电弧烧伤。电弧烧伤也叫电灼伤，是最常见也是最严重的一种电伤，多由电流的热效应引起，但与一般的水火烫伤性质不同。具体症状是皮肤发红、起泡，甚至皮肉组织被破坏或烧焦。导致电弧烧伤的情况有，低压系统中带负荷拉开裸露的刀闸时电弧烧伤人的手和面部；线路发生短路或误操作引起烧烫伤；开启式熔断器熔断时，炽热的金属颗粒飞溅出来造成电灼伤等。高压系统中因误操作产生强烈电弧导致严重烧伤；人体与带电体之间的距离小于安全距离，可能产生强烈电弧而造成严重电弧烧伤而致死。

（2）电烙印。当载流导体较长时间接触人体时，因电流的化学效应和机械效应作用，接触部分的皮肤会变硬，并形成圆形或椭圆形的肿块痕迹，如同烙印一般，故称为电烙印。

（3）皮肤金属化。由于电流或电弧作用（熔化或蒸发）产生的金属微粒渗入了人体皮肤表层而引起，使皮肤变得粗糙坚硬并呈青黑色或褐色，故称为皮肤金属化。

2. 电击

电击是指因触电造成人体内部器官受伤。

电击是由于电流流过人体而引起的，人体常因电击而死亡，电击是最危险的触电事故。电击会破坏人的心脏、呼吸及神经系统的正常工作，甚至危及生命。在低压系统通电电流不大且时间不长的情况下，电流引起人的心室颤动，是电击致死的主要原因；在通过电流虽较小，但时间较长情况下，电流会造成人体窒息而导致死亡。绝大部分触电死亡事故都是电击造成的。日常所说的触电事故，基本上多指电击而言。

电击可分为直接电击与间接电击两种。直接电击是指人体直接触及正常运行的带电体所发生的电击；间接电击则是指电气设备发生故障后，人体触及意外带电部分所发生的电击。直接电击多数发生在误触相线、刀闸或其他设备带电部分。间接电击大都发生在大风刮断架空线或接户线后，搭落在金属物或广播线上，相线和电杆拉线搭连；电动机等用电设备的绕组绝缘损坏，而引起外壳带电等情况下。

在触电事故中，直接电击和间接电击都占有相当比例，因此，采取安全措施时要全面考虑。

二、触电伤害的影响因素

触电伤害的程度，与流过人体电流的大小、频率、途径和持续时间的长短，作用于人体的电压和触电者本身的状况等多种因素有关。

1. 电流的大小

通过人体的电流越大，人体的生理反应越明显，感觉越强烈，引起心室颤动所需要的时间越短，致命的危害就越大。一般来说，通过人体 1mA 的工频电流就会使人有麻的感觉，50mA 的工频电流就会使人有生命危险，100mA 的工频电流则足以使人死亡。

2. 电流的频率

触电的伤害程度与电流的频率有关。实践证明，频率为 25～300Hz 的交流电流最危险。随着频率的升高或降低，危险将减小，但并不是说就没有危险了，例如，高压高频就是十分危险的。

3. 电流的途径

实践证明，电流通过心脏和大脑时，人体最容易死亡。所以，头部触电和左手到右脚的触电最危险。当然，头部触电事故极为罕见。所以，大多数情况下，触电的危险程度取决于通过心脏的电流大小。

4. 通电时间

总的来说，人体通电时间越长，危险性越大。

5. 人体的电阻

当电压一定时，流过人体的电流由人体的电阻值决定，人体电阻越小，通过人体的电流就越大，危险也越大。人体电阻与人触电部分的皮肤表面干湿情况，接触面积的大小及身体素质有关。不同人的人体电阻并不相同，通常为几欧至几万欧不等。当皮肤有损伤、潮湿出汗、有导电液或导电尘埃时，人体电阻会减小。

6. 电压的高低

当人体电阻一定时，作用于人体的电压越高，通过人体的电流就越大，触电的伤害程度也就越深。

安全电压是为了防止触电事故而采用的，由特定电源供电的电压系列。我国电气电压体制中属于安全电压系列的有42、36、24、12V和6V五种。

人体的电阻如按800Ω左右考虑，经实验分析证明，人体允许通过的工频极限电流约为50mA，即0.05A。在此前提下，用欧姆定律计算，得知人体允许承受的最大极限工频电压值约为40V，故一般取36V为安全电压。

虽然如此，但对那些工作环境较差的场所，如导电情况良好，人体电阻值较低，或在碰触金属管道、锅炉和地下隧道中的电缆等金属容器较多的地方，还应将安全电压定的更低些，通常取为12V。所以，实践中常将12V称为绝对安全电压。

各国对安全电压的规定并不相同，国际电工委员会规定，接触电压的上限值（相当于安全电压）为50V；25V以下时，可以不考虑采取防止电击的安全措施。

三、触电的方式

1. 单相触电

单相触电是指当人体站在地面上，触及电源的一根相线或漏电设备的外壳而触电。

单相触电时，人体只接触带电的一根相线，由于通过人体的电流路径不同，所以其危险程度也不一样。危险程度根据电压的高低、绝缘情况、电网的中性点是否接地和每相对地电容的大小等因素决定。

图12-1所示为电源变压器的中性点通过接地装置和大地作良好连接的供电系统，在这种系统中发生单相触电时，相当于电源的相电压加在人体电阻与接地电阻的串联电路。由于接地电阻较人体电阻小很多，所以加在人体上的电压值接近于电源的相电压，在低压为380/220V的供电系统中，人体将承受220V电压，是很危险的。

图12-2所示为电源变压器的中性点不接地的供电系统的单相触电。单相触电时，电流通过人体、大地和输电线间的分布电容构成回路。显然这时如果人体和大地绝缘良好，流经人体的电流就会很小，触电对人体的伤害就会大大减轻。实际上，中性点不接地的供电系统仅局限在游泳池和矿井等处应用，所以单相触电发生在中性点接地的供电系统中最多。

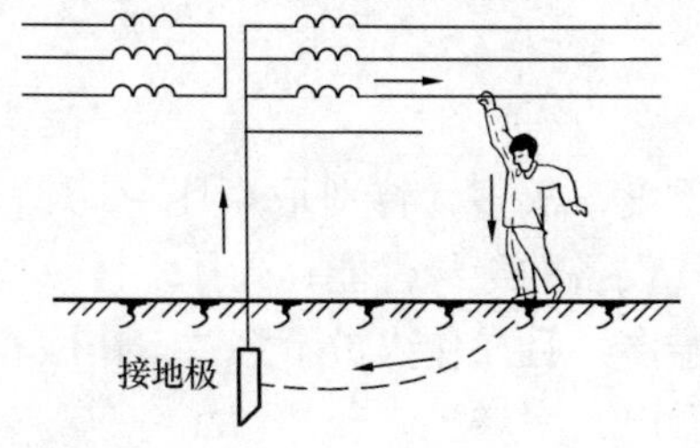

图12-1 中性点接地的单相触电

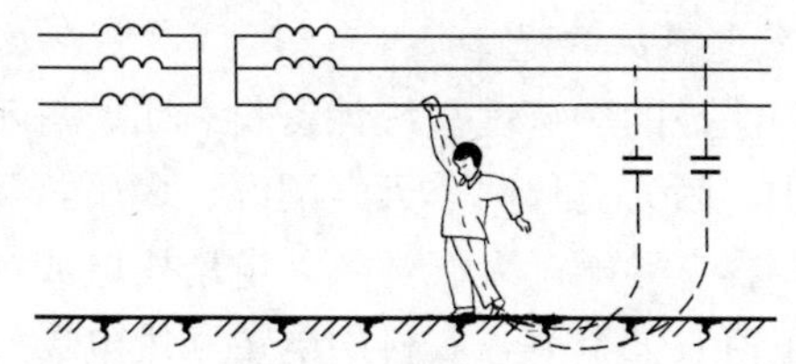

图12-2 中性点不接地的单相触电

2. 两相触电

当人体的两处（如两手或手和脚）同时触及电源的两根相线发生触电的现象，称为两相触电，如图12-3所示。在两相触电时，虽然人体与地有良好的绝缘，但因人同时和两根相线接触，人体处于电源线电压下，在电压为380/220V的供电系统中，人体受380V的线电压的作用，并且电流大部分通过心脏，因此是最危险的。

3. 接触电压和跨步电压触电

过高的接触电压和跨步电压也会使人触电。当电力系统和设备的接地装置中有电流时，此电流经埋设在土壤中的接地体向周围土壤中流散，使接地体附近的地表任意两点之间都可能出现电压。如果以大地为零电位，那么接地体以外15～20m处可以认为是零电位，则接地体附近地面各点的电位分布如图12-4所示。

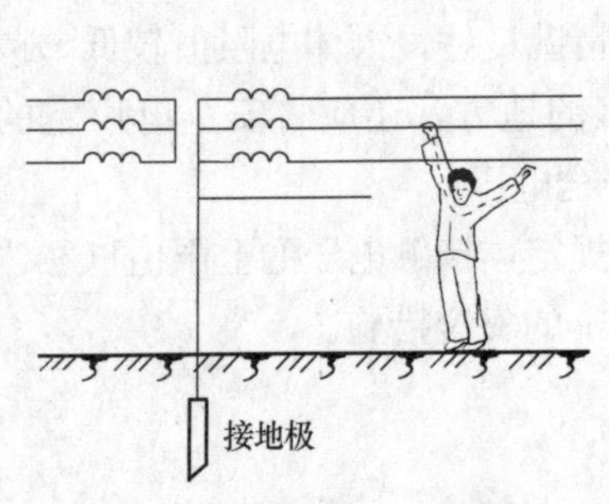

图12-3　两相触电

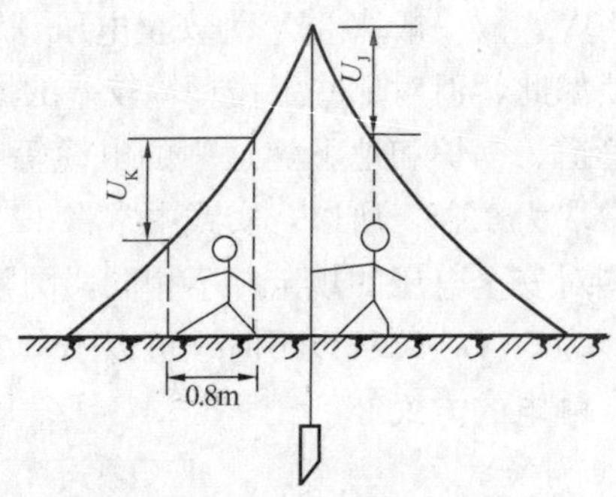

图12-4　接地体附近的电位分布

人站在发生接地短路的设备旁边，人体触及接地装置的引出线或触及与引出线连接的电气设备外壳时，则作用于人的手与脚之间的就是图12-4中的电压U_J，称为接触电压。此时，人在接地装置附近行走时，由于两脚所在地面的电位不相同，人体所承受的电压即图12-4中的电压U_K，称为跨步电压。跨步电压的与跨距有关，人的跨距一般按0.8m考虑。

当供电系统中出现对地短路或有雷电电流流经输电线入地时，都会在接地体上流过很大的电流，使接触电压U_J和跨步电压U_K都大大超过安全电压，造成触电伤亡。为此接地装置要做好，使接地电阻尽量小，一般要求为4Ω以下。

接触电压U_J和跨步电压U_K还可能出现在被雷电击中的大树或带电的相线断落处附近，人们应当远离断线处8m以外。

四、触电的规律和原因

为防止触电事故，应当了解触电事故的规律和原因。人们根据触电事故的发生几率，对触电事故进行分析，可以找到以下的规律和原因。

1. 触电事故的规律

(1) 明显的季节性。统计资料表明，每年二、三季度事故多，特别是6月～9月，事故最为集中。因为夏秋两季天气潮湿、多雨，降低了电气设备的绝缘性能；人体多汗，皮肤电阻降低，容易导电；天气炎热，电扇用电或临时线路增多，且操作人员不穿戴工作服和绝缘护具；正值农忙季节，农村用电量和用电场所增加，触电几率增多。

(2) 低压触电多于高压触电。国内外统计资料表明，低压触电事故远远多于高压触电事故。主要原因是低压设备远远多于高压设备，与低压设备接触的人比与高压设备接触的人多得多，而且都比较缺乏电气安全知识。应当指出，在专业电工中，情况是相反的，即高压触电事故比低压触电事故多。

(3) 携带式设备和移动式设备触电事故多。携带式设备和移动式设备触电事故多的主要原因，是这些设备是在人手紧握下运行，不但接触电阻小，而且一旦触电就难以摆脱电源；另外，这些设备需要经常移动，工作条件差，设备和电源线都容易发生故障或损坏；此外，单相携带式设备的保护零线与工作零线容易接错，也会造成触电事故。

（4）电气连接部位触电事故多。大量触电事故的统计资料表明，很多触电事故发生在分支线、接户线的接线端子、缠接接头、压接接头、焊接接头、电缆头、灯座、插销、插座、控制开关、接触器、熔断器等处。主要是由于这些连接部位的机械牢固性较差、接触电阻较大、绝缘强度较低以及可能发生化学反应的缘故。

（5）错误操作和违章作业造成的触电事故多。大量触电事故的统计资料表明，有85％以上的事故是由于错误操作和违章作业造成的。其主要原因是由于安全教育不够、安全制度不严、安全措施不完善和操作者素质不高等。

（6）不同地域触电事故不同。部分省市统计资料表明，农村触电事故明显多于城市，发生在农村的事故约为城市的3倍。主要是由于农村用电条件差，设备简陋，技术水平低，管理不严。

（7）不同年龄段的人员触电事故不同。中青年技术工人、非专业电工、合同工和临时工触电事故多。其主要原因是由于这些人是主要操作者，经常接触电气设备；而且，这些操作者经验不足，又比较缺乏电气安全知识，甚至责任心不够强，以致触电事故多。

（8）不同行业触电事故不同。冶金、矿业、建筑、机械行业触电事故多。由于这些行业的生产现场经常伴有潮湿、高温、现场混乱、移动式设备和携带式设备多以及金属设备多等不安全因素，以致触电事故多。

（9）单相触电事故多。

（10）事故多由两个以上因素构成。

触电事故的规律并不是一成不变的，在一定的条件下，触电事故的规律也会发生一定的变化。因此，应当在实践中不断分析和总结触电事故的规律，为做好电气安全工作积累经验。

2. 触电事故的原因

（1）缺乏电气安全知识。例如，高压线附近放风筝；爬上杆塔掏鸟窝；架空线断落后误碰；用手触摸破损的胶盖闸刀、导线；儿童触摸灯头、插座或拉线；发现有人触电时，不是及时切断电源或用绝缘物使触电者脱离电源，而是用手去拉触电者等。

（2）违章冒险。明知在某些情况不准带电操作，而冒险在无必要保护措施下带电操作，结果触电受伤或死亡。例如，高压方面带电拉隔离开关，工作时不验电、不挂接地线、不戴绝缘手套，巡视设备时不穿绝缘鞋，修剪树木时碰触带电导线等；低压方面带电接临时线；带电修理电动工具、搬动用电设备，火线与中性线接反，湿手去接触带电设备等。

（3）设备不合格。例如，高压导线与建筑物之间的距离不符合规程要求，高压线和附近树木距离太近，电力线与广播线、通信线等同杆架设且距离不够，低压用电设备进出线未包扎或未包好而裸露在外，台灯、洗衣机、电饭煲等家用电器外壳没有接地，漏电后碰壳，低压接户线、进户线高度不够等。

（4）维修管理不及时。例如，大风刮断导线或洪水冲倒电杆后未及时处理，闸刀胶盖破损长期未更换，绝缘子瓷瓶破裂后漏电接地，相线与拉线相碰，电动机绝缘或接线破损使外壳带电，低压接户线、进户线破损漏电等。

除此之外，在实际中，还有以下两个方面需特别注意。

(1) 电业人员在办理好了工作许可手续的停电设备上施工作业时，也还是有发生突然触电的危险。其原因是：

1) 由于误调度或误操作，造成对停电检修设备误送电；

2) 由于自发电、双电源用户以及变电所所用电，电压互感器二次回路的错误操作等而造成对停电设备的倒送电；

3) 附近带电设备的感应作用，特别是当临近平行架设的带电线路流过单相接地短路电流（指中性点直接接地系统）或两相不同地点接地短路电流时，对停电设备的感应作用，使停电设备意外带有危险电压；

4) 停电设备和带电设备交叉跨越，由于施工中发生导线弹跳或掉落，造成和带电设备相碰或接近放电，使停电设备突然带电；

5) 停电的低压系统和另一带电的低压系统的零线相通时，由于零线接地不良等原因，可能从零线意外地窜入高电位，等等。

(2) 在农村和小城镇中，触电事故的具体原因，大致有以下几种：

1) 一知半解乱接电气设备。安装、修理屋内电灯、电线时，似懂非懂，私拉乱接，造成触电；

2) 私设低压电网，用电捕鱼和捉老鼠，造成触电；

3) 用“一线一地”安装电灯，极易造成触电事故。因为“一线一地”制的电流是一相电源通过电灯后直接入地形成回路，当开灯时有人拔起接地极就会引起触电，触电后全部电流就会流经人身入地，死亡概率很大；

4) 用电设备外壳不接地，致使漏电电流入地无门，当人接触用电设备外壳时就会发生触电；

5) 误拾断落电线触电时，同伴用手去拉触电者，造成多人受伤或死亡，称为群伤或者群死；

6) 电灯安装的位置过低，碰撞打碎灯泡时，人手触及灯丝而引起触电；

7) 用湿布擦抹灯泡、开关、插座以及家用电器，因为湿布导电而引起触电；

8) 在供电线路底下或变压器台旁边盲目施工，因碰撞电线、电器而引起触电；

9) 广播线由于与电力线相碰而导电，人手接触广播线而引起触电；

10) 使用非标准的圆柱形三线插头插座时，由于插头各极在任何角度，任何方向都可以插进插座内，所以当把插头的接地极误插入插座的火线孔内，家用电器的外壳便会带电，人体接触外壳便会导致触电；

11) 跨河电线架设位置偏低，民用木船通过时，由于潮水上涨，水涨船高，沾湿水的撑篙碰到电线，造成触电伤人；

12) 儿童在电线或电器附近追逐玩耍，误触电线、电器而酿成大祸。

触电事故往往发生得很突然，且常常是在刹那间就可能造成严重后果，因此找出触电事故的规律和原因，恰当地实施相关的安全措施，对预防触电事故的发生，安排正常的生产、生活，有着重要的意义。

第三节 安全用电的措施

“安全第一，预防为主”是安全用电的基本方针。为有效防止触电事故，实现安全用电，既要有具体技术措施又要有组织管理措施。

一、安全用电的技术措施

安全用电的原则是不接触低压带电体，不靠近高压带电体。常用的安全用电技术措施有：

1. 防止接触带电部件

为防止接触带电部件，采取的常见措施有绝缘、屏护和安全间距。

（1）绝缘，即用不导电的绝缘材料把带电体封闭起来，这是防止直接触电的基本保护措施。但要注意绝缘材料的绝缘性能与设备的电压、载流量、周围环境、运行条件相符合。

（2）屏护，即采用遮拦、护罩、护盖、箱闸等把带电体同外界隔离开来。此种屏护用于电气设备不便于绝缘或绝缘不足以保证安全的场合，是防止人体接触带电体的重要措施。

（3）安全间距，为防止体触及或接近带电体，防止车辆等物体碰撞或过分接近带电体，在带电体与带电体、带电体与地面、带电体与其他设备、设施之间，皆应保持一定的安全间距。安全间距的大小与电压高低、设备类型、安装方式等因素有关。

2. 采用安全电压

根据生产和作业场所的特点，采用相应等级的安全电压，是防止发生触电伤亡事故的根本性措施。国家标准 GB 3805—1983《安全电压》规定我国安全电压额定值的等级为 42、36、24、12 和 6V；当电气设备采用了超过 24V 的电压时，必须采取防止直接接触带电体的保护措施，并应根据作业场所、操作员条件、使用方式、供电方式、线路状况等因素选用相应保护措施。安全电压有一定的局限性，主要适用于小型电气设备，如手持电动工具等。

对下列特殊场所应使用安全电压照明器：

（1）隧道、人防工程、有高温、导电灰尘或灯具离地面高度低于 2m 等场所的照明，电源电压应不大于 36V。

（2）在潮湿和易触及带电体场所的照明，电源电压不得大于 24V。

（3）在特别潮湿的场所，导电良好的地面、锅炉或金属容器内工作的照明，电源电压不得大于 12V。

3. 设置漏电保护装置

漏电保护装置，即漏电保护器，在低压电网中发生电气设备及线路漏电或触电时，它可以立即发出报警信号并迅速自动切断电源，从而保护人身安全。漏电保护器按动作原理可以分为电压型、零序电流型、泄漏电流型和中性点型四类，其中电压型和零序电流型两类应用较为广泛。

漏电保护器应装设在配电箱电源隔离开关的负荷侧，以及开关箱电源隔离开关的负荷侧。

漏电保护器的选择应符合国家标准 GB 6829—1986《漏电电流动作保护器（剩余电流动作保护器）》的要求，开关箱内的漏电保护器，其额定漏电动作电流应不大于 30mA，额定漏电动作时间应小于 0.1s。使用在潮湿和有腐蚀介质场所中的漏电保护器，应采用防溅型产品。其额定漏电动作电流应不大于15mA，额定漏电动作时间应小于0.1s。

4. 合理使用防护用具

在电气作业中，合理匹配和使用绝缘防护用具对防止触电事故，保障操作人员在生产过程中的安全健康具有重要意义。绝缘防护用具可分为两类：一类是基本安全防护用具，如绝缘棒、绝缘钳、高压验电笔等；另一类是辅助安全防护用具，如绝缘手套、绝缘（靴）鞋、橡皮垫、绝缘台等。

5. 室内配线及照明装置的安全措施

(1) 室内配线必须采用绝缘铜线或绝缘铝线，采用瓷瓶、瓷夹或者塑料夹敷设，距地面高度不得小于2.5m。

(2) 进户线在室外的要用绝缘子固定，进户线过墙应穿套管，距地面应大于2.5m，室外要做防水弯头。

(3) 室内配线所用导线截面应按图纸要求施工，但铝线截面最小不得小于2.5mm^2，铜线截面不得小于1.5mm^2。

(4) 金属外壳的灯具，其外壳必须作保护接零，所用配件均应使用镀锌件。

(5) 室外灯具距地面不得低于3m，室内灯具不得低于2.4m。插座接线时应符合规范要求。

(6) 螺口灯头及接线应符合下列要求：相线接在与中心触头相连的一端，零线接在与螺纹口相连的一端；灯头的绝缘外壳不得有损伤和漏电。

(7) 各种用电设备或灯具的相线必须经过开关控制，不得将相线直接引入灯具。

(8) 暂设室内的照明灯具应优先选用拉线开关，开关距地面高度为2～3m，与门口的水平距离为0.1～0.2m，拉线出口应向下。

(9) 严禁将插座与搬把开关靠近装设，严禁在床上设开关。

6. 防雷击和防电火灾的措施

防雷击和防电火灾也是安全用电的重要内容之一，下面略作简要介绍：

(1) 雷击。雷击是由于带有两种不同极性电荷的云之间，或云与大地之间的放电而引起的伤害。是目前还难以避免的一种自然现象。

雷击放电产生的冲击电压，幅值可以高达数十万伏至数百万伏。冲击电压如果侵入电力系统，将可能损坏电气设备的绝缘，引起火灾，爆炸；甚至会窜入低压电路，造成严重后果。雷电的危害作用主要有直击雷、感应雷和雷电侵入波三种形式。

常见的防雷击措施有安装避雷针、避雷器、避雷线和避雷网，保护间隙和设备外壳可靠接地等。

(2) 电火灾。电火灾是由于输配电线的短路或负载过热等，引起周围可燃物的燃烧或爆炸，而形成的火灾。

造成电火灾的原因，除电气设备安装不良、选择不当等设计和施工方面的原因外，运行中的短路（引起温升最快最高），过负荷以及接触电阻过大等，都将引起电气设备温度升高，导致电火灾。电火灾往往火势凶猛，蔓延迅速，若不及时扑灭，对国家财产和人身安全将造成极大的威胁，应设法预防。

预防电火灾，必须采取综合性的措施，如合理选用电气设备，保证设备的正常运行，装设短路和过负荷保护装置，采用耐火设施和保持通风良好，加强日常电气设备维护、监视和定期检修工作等。

二、保护接地和保护接零

正常情况下，电气设备的金属外壳是不带电的，但在绝缘损坏而漏电时，外壳就会带电。保护接地和保护接零，就是防止电气设备漏电伤人，即防止间接触电的基本技术措施。

1. 保护接地

将电气设备在正常情况下不带电的金属外壳或构架，与大地之间作良好的金属连接，叫做保护接地，如图 12-5 所示。通常采用深埋在地下的角铁或钢管做接地体，接地电阻不得大于 4Ω。

保护接地的作用是当电气设备的金属外壳带电时，如果人体触及此外壳，由于人体的电阻远大于接地体电阻，而人体电阻与接地电阻相并联，则大部分电流经接地体流入大地，流经人体的电流很小，从而保证了人身安全。

保护接地适用于 1000V 以上的电气设备，以及电源中性点不直接接地的 1000V 以下的电气设备，即适用于 TT 供电系统（保护接地系统）中。

2. 保护接零

将电气设备在正常情况下不带电的金属外壳或构架，与供电系统中的零线连接，叫做保护接零，如图 12-6 所示。

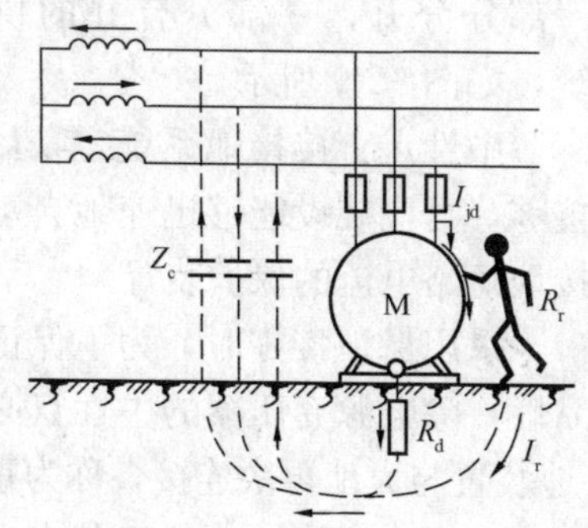

图 12-5　保护接地原理图

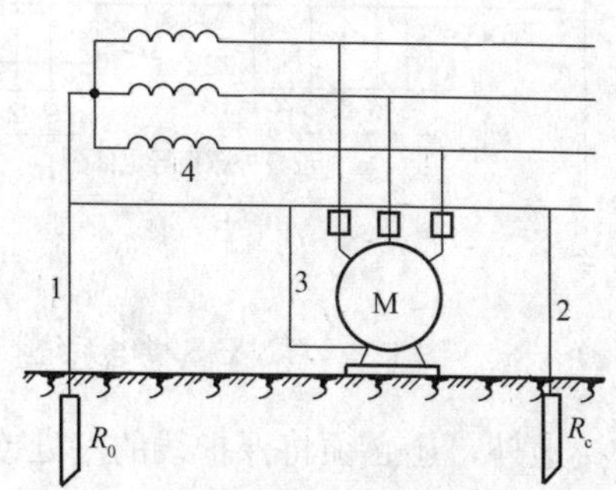

图 12-6　保护接零原理图

1—工作接地；2—重复接地；3—接零；4—零线

保护接零的作用是当电气设备的金属外壳带电时，短路电流经零线而成闭合电路，使其变成单相短路故障，因零线的阻抗很小，所以短路电流很大，一般大于额定电流的几倍甚至几十倍，这样大的单相短路，将使保护装置迅速而准确的动作，切断事故电源，保证人身安全。

保护接零适用于电源中性点直接接地的低压系统中的电气设备，即适用于 TN 供电系统（保护接零系统）中。

根据保护零线是否与工作零线分开，可将 TN 供电系统划分为 TN-C、TN-S 和 TN-C-S 三种供电系统。

（1）TN-C 供电系统。该系统的工作零线兼做接零保护线，如图 12-7 所示。

这种供电系统就是平常所说的三相四线制。但是如果三相负荷不平衡时，零线上有不平衡电流，所以保护线所连接的电气设备金属外壳有一定电位。如果中性线断线，则保护接零的漏电设备外壳带电。因此这种供电系统存在着一定缺点。

(2) TN-S供电系统。该系统是把工作零线N和专用保护线PE，在供电电源处严格分开的供电系统，也称三相五线制，如图12-8所示。

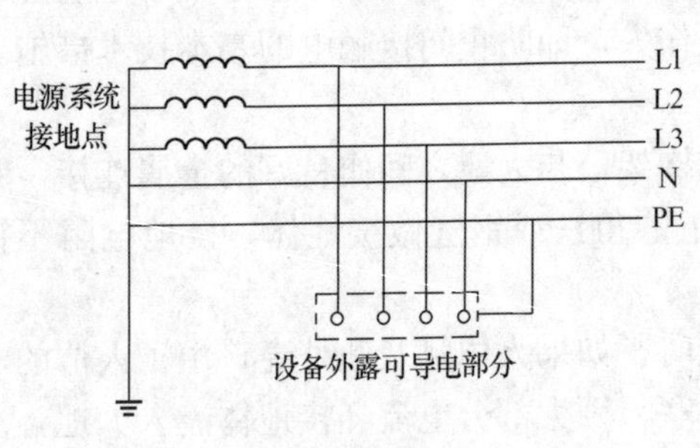

图12-7 TN-C供电系统

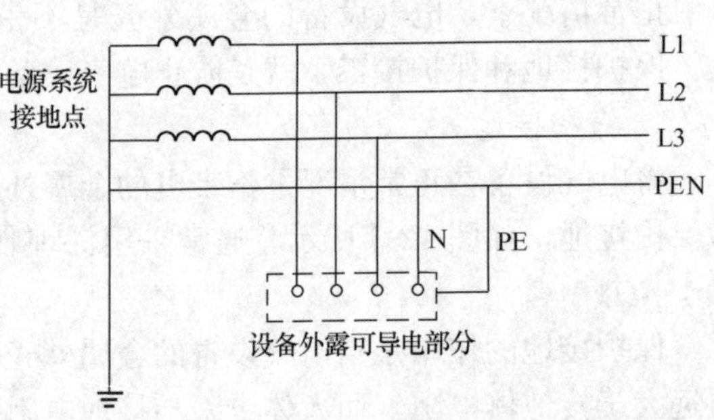

图12-8 TN-S供电系统

优点是专用保护线PE上无电流，此线专门承接故障电流，确保其保护装置动作。应该特别指出，PE线不许断线。在供电末端应将PE线做重复接地。

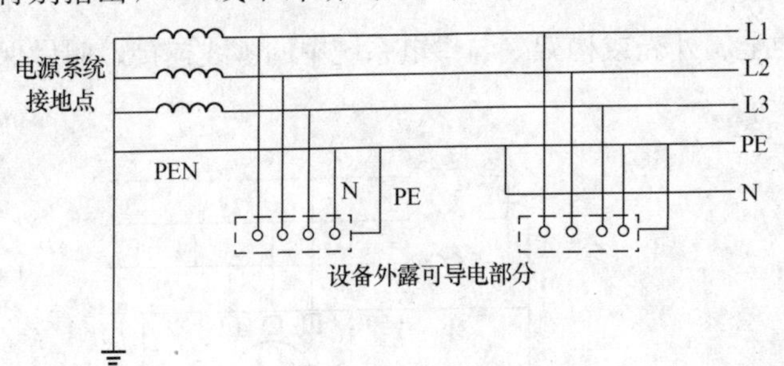

图12-9 TN-C-S供电系统

(3) TN-C-S供电系统。该系统是把工作零线N和专用保护线PE，一部分分开，一部分合并的供电系统，如图12-9所示。

中性点直接接地系统宜采用保护接零，且应装设能够迅速地自动切除接地短路电流的保护装置。

采用保护接零时，为了保证其可靠性，除电源变压器的中性点必须采用工作接地外，还必须将保护线的一处或多处，通过接地装置与大地再次连接，称为重复接地。重复接地的目的是防止零干线断线时，断线点后发生设备碰壳事故，导致断线点后所有采用保护接零设备的外壳均带电，从而发生人身触电事故。

不管采用保护接地还是保护接零，必须注意，在同一系统中不允许对一部分设备采取接地，对另一部分采取接零，如图12-10所示。

因为在同一系统中，如果有的设备采取接地，有的设备采取接零，则当采取接地的设备发生碰壳时，零线电位将升高，而使所有接零的设备外壳都带上危险的电压。

三、安全用电的组织管理措施

防止触电事故，技术措施十分重要，组织管理措施亦必不可少。安全用电的组织措施包括制定安全用电措施计划和规章制度，进行安全用电检查、教育和培训，组织事故分析，建立安全资料档案等，主要可以归纳为以下几个方面的工作：

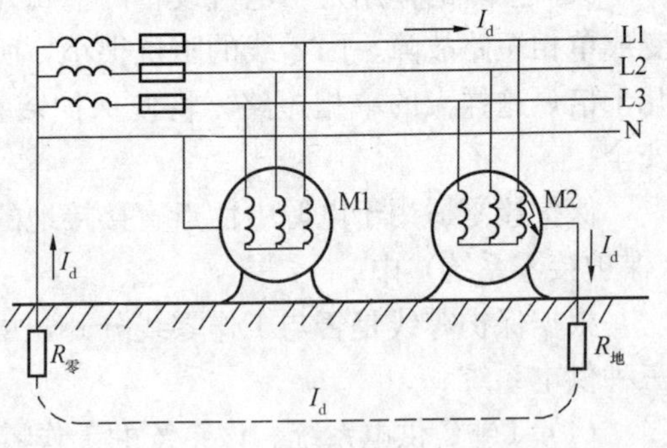

图12-10 同一供电线路中有接地有接零，当接地设备碰壳短路时的情况

1. 管理机构和人员

电工是特殊工种，又是危险工种，不安全因素较多。同时，随着生产的发展，电气化程度不断提高，用电量迅速增加，专业电工日益增多，而且分散在全厂各部门。因此，电气安全管理工作十分重要。为了做好电气安全管理工作，要求技术部门应当有专人负责电气安全工作，动力或电力部门也应有专人负责用电安全工作。

电气工程的设计施工和电气设备的安装维修，必须由经过培训后取得上岗证书的专业电工完成，电工的等级应同工程的难易程度和技术复杂性相适应，初级电工不允许进行中、高级电工的作业。

2. 规章制度

各项规章制度是人们从长期生产实践中总结出来的，是保障安全、促进生产的有效手段。安全操作规程、电气安装规程，运行管理和维修制度及其他规章制度，都与用电安全有直接的关系。

3. 电气安全检查

电气设备长期带缺陷运行、电气工作人员违章操作是发生电气事故的重要原因。为了及时发现和排除隐患，应教育所有电气工作人员严格执行安全操作规程，而且必须建立并严格执行一套科学的和完善的电气安全检查制度。

4. 电气安全教育

为了确保各单位内部电气设备安全、经济、合理的运行，必须加强电工及相关作业人员的管理、培训和考核，提高工作人员的电气作业技术水平和电气安全水平。

5. 安全用电责任制

对电气工程或电气设备的各个岗位的操作、监护和维修，分片、分块或分机地落实到人，并辅以必要的奖惩措施。

6. 安全资料

安全资料是做好安全工作的重要依据。一些技术资料对于安全工作也是十分必要的，应注意收集和保存。为了工作和检查方便，应建立高压系统图、低压布线图、全厂架空线路和电缆线路布置图等图形资料；对重要设备应单独建立资料；每次检修和试验记录应作为资料保存，以便核对，设备事故和人身事故的记录也应作为资料保存；应注意收集国内外电气安全信息，并予以分类，作为资料保存。

总之，随着科学技术的发展，人们对触电事故规律的深入研究，安全用电的技术和组织管理措施也会越来越多地引起人们的关注。

第四节　触电现场急救

在实际工作和生活中完全避免触电事故是不可能的，因此触电现场的及时抢救，以及救治方法的正确与否，是抢救触电者生命的关键。下面将介绍发生触电时，现场急救的具体方法。

一、迅速脱离电源

发生触电事故时，切不可惊慌失措，束手无策。首先，要马上切断电源，使触电者脱离电流损害的状态，这是能否抢救成功的首要因素。因为当触电事故发生时，电流会持续不断地通过触电者，触电时间越长，对人体损害越严重。为了保护触电者只有马上切断电源。其次，当人触电时身上有电流通过，已成为一个带电体，对救护者是一个严重的威胁。如不注意安全，同样会使救护者触电。所以，必须先使触电者脱离电源后，方可进行抢救。

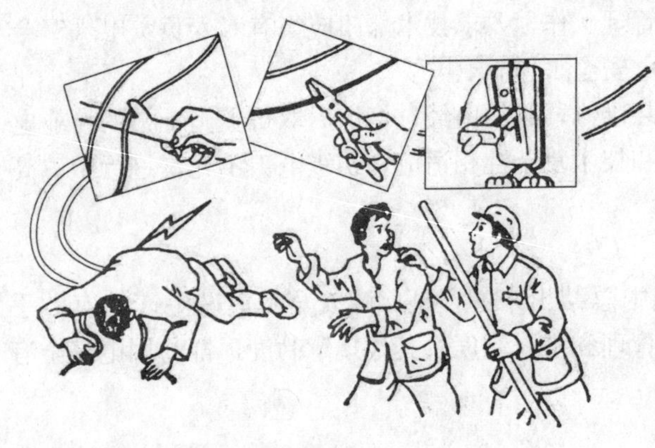

图 12-11 触电解救

如图 12-11 所示，使触电者脱离电源的方法有很多。

(1) 对于低压触电事故，可采用下列方法使触电者脱离电源。

1) 如果触电地点附近有电源开关或电源插销，可立即拉开开关或拔出插销，断开电源。但应注意到拉线开关和平开关只能控制一根线，有可能只切断了零线而没有断开电源。

2) 如果触电地点附近没有电源开关或电源插销，可用有绝缘柄的电工钳或有干燥木柄的斧头切断电线，断开电源，或用干木板等绝缘物插到触电者身下，以隔断电流。

3) 当电线搭落在触电者身上或被压在身下时，可用干燥的衣服、手套、绳索、木板或木棒等绝缘物作为工具，拉开触电者或拉开电线，使触电者脱离电源。

4) 如果触电者的衣服是干燥的，又没有紧缠在身上，可以用一只手抓住衣服，将其拉离电源。但因触电者的身体是带电的，其鞋子的绝缘也可能遭到破坏。救护人不得接触触电者的皮肤，也不能抓鞋。

(2) 对于高压触电事故，可采用下列方法使触电者脱离电源。

1) 立即通知有关部门断电。

2) 带上绝缘手套，穿上绝缘靴，用相应电压等级的绝缘工具按顺序拉开电源开关。

3) 抛掷金属裸线使线路短路接地，迫使保护装置动作，断开电源。注意抛掷金属线之前，先将金属线的一端可靠接地，然后抛掷另一端；抛掷的一端不可触及触电者和其他人。

总之，在现场可以因地制宜，灵活地运用各种方法，快速切断电源。脱离电源时有两个问题需要注意。

(1) 脱离电源后，人体的肌肉不再受到电流的刺激，就会立即放松，触电者可能自行摔倒，造成新的外伤（如颅底骨折等），特别在高空时更加危险。所以脱离电源时，需要有相应的措施配合，避免此类情况发生，加重伤情。

(2) 解脱电源时要注意安全，决不可以再误伤他人，将事故扩大。

二、简单诊断

解脱电源后，触电者往往处于昏迷状态，情况不明，故应尽快对心跳和呼吸的情况作一个判断，看看是否处于“假死”状态，因为只有明确的诊断，才能及时正确地进行急救。处于“假死”状态的病人，因其全身各组织处于严重缺氧的状态，情况十分危险，故不能用一套完整的常规方法进行系统检查，只能用一些简单有效的方法，判断是否“假死”，并判断“假死”的类型。具体方法如下：将脱离电源后的触电者迅速移至比较通风和干燥的地方，使其仰卧，将上衣与裤带放松。

（1）观察一下是否有呼吸存在。当有呼吸时，可以看到胸廓和腹部的肌肉随呼吸上下运动；用手放在鼻孔处，呼吸时可感到气体的流动。相反，无上述现象，则往往是呼吸已经停止。

（2）摸一摸颈部的动脉和腹股沟处的股动脉，有没有搏动。因为当有心跳时，一定有脉搏。颈动脉和股动脉都是大动脉，处于身体浅表位置，所以很容易感觉到它们的搏动，因此常作为是否有心跳的依据。另外，在心前区也可听一听是否有心声，有心声则有心跳。

（3）看一看瞳孔是否扩大。瞳孔的作用有点类似照相机的光圈，但人的瞳孔是一个由大脑控制，自动调节的光圈，当大脑细胞正常时，瞳孔的大小会随着外界光线的变化，自行调节，能使进入眼内的光线强度适中，便于观看。当处于“假死”状态时，大脑细胞严重缺氧，处于死亡的边缘，所以整个自动调节系统的中枢失去了作用，瞳孔也就自行扩大，对光线的强弱再也起不到调节作用，所以瞳孔扩大说明了大脑组织细胞严重缺氧，人体处于“假死”状态。通过以上简单的检查，即可以判断病人是否处于“假死”状态，并依据“假死”的分类标准，在抢救时便可以有的放矢，对症治疗。

三、处理方法

经过简单诊断后的病人，一般可按下述情况分别处理。

（1）病人神志清醒，但感觉乏力、头昏、心悸或出冷汗，甚至有恶心或呕吐。此类病人应该就地安静休息，减轻心脏负担，加快恢复；情况严重时，小心送往医疗部门，请医护人员检查治疗。

（2）病人呼吸、心跳尚在，但神志昏迷。此时应使病人仰卧，周围的空气要流通，并注意保暖，除了要严密地观察外，还要作好人工呼吸和心脏挤压的准备工作，并立即通知医疗部门或用担架将病人送往医院。在去医院的途中，要注意观察病人是否突然出现“假死”现象，如有“假死”，应立即抢救。

（3）如经检查后，病人处于“假死”状态。则应立即针对不同类型的“假死”进行对症处理。心跳停止的，则用体外人工心脏挤压法来维持血液循环；如呼吸停止，则用口对口人工呼吸法来维持气体交换。呼吸、心跳全部停止时，则需同时进行体外心脏挤压法和口对口人工呼吸法，并向医院告急求救。在抢救过程中，任何时刻抢救工作不能中止，即便在送往医院的途中，也必须继续进行抢救，一定要边救边送，直到心跳、呼吸恢复。

四、口对口人工呼吸

人工呼吸的目的是用人工的方法来代替肺的呼吸活动，使气体有节律地进入和排出肺部，供给体内足够的氧气，充分排出二氧化碳，维持正常的通气功能。人工呼吸的方法有很多，目前认为口对口人工呼吸法效果最好。口对口人工呼吸法，如图 12-12 所示。其操作方法如下：

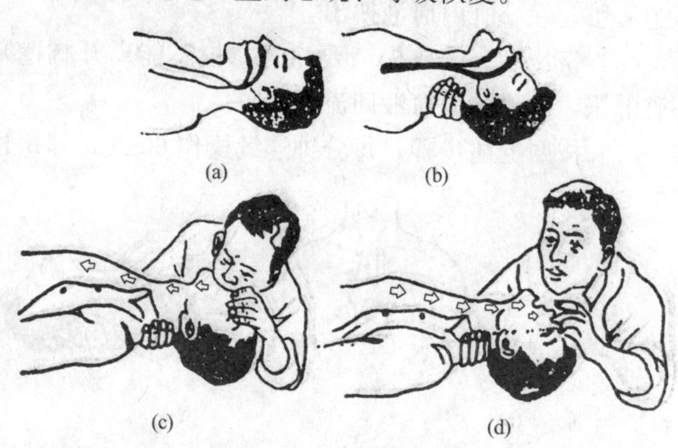

图 12-12　口对口人工呼吸法

（a）呼吸道阻塞；（b）使头后仰呼吸道通畅；（c）贴嘴吹气肺胸扩张；（d）放开嘴鼻废气排放

（1）使病人仰卧，解开衣领，松开紧身衣服，放松裤带，以免影响呼吸时胸廓的自然扩张；然后将病人的头偏向一边，张开其嘴，用手指清除口内的假牙、血块和呕吐物等，使呼吸道畅通。

(2) 抢救者在病人的一边，以近其头部的一只手紧捏病人的鼻子（避免漏气），并将手掌外缘压住其额部，另一只手则托在病人的颈后，将颈部上抬，使其头部充分后仰，以解除舌头下坠导致的呼吸道梗阻。

(3) 抢救者先深吸一口气，然后用嘴紧贴病人的嘴大口吹气，同时观察胸部是否隆起，以确定吹气是否有效和适度。

(4) 吹气停止后，急救者头稍侧转，并立即放松捏紧鼻孔的手，让气体从病人的肺部排出，此时应注意胸部复原的情况，倾听呼气声，观察有无呼吸道梗阻。

(5) 如此反复进行，每分钟吹气 12 次，即每 5s 吹一次。

(6) 注意事项。

1) 口对口吹气的压力需掌握好，刚开始时可以略大一点，频率稍快一些，经 10～20 次后可逐步减小压力，维持胸部轻度升起即可。对幼儿吹气时，不能捏紧鼻孔，应让其自然漏气，为了防止压力过高，急救者仅用颊部力量即可。

2) 吹气时间宜短，约占一次呼吸周期的 1/3，但也不能过短，否则影响通气效果。

3) 如遇到牙关紧闭者，可采用口对鼻吹气，方法与口对口基本相同。此时可将病人嘴唇紧闭，急救者对准鼻孔吹气，吹气时压力应稍大，时间也应稍长，以利气体进入肺内。

五、体外心脏挤压法

体外心脏挤压法是指有节律地以手对心脏挤压，用人工的方法代替心脏的自然收缩，从而达到维持血液循环的目的。此法简单易学，效果好，不需设备，易于普及推广。胸外挤压法如图 12-13 所示。其操作方法如下：

(1) 使病人仰卧于硬板上或地上，以保证挤压效果。

(2) 抢救者跪跨在病人的腰部。

(3) 抢救者以一只手掌根部按于病人胸下 1/2 处，即中指指尖对准其颈部凹陷的下缘，当胸一个手掌，另一只手压在该手的手背上，肘关节伸直，依靠体重和臂、肩部肌肉的力量，垂直用力，向脊柱方向压迫胸骨下段，使胸骨下段与其相连的肋骨下陷 3～4cm，间接压迫心脏，使心脏内血液搏出。

(4) 挤压后突然放松（要注意掌根不能离开胸壁），依靠胸廓的弹性使胸复位，此时，心脏舒张，大静脉的血液回流到心脏。

(5) 按照上述步骤，每分钟连续操作 60 次，即每秒 1 次。

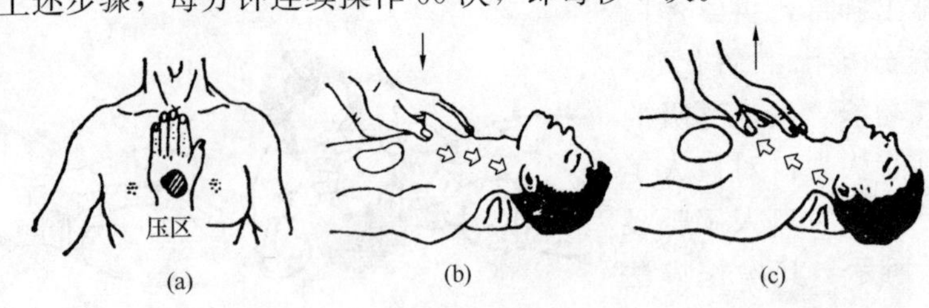

图 12-13 胸外挤压法

(a) 中指对凹膛，当胸一手掌；(b) 向下挤压 3～4cm 自使血液出心房；

(c) 突然松手复原样，血液返流到心脏

(6) 注意事项。

1) 挤压时位置要正确，一定要在胸骨下 1/2 处的压区内，接触胸骨应只限于手掌根部，手掌不能平放，手指向上与肋部保持一定的距离。

2) 用力一定要垂直，并要有节奏，有冲击性。

3) 对小儿只用一个手掌根部即可。

4) 挤压的时间与放松的时间应大致相同。

5) 为提高效果，应增加挤压频率，最好能达 100 次/min。

6) 有时病人心跳、呼吸全停止，而急救者只有一个人时，也必须同时进行心脏挤压及口对口人工呼吸。此时可先吹 2 次气，立即进行挤压 5 次，然后再吹 2 次气，再挤压，反复交替进行，不能停止。

六、电灼伤与其他伤害的处理

高压触电（1000V 以上）时，两电极间的温度可高达 1000～4000℃，接触处可造成十分广泛及严重的烧伤，往往深达骨骼，处理比较复杂。现场抢救时，要用干净的布或纸类进行包扎，减少污染，以利于今后的治疗。其他的伤害如脑震荡、骨折等，应参照外伤急救的情况，作相应处理。

现场急救，往往时间很长，而且不能中断，所以一定要坚持下去。往往经过较长时间的抢救后，触电病人面色好转，口唇潮红，瞳孔缩小，四肢出现活动，心跳和呼吸恢复正常，这时可暂停几秒钟进行观察，有时触电病人就此复活。如果正常的心跳和呼吸仍不能维持，则必须继续抢救，决不能贸然放弃，应一直坚持到医务人员到现场接替抢救。

总之，触电事故的发生总是不好的，要以预防为主，着手消除发生事故的因素，防止事故的发生。多学习安全用电知识和触电现场急救的知识，不仅能防患于未然，万一发生了触电事故，也能进行正确及时的抢救，挽救许多人的生命。

思考与练习

12-1　试说明安全用电的意义及安全用电的措施。

12-2　什么是触电？什么是电伤？什么是电击？

12-3　触电伤害的影响因素有哪些？

12-4　常见的触电方式有哪几种？各有何特点？

12-5　从触电事故的发生几率上看，发生触电事故的规律和原因有哪些？

12-6　什么是安全电压？

12-7　什么是保护接地？其作用和原理是什么？适用于什么场合？

12-8　什么是保护接零？其作用和原理是什么？适用于什么场合？

12-9　TN-C、TN-S 和 TN-C-S 三种供电系统有何区别？

12-10　试说明触电现场急救的意义和步骤。

附录 电 工 测 量 实 验

实验一 磁电系电流表和电压表的使用

一、实验目的

(1) 了解磁电系测量机构的结构和工作原理。

(2) 掌握磁电系电流表和电压表的测量线路。

(3) 掌握磁电系电流表和电压表的使用方法。

(4) 初步掌握对测量数据的分析处理。

二、实验内容

(1) 观察示教电能表的结构，了解其工作原理。

(2) 利用示教电能表构成电流表和电压表，了解其工作原理。

(3) 如附图 1-1 的电路图，用磁电系电流表和电压表测量电阻器的电阻值。

(4) 根据所选用的仪表和实验线路，分析计算测量误差。

三、实验要求

(1) 如附图 1-1 (a) 所示的线路连接实验线路，改变电源电压值，对同一被测电阻 R_x 进行 3 次测量，记录下 3 次示数。

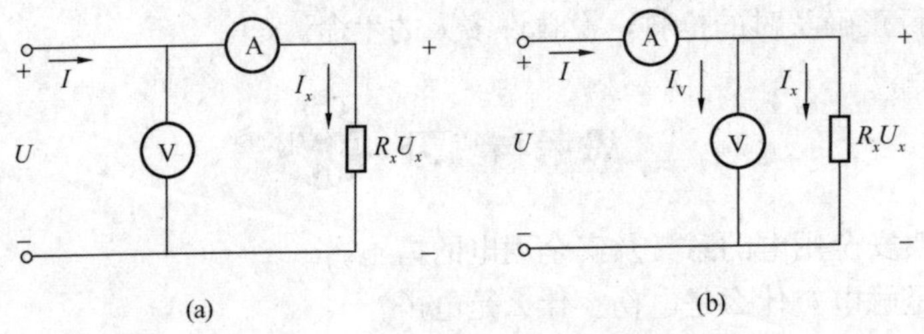

附图 1-1 电压表—电流表法测量电阻值

(a) 电压表前接；(b) 电压表后接

(2) 如附图 1-1 (b) 所示的线路连接实验线路，改变电源电压值，对 R_x 进行 3 次测量，记录下 3 次示数。

(3) 根据所选用仪表的准确度等级和量程，计算出每一次测量电流表和电压表示数的最大相对误差。

(4) 根据 $R_x=\dfrac{U}{I}$，计算出每次测量的结果和平均值；以平均值为被测量的真实值，计算出每次测量的绝对误差和相对误差。

(5) 比较采用两种线路测量的结果和产生误差的大小（填写附表 1-1)，并分析其原因。

附表 1-1

实验一数据表

	电流表示数	最大相对误差	电压表示数	最大相对误差	R_x	平均值	绝对误差	相对误差
电压表前接								
电压表后接								

实验二 万用表的使用

一、实验目的

（1）熟悉万用表的结构和使用方法。

（2）掌握用万用表测量直流电压、直流电流和交流电压的方法。

（3）掌握用万用表判别二极管的极性和电容器好坏的方法。

二、实验内容

（1）用万用表的直流挡和交流挡，分别测量具有调压器、变压器、整流器、滤波器和负载的电路中各部分的输入和输出电压。

（2）用万用表的不同电阻倍率挡测量二极管的正反向电阻。

（3）用万用表判断电解电容器的好坏。

三、实验要求

（1）如附图 2-1 连接实验电路，调节调压器至所选用位置。选择适当的负载，用万用表分别测出图中 0-0′点、1-1′点、2-2′点和 3-3′点的电压值，并把读数记录在附表 2-1 中，说明为什么在某些点万用表的直流挡和交流挡都有示数。

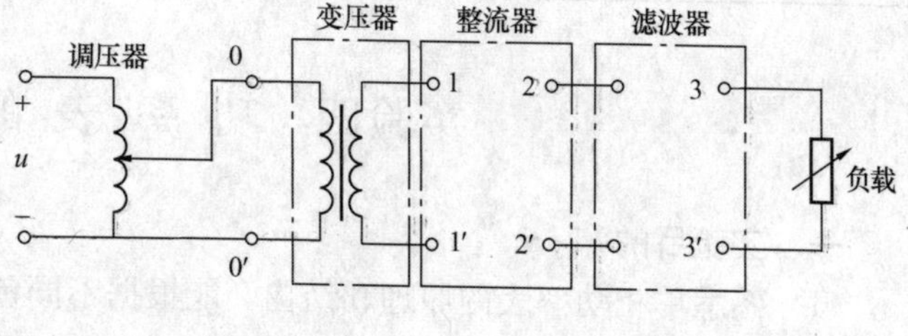

附图 2-1 实验二电路图

（2）将万用表置于直流电流挡，串接在负载支路中，测量负载电流。

（3）用万用表 $R\times100$ 挡测量二极管的正反向电阻，并说明二极管的好坏。

（4）用万用表的欧姆挡测量电解电容器的正向漏电流，观察其指针摆动情况，并加以说明。

附表 2-1

实验二数据表

万用表挡位	0-0′	1-1′	2-2′	3-3′	备注
直流电压挡					
交流电压挡					

实验三　电磁系电流表和电压表的使用方法

一、实验目的

(1) 熟悉电磁系电流表和电压表的结构。

(2) 掌握用电磁系电流表和电压表测量交流电流和电压的方法。

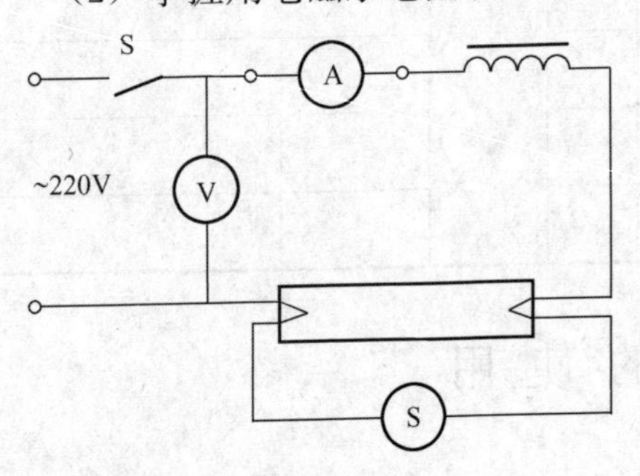

附图 3-1　实验三电路图

二、实验内容

(1) 测量日光灯的工作电压和工作电流。

(2) 计算和分析测量误差。

三、实验要求

(1) 如附图 3-1 连接电路，检查无误后方可接通电源开关。

(2) 如附表 3-1 的内容要求逐项进行测量，并记录测量结果。

(3) 计算测量误差并加以分析。

附表 3-1　　**实验三数据表**

灯管型号	电压表、电流表同时接入		只接电流表	只接电压表	误差	
	U_1	I_1	I_2	U_2	$\gamma_i=\frac{I_1-I_2}{I_2}\times 100\%$	$\gamma_u=\frac{U_1-U_2}{U_2}\times 100\%$
PR-40						

实验四　功率表的使用

一、实验目的

(1) 熟悉单相功率表的原理和结构，能根据不同负载选择合理的接线。

(2) 熟悉用两个功率表测量三相三线制功率的原理和接线方法，掌握读数与负载性质的关系。

二、实验内容

(1) 用较小的负载电阻测出负载的功率值，并说明表耗应如何修正。

(2) 用较大的负载电阻重复上一项实验内容。

(3) 改变功率表电压支路的相位，调节假想负载的性质，分别记下两个功率表的示数皆为正，一个表为零、一个表为正和一个表为负、一个表为正的三种不同情况的数值，并说明假想负载的性质。

三、实验要求

(1) 用较小负载电阻，如附图 4-1 (a) 接线测出负载功率值，并记录在附表4-1中。

(2) 用较大负载电阻，如附图 4-1 (b) 接线重复上述实验，将测出值，记录在附表

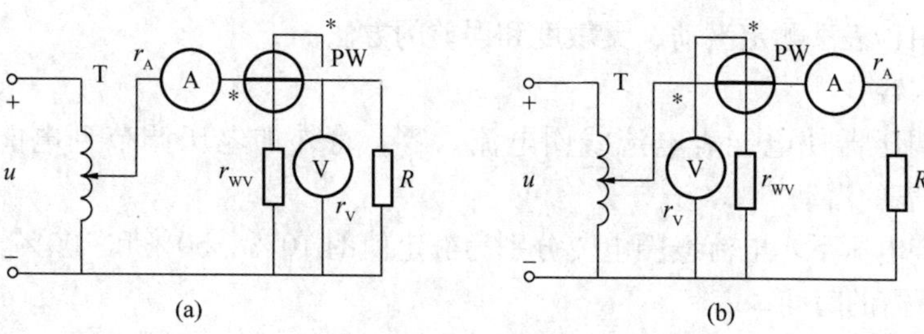

附图 4-1 实验四电路图之一

(a) 电压支路后接；(b) 电压支路前接

4-1中。

(3) 如附图 4-2 接线，调节移相器，改变功率表电压支路的相位，以调节假想负载的性质。在附表 4-2 中分别记录以下三种情况下的各项数据：

1) 两个功率表示数都为正。

2) 一个表为零，另一个表为正。

3) 一个表为负，另一个表为正。

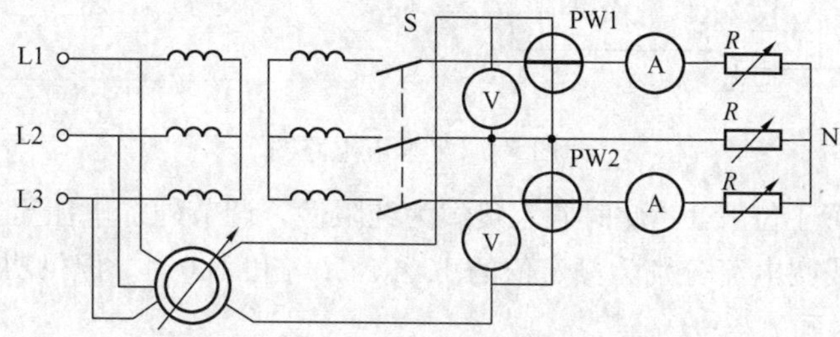

附图 4-2 实验四电路图之二

根据记录的数值说明三种情况下假想负载的性质。

附表 4-1 实验四数据表之一

负载情况	电 阻 值	功率表示数	引入表耗时的实际功率值
电阻较小时			
电阻较大时			

附表 4-2 实验四数据表之二

序 号	电 流			电 压		功率表		三 相 总功率	负载 性质
	U	V	W	UV	WV	PW1	PW2		
1									
2									
3									

实验五 电 能 表 的 校 验

一、实验目的

(1) 熟悉电能表的结构、原理及接线。

(2) 掌握用秒表法测定潜动、灵敏度和误差的方法。

二、实验内容

(1) 调节调压器使电能表电流线圈电流为零，将外加电压调节到电能表额定电压的110%，测电能表的潜动。

(2) 在额定电压下，电流线圈电流分别为额定值的10%、50%和100%，测出电能表转盘转动20rad所需的时间。

(3) 测试转盘启动时的最小电流，并求出灵敏度和误差。

三、实验要求

(1) 如附图5-1连接电路，调节调压器使电流线圈中电流为0，调节外加电压为额定电压的110%（242V），观察转盘转动情况。凡转动不足1rad者为潜动合格。

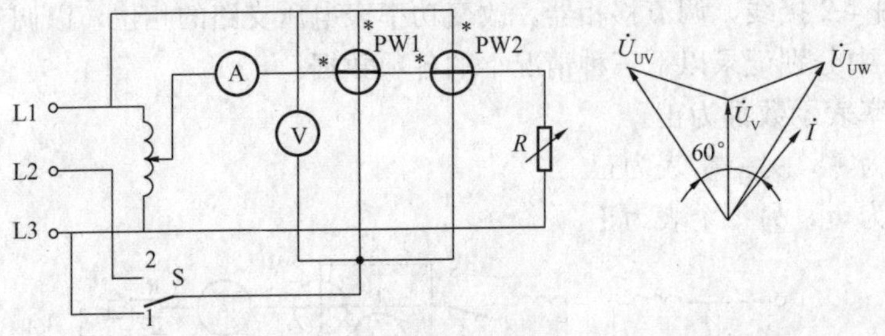

附图5-1　实验五电路图

(2) 将开关S置于位置1，此时假定负载为纯阻性，调节外加电压至额定电压值。调节可调负载，使电流线圈电流分别为额定值的10%、50%和100%。记录功率表的示数，测定转盘转动20rad的时间 t。

(3) 将S置于位置2，此时假定负载的功率因数 $\lambda=\cos\varphi=0.5$；重复步骤2，并将结果记入附表5-1中。

附表5-1　　实验五数据表

序号	U	I	$\cos\varphi$	P	C	铭牌上的额定转数 N_n	实际测出的转数 N [rad/(kW·h)]	误差
1								
2								
3								
⋮								

(4) 误差按下式进行计算

$$\gamma=\frac{N_n-N}{N}\times100\%$$

(5) 测量转盘开始转动的最小电流 I_{min}。此时应用一只毫安表替代附图5-1中的电流表。灵敏度按下式计算

$$S=\frac{I_{min}}{I_n}\times100\%$$

式中：I_n为电能表的额定电流值。

实验六 直流单臂电桥的使用

一、实验目的

(1) 熟悉直流单臂电桥的原理、结构和使用方法。

(2) 掌握用直流单臂电桥测量中值电阻的方法。

二、实验内容

用直流单臂电桥测量被测电阻元件的电阻值。

三、实验要求

(1) 熟悉所使用直流单臂电桥的面板结构和使用程序。

(2) 用直流单臂电桥测量5个不同电阻元件的电阻值，并记录下测量时各旋钮的示数。

(3) 计算出测量结果并分析误差。

实验七 绝缘电阻表的使用

一、实验目的

(1) 熟悉绝缘电阻表的结构原理和使用方法。

(2) 掌握测量电气设备绝缘电阻的方法。

二、实验内容

(1) 测量一台安装式仪表的绝缘电阻。

(2) 测量电力电缆的绝缘电阻。

三、实验要求

(1) 画出两项实验内容的实验电路图。

(2) 熟悉绝缘电阻表的面板结构和使用注意事项。

(3) 按电路图连接电路后进行测量，并记录测量结果

实验八 电流表的校验

一、实验目的

(1) 学会电工仪表的一般校验方法。

(2) 掌握直接比较法校验电流表的方法。

二、实验内容

用直接比较法校验直流电流表的基本误差。

三、实验要求

(1) 如附图8-1连接电路，并说明应选用何种准确度等级的标准表（根据所用的被校表）。

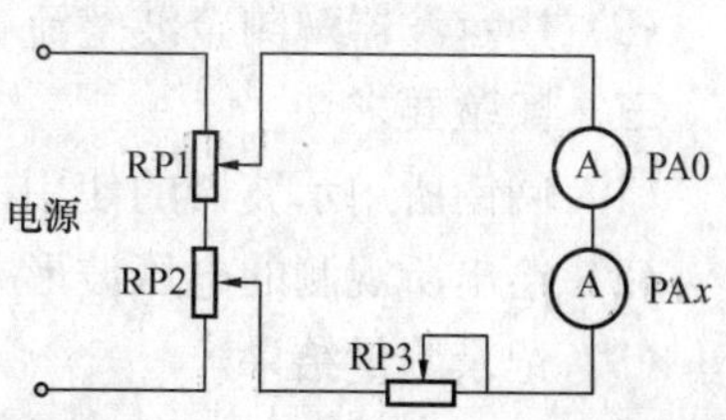

附图8-1 直流电流表的校验电路

(2) 调节可调电阻，使电流平稳上升，纪录下标度尺上每一个带数字的刻度线上两只表的示数。

(3) 调节可调电阻，使电流平稳下降，重复上述

步骤。

(4) 计算被校表的基本误差并确定其准确度等级，记入附表 8-1 中。

附表 8-1 **实 验 八 数 据 表**

	标准表示数				被校表示数				基本误差 ΔI	最大引用误差 γ_m
电流上升										
电流下降										

实验九　配电板的设计与安装

一、实验目的

学会根据实际情况设计配电板并能正确选择所需电工仪表。

二、实验内容

(1) 所设计的配电板为三相四线制线路所用。

(2) 技术指标：

1) 电压 380V。

2) 负荷 100kV·A。

(3) 安装你所设计的配电板。

三、实验要求

(1) 要求配电板上有电压表、电流表、三相电能表、总开关和熔断器。

(2) 画出线路图，并标明所选用仪表和器材的主要技术规格。

(3) 正确安装配电板。

实验十　示 波 器 的 使 用

一、实验目的

学会使用示波器，熟悉示波器的面板。

二、实验内容

(1) 用示波器观测正弦交流电压的波形，测出其电压峰值和周期，并与用万用表测出的结果进行比较。

(2) 用示波器观测全波整流电路的输出电压波形，测出其峰值。

三、实验要求

(1) 阅读所用示波器的使用说明书，严格按操作步骤进行开机、预热、测量和关机等。

(2) 绘出所观测的电压波形并进行比较。

(3) 记录测量结果。

实验十一 数字万用表的使用

一、实验目的

（1）熟悉数字万用表的结构、原理和使用方法。

（2）掌握用数字万用表测量直流电压、直流电流和交流电压的方法。

（3）能用数字万用表判别二极管的极性和好坏。

二、实验内容

（1）用数字万用表的直流挡和交流挡，分别测量具有调压器、变压器、整流器、滤波器和负载的电路中各部分的输入和输出电压。

（2）用数字万用表的二极管挡测量二极管的极性，判断二极管的好坏。

三、实验要求

（1）如附图 11-1 所示连接电路，调节调压器至所选用位置。选择适当的负载，用数字万用表分别测出图中 0-0′点，1-1′点、2-2′点、3-3′点的电压值，并把读数记录在附表 11-1 中。

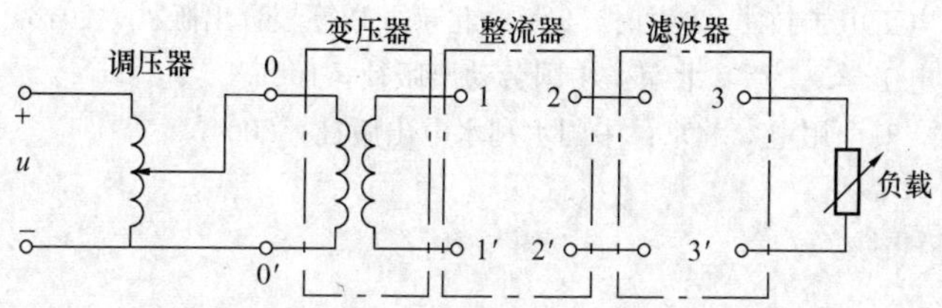

附图 11-1 实验十一电路图

（2）将数字万用表置于直流电流挡，串接在负载支路中，测量负载电流。

（3）用数字万用表二极管挡测量二极管极性并说明二极管的好坏，记入附表 11-1 中。

附表 11-1 **实验十一数据表**

万用表挡位	0-0′	1-1′	2-2′	3-3′	备 注
直流电压挡					
交流电压挡					

参 考 文 献

[1] 张渭贤．电工测量．2版．广州：华南理工大学出版社，2000.
[2] 刘青松，李巧娟．电工测试基础．2版．北京：中国电力出版社，2011.
[3] 贺令辉．电工仪表与测量．3版．北京：中国电力出版社，2015.
[4] 文春帆，金受非．电工仪表与测量．2版．北京：高等教育出版社，2004.
[5] 刘建民．电工测量与电测仪表．北京：中国电力出版社，2002.
[6] 王剑平，李殊骁．电工测量．北京：中国水利水电出版社，2004.
[7] 刘笃鹏．电工测量技术．北京：中国水利水电出版社，1997.
[8] 周南星．电工测量及实验．3版．北京：中国电力出版社，2013.
[9] 贺洪斌，程桂芬，胡岩．电工测量基础与电路实验指导．北京：化学工业出版社，2004.
[10] 吴涛．电工基础实验．2版．北京：高等教育出版社，1996.
[11] 龙竞云．电工仪表与测量．2版．北京：中国劳动出版社，2006.
[12] 邓宜銮．电工通用实验指导书．成都：成都电讯工程学院出版社，1988.
[13] 林平勇，高嵩．电工电子技术(少学时)．3版．北京：高等教育出版社，2016.
[14] 唐益龄，张固．电工学．2版．北京：中国劳动出版社，1985.
[15] 苏景军，薛婉瑜．安全用电．北京：中国水利水电出版社，2004.